擦去薄膜表面尘
土,提高温室光
照强度

U0194178

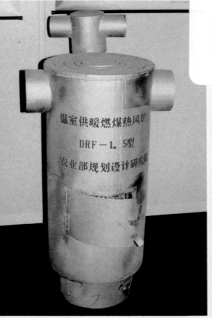

温室供暖燃煤热风炉

手动卷膜器

1

在温室内搭建小拱棚培育黄瓜苗

冬季播种后覆盖地膜提高温室苗床地温

用报纸糊的纸钵育苗

2

用营养钵育黄瓜苗

育苗穴盘

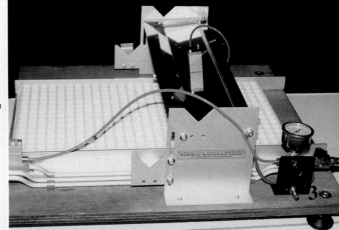

小型精量播种机

温室立体育苗
设备

定植前的番茄
分苗苗床

七八月进行菜
花假植育苗时
要搭建小拱棚
防雨

4

菜花假植大棚
的骨架

在玉米植株
行间假植的
菜花苗

在地膜覆盖地
定植番茄

5

砖块混凝土结
构的有机生态
型无土栽培槽

用水泥瓦构成
的有机生态型
无土栽培槽

砖槽有机生
态型无土栽
培辣椒

6

泡沫塑料槽有机生态型无土栽培黄瓜

泡沫塑料槽有机生态型无土栽培番茄

衬黑膜泡沫塑料槽有机生态型无土栽培茄子

7

石棉瓦槽有机生态型无土栽培飞碟瓜

温室栽培的黄皮西瓜

8

组装式塑料大棚内立架栽培的菜豆

小拱棚内栽培的辣椒

9

利用阳畦栽培
芹菜

温室囤栽香椿

樱桃番茄"卧架"
栽培

10

利用温室后墙种植的
韭菜

夏季利用温室
栽培丝瓜

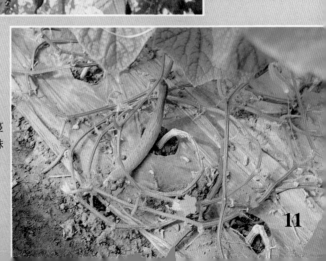

温室黄瓜盘蔓
后可降低植株
高度

11

夏季利用温室
栽培葫芦

温室间空地种
植的紫叶生菜

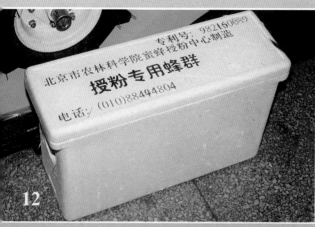

授粉专用蜂箱

12

用豇豆的高大立架将韭菜田间隔开

用高大的玉米植株"墙"将韭菜田间隔开

13

在温室秋冬
茬黄瓜植株
间栽培平菇

温室冬茬菜豆与
生菜间作

温室菜豆行间
套种甘蓝

14

温室番茄行间
套种甘蓝

温室菜豆与西葫芦间作

温室辣椒行间
套种甘蓝

15

彩色柿子椒新品
种——白玉

彩色柿子椒新品
种——紫晶

彩色柿子椒新品
种——橙水晶

16

彩色柿子椒新品
种——黄玛瑙

京水菜

飞蝶瓜

17

用滴灌管灌溉的
大棚高畦茄子

实行膜下浇水
的日光温室冬
茬菜豆

采用双上孔微
灌带灌溉的温
室黄瓜

18

新型化学反应
法二氧化碳施
肥器

用"增瓜灵"
处理黄瓜植株
后出现的"一
节多花(瓜)"
现象

滤网式地下滴
灌管

19

番茄日烧果

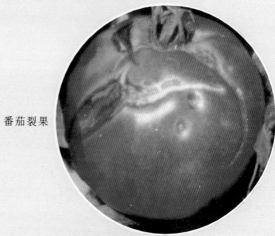

番茄裂果

茄子日烧果

20

黄瓜弯曲瓜

黄瓜尖嘴瓜

21

黄瓜"化瓜"

黄瓜"花打顶"

22

斑潜蝇危害状

黄瓜叶片药害白斑状

黄瓜叶片因喷药过
浓而出现灼伤状

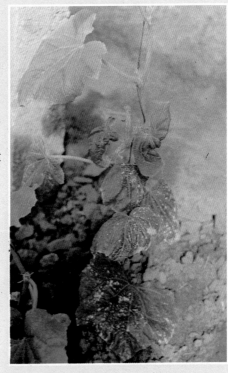

黄瓜叶片因喷药次数过
多、间隔时间过短而出
现的皱缩向下反卷状

种菜关键技术 121 题

王久兴　编著

金盾出版社

内 容 提 要

该书从生产实际出发,介绍了近年来在蔬菜生产中应用推广的新技术、新方法,以及许多地区农业科技人员、菜农的生产经验,内容涉及棚室建造、栽培技术、栽培模式、新优品种、贮藏保鲜等许多方面,包括了几十种主栽蔬菜和特种蔬菜的生产技术。文字通俗易懂,技术先进实用,可操作性强,适宜蔬菜种植者、基层农技人员和农校师生阅读参考。

图书在版编目(CIP)数据

种菜关键技术 121 题/王久兴编著. —北京:金盾出版社,2001.3

ISBN 978-7-5082-1486-3

Ⅰ. 种… Ⅱ. 王… Ⅲ. 蔬菜园艺-问答 Ⅳ. S63-44

中国版本图书馆 CIP 数据核字(2000)第 88691 号

金盾出版社出版、总发行

北京太平路 5 号(地铁万寿路站往南)

邮政编码:100036 电话:68214039 83219215

传真:68276683 网址:www.jdcbs.cn

彩色印刷:北京 2207 工厂

黑白印刷:北京金盾印刷厂

装订:永胜装订厂

各地新华书店经销

开本:787×1092 1/32 印张:10.5 彩页:24 字数:214 千字

2009 年 3 月第 1 版第 6 次印刷

印数:47001—58000 册 定价:17.00 元

(凡购买金盾出版社的图书,如有缺页、
倒页、脱页者,本社发行部负责调换)

前　言

发展高产高效益蔬菜种植体系,是农业发展的重要内容,它不仅可以丰富人们的菜篮子,而且是农民尽快脱贫致富,早日达到小康生活水平的优势种植项目。目前,我国蔬菜种植业的产值在农业总产值中居第二位,仅次于粮食。全国的蔬菜供应量与社会需求量基本平衡,但已经出现了地区性、季节性的过剩现象,表现为蔬菜价格稳中有降。同时,随着人们生活水平的提高,对蔬菜的消费也在从数量型向质量型转变。因此,蔬菜种植业的竞争日趋激烈。要想在竞争中立于不败之地,只能在蔬菜生产中以科技为先导,不断引进和开发新技术,降低生产成本,提高蔬菜的质量和产量,增加花色品种。也正是针对蔬菜生产上急需解决的新问题,我们编写了《种菜关键技术121题》一书。

本书介绍了许多科研单位近年取得的实用型新成果、新技术,以及近期培育的优良蔬菜新品种,并介绍了许多地区成功的蔬菜栽培技术和栽培模式,着重介绍了蔬菜栽培中的一些关键技术。书中的内容都经过实践检验,因而可以保证技术的实用性,减少读者在应用过程中的风险。对一些成功的经验,读者只要结合本地实际,将介绍的技术应用好,就能从中获益。例如,河北省秦皇岛市昌黎县刘李庄村,仅凭一项"菜花假植技术"的推广应用,就改变了全村的贫穷落后面貌,成了远近闻名的小康村。由此可见,了解和掌握一项新的技术或经验的重要性。

由于时间仓促和水平所限,书中缺点和不足在所难免,望广大读者批评指正,以便使这本书不断改进和完善。

本书引用了许多新成果、新技术以及生产经验,在此对有关研究人员、作者和蔬菜种植者,表示衷心感谢。

编　著　者

2001.1

目　　录

第一部分 关于棚室建造

1. 建造高效节能型日光温室应注意哪些关键参数？

利用高效节能型日光温室进行蔬菜生产，其良好的保温性能和采光性能是关键。这两种性能的优劣，除与选择的建筑材料有关外，更重要的是与温室的结构参数是否合理有关。结构参数合理才能在建材相同，不增加投资的情况下，建成高效节能的日光温室。日光温室的主要结构参数如下：

（1）方位角 要根据温室的不同用途，确定它的方位角。

日光温室都是坐北朝南，东西延长，但在建造时是偏东一点，还是偏西一点，或是朝向正南，对此有不同的说法。有的日光温室采用南偏东 5°～10°的方位角，理由是每偏东 1°，太阳光线与温室延长方向垂直时间提前 4 分钟，南偏东 5°，提前 20 分钟，南偏东 10°，则提前 40 分钟。因为蔬菜上午的光合作用比下午的光合作用旺盛，所以，偏东有利于早接受阳光，从而延长上午光照时间，提高光能利用率。这种建造方位在类似华北平原南部的温和气候区是适宜的。但是，在寒冷地区，冬季早晨日出后 30～60 分钟内，外界温度很低，不能立即揭开草苫，也就不能利用这一时间段的阳光。因此，温室偏东建造对寒冷地区并没有实际意义。

实践表明，在北方寒冷地区建造温室，应采用南偏西5°～10°的方位角。这样，蔬菜在上午的光合作用不会受到影响，每天下午覆盖草苫的时间向后推迟 20 分钟以上，可以接受更多的光能,使温室积蓄更多的热量,提高凌晨温室的最低温度,避免发生冻害。这种作用对保证严冬季节的蔬菜生产,尤其是对保温性较差的温室来讲,是至关重要的。

(2)采光角 太阳光线透过前屋面薄膜进入室内的多少,与太阳高度角、采光角有关。太阳照射到前屋面的塑料薄膜表面,一部分被反射掉,一部分被吸收,剩余的部分才会透射到室内。吸收、反射和透过的光线强度占入射光线强度的百分比,分别叫做吸收率、反射率和透光率。三者的关系是:吸收率+反射率+透光率=100%。塑料薄膜对光线的吸收率是一定的,这样,光线的透过率就决定于反射率的大小,反射率低,透过率就高。

反射率的高低与光线入射角有关,入射角越小,透光率越高。但是,入射角与透光率的关系并非直线关系。入射角在0°～40°范围内,随入射角的增大,反射率增大,而变化却不明显。例如,入射角为30°时,反射损失为2.7%;入射角为40°时,反射损失为3.4%。但是,当入射角超过40°时,透光率显著下降;超过60°时,透光率急剧下降。我们设计日光温室前屋面的采光角度时,正是利用了这一特性。

阳光的入射角,一方面取决于太阳高度角,即太阳光线与地平面的夹角,另一方面取决于温室前屋面的采光角,即前屋面某点处圆弧切线与地面的夹角。当入射角为0°时,太阳透过率最高。但是,在实际建造过程中,这样的屋面角却并不是最合理的。因为假如在北纬40°地区建造温室,冬至时太阳高度角最低,依照此时的太阳高度角,计算得出的理想屋面角应为63.4°。建造这样的温室,费工费料,施工难度大,虽然采光性能好,但是由于散热面增加,保温性能并不理想,实际上是没有实用价值的。如前所述,入射角在40°以内变化,透光率变化并不明显。根据这一原理,可以把 40°的入射角作为确定日光温室屋面采光角的依据。这样设计出的前屋面采光角,是在不明显影响透光率的情况下的最小角度。依此建造温室,施工方便,节省建材,具有较高的实用价值。

在确定某个温室的前屋面采光角度时,应以正午太阳高度角最小的冬至那一天的太阳高度角和 40°入射角为依据设计。不同纬度冬至日的太阳高度角如表 1。

表 1 不同纬度地区冬至日中午的太阳高度角

纬 度	20°	25°	30°	35°	40°	45°	50°
太阳高度角	46.6°	41.6°	36.6°	31.6°	26.6°	21.6°	16.6°

以北纬 40°地区为例,如图 1 所示,A 为前屋面角,H 为太阳高度角,H' 为入射光线与前屋面夹角,当 H' 等于 90°时,入射角等于 0°。理想的前屋面采光角（H' 为 90°,入射角为 0°）A = H' − H = 90° − 26.6° = 63.4°。此时实用的前屋面采光角为 63.4° − 40° = 23.4°

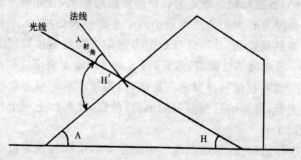

图 1 光线入射角、太阳高度角度和温室前屋面角的关系示意图

但是,值得注意的是,这一前屋面采光角的获得依据是冬

至那一天正午的太阳高度角。也就是说,在冬至前后的一段时期,只是在正午具有理想的透光率,基本上能最大限度地利用太阳光能,而在午前和午后,并不能很好地满足蔬菜生长发育的需要,尤其是上午,蔬菜光合作用旺盛,对光强要求高。因此,为了延长一天当中温室前屋面具有较高透光率的时间,即延长每天入射角小于 40° 的时间,就应该将前屋面采光角再适当增大 3°~7°。

考虑到温室的坚固性和操作方便,以及蔬菜生长对空间的要求,拱圆形温室的前屋面采光角应该不是固定不变的。一般从温室前沿开始向北,0~1 米处的角度为 60°~70°,1~2 米处的为 30°~40°,2~5 米处的为 20°~30°,5 米以后处为 15°~20°。这样,就保证了温室前屋面的绝大部分有良好的透光性,而这一部分所透过的阳光正是照耀在植株上用于光合作用等生理过程所必不可少的。温室前屋面后部虽然透光性稍差,但这种结构使温室空间不致过大,保证了温室的保温性。

(3)温室间距 确定前后排温室间的距离,首先要考虑到使后排温室在太阳高度角最小的冬至那一天的中午,不被前一排温室所遮荫,并在此基础上考虑中午前后排温室需要多长一段时间不被遮荫,尔后,再考虑后排温室前面应有多大一片空地不被前一排温室所遮荫,因为被遮荫的温室前的土地温度低,会影响后排温室的地温,所以,要再加上一个修正值(图 2)。

这样,首先计算出冬至节中午温室后墙以外地面被遮荫的长度。计算公式是:

$$L = h/tg\alpha - S$$

公式中,L 为冬至节中午温室后墙外阴影的长度;h 为前

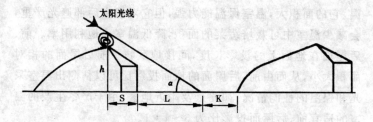

太阳光线

图 2　前后排温室之间距离示意图

排温室加草苫以后最高点的高度;tgα 为当地正午太阳高度
角的正切值;S 为温室最高点的地面投影到温室后墙外侧的
距离。

　　在此基础上,再加上一个修正值 K。K 一般为 1~3 米。K
值过大,温室间距过大,一方面浪费土地,另一方面会使后排
温室不能起到为前排温室阻挡冬季寒冷北风的作用;K 值过
小,后排温室不被遮荫的时段,仅为中午前后较短的一段时
间,而在这之外的时间,蔬菜仍要进行旺盛的光合作用,而温
室前部蔬菜却被遮光,长期如此,自然会对这一部分蔬菜的生
长发育造成不良影响。所以,温室前后排间距的总的计算公式
就是:

$$L_0 = L + K$$

　　公式中 L_0 为适宜的温室间距。

　　(4)前后屋面的地面投影比　前、后屋面的地面投影比,
是指温室前、后屋面相接处在地面上的投影至温室前沿的距
离,与该点至温室后墙内侧的距离之比,这是一个反映温室保
温性能的重要结构参数。

　　前屋面的主要作用是采光。它的面积大,温室的采光性能
好。但是,它的夜间保温能力比后屋面和墙体要差很多,因此,
前屋面过大对保温不利。后屋面的主要作用是贮藏热量和保

温。它的面积大,温室保温能力强,但它对温室后部遮光严重,会减少温室中可栽培蔬菜的面积,降低温室土地利用率。前、后屋面在地面上的投影长度,间接地反映了前后屋面的相对面积大小,从而由前、后屋面的地面投影比可以估测出温室采光和保温的性能情况。如北京及附近地区,用于严冬生产的温室的适宜前、后屋面投影比为 3～4∶1。

投影比大,说明在温室总表面积中前屋面所占比例大,温室采光好,晴天升温迅速,但保温性能差,室内温度低,在严冬季节生产蔬菜有困难。反之,投影比小的温室,虽然土地利用率较低,但保温性好,室内温度稳定,在严冬季节或连阴天的气候条件下,便显出其优越性。

在温暖地区或只在春、秋季节利用的温室,投影比可大些;在严冬季节栽培蔬菜,或在寒冷地区建温室,投影比一定要小些。实践中,一些菜农为增大温室的栽培面积,提高温室的利用率,任意将前屋面延长,温室投影比很大,保温性能差,蔬菜的生长期受到限制,容易遭受冻害,反而得不偿失。如果对这样的温室进行改造,一种可行的方法就是在不改变后屋面和后墙的基础上,将温室前屋面缩短,即将温室前沿向北移。

(5)综合结构参数　我们在多年实验的基础上,将温室的采光和保温性能结合起来,提出温室综合结构参数这一概念,即温室前屋面的地面投影、高度与后屋面地面投影三者之比。前屋面与高度的比值,反映了温室的前屋面采光角度;前、后屋面地面投影的比,如前所述,反映了温室的保温性能。根据本地区的地理位置和气候条件,确定综合结构参数后,温室的基本形状就确定了。

实验表明,北京及附近地区,综合结构参数为 4∶2∶1 较为适宜。寒冷地区,可适当加长后屋面投影(加长后屋面),较温暖地区,可适当加长前屋面投影(加长前屋面)。

（6）**后屋面的长度和仰角** 后屋面对保温至关重要。一般温室的后屋面长度(内侧)都应在 1.5 米以上。有的菜农为了降低建造成本,将后屋面建得很短,甚至在 1 米以下,这就大大降低了温室保温性能,致使温室冬季最低温度在 5℃ 以下,不能在 严冬季节栽培喜温蔬菜。

后屋面还起着贮存热量的作用,白天吸收光能,夜间将贮存的热量释放出来,提高温室温度。因此,后屋面应有一个较大的仰角,使阳光可照射到后屋面内侧,便于吸收光能,积蓄热量。一般认为,只要不超过 45°,后屋面仰角越大越好。

2. 常用的温室卷帘机有哪几种?

（1）**单轴牵引型卷帘机** 该机由卷帘机组、牵引轴、轴承座、轴承支架、牵引绳和卷帘杆等组成(图 3)。卷帘机组固定安装在温室顶部的一端,包括三相电动机与蜗轮传动减速器,减速器的输出轴为单头,与牵引轴相联。牵引轴沿温室纵长方向通过轴承座、轴承支架固定在温室顶部。牵引绳呈对折状,其中有 1/2 的长度铺压在保温帘(草苫、保温被等)下,它的绳头拴系在温室顶端;另外的 1/2 长度位于草帘或保温被之上,其绳头按一定的方向缠绕在牵引轴上,并通过绳卡将绳头固定在牵引轴上。

覆盖物的上端被固定在温室顶部,下端与卷帘杆固定在一起。按动卷帘机控制开关按钮,卷帘机组驱动牵引轴转动,随着牵引绳在牵引轴上被缠绕的圈数增多,牵引绳对折于草帘上、下方的长度不断缩短,保温帘即被平稳地沿前屋面向上拉动卷起。反之,令卷帘机组驱动牵引轴反向转动,使牵引绳

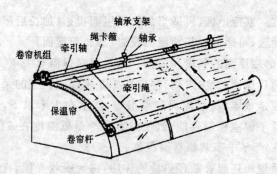

图 3 单轴牵引型卷帘机

在牵引轴上缠绕的圈数减少,牵引绳对折于保温帘上、下方的绳长增加,保温帘在自身重量的作用下,逐渐沿温室前屋面向下展开,直至完全将温室表面覆盖。

由于它的减速器为单头蜗杆减速器,其输出轴具有自锁功能,因此牵引轴可在任意转动位置锁止,被卷动的保温帘亦可在揭启的任意位置上静止。

为防止因偶然停电而影响保温帘的正常揭启与覆盖,同时兼顾某些地方使用三相电源不便,减速器的输入轴设为双头,除一头与电机相联外,另一头可联接手轮。在停电和无电源的情况下,通过转动手轮操纵卷帘机组运转,即可使保温帘得以揭、盖。手轮可轻松摇动,以此操纵整栋温室保温帘的揭启与覆盖。单轴驱动的牵引型卷帘机,主要适于长度为60米以内的日光温室揭、盖保温帘使用。

(2)双轴牵引型卷帘机 该机的结构和工作原理与单轴牵引型卷帘机相似,不同点在于:其蜗轮减速器的输出轴为双头,使用时固定安装在温室顶部的中央(图4),两输出轴分别与两边的牵引轴连接。双轴驱动牵引型卷帘机,适合在长度为120米以内的单坡面温室上应用。这种卷帘机构结构简单,造价低廉,性能可靠。但是,由于其卷帘机组、牵引轴等主要工作部件,须安装固定于温室顶部,因而对温室顶部建筑结构及其强度有一定要求,同时对安装技术要求也相对较高。

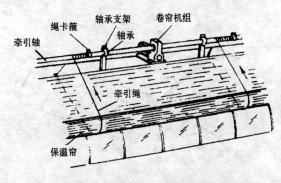

图 4 双轴牵引型卷帘机

(3)自驱动型卷帘机 该机由卷帘机组、卷帘杆、压铁、伸缩支杆和铰接支座等构成(图 5)。卷帘机组固定在伸缩支杆上端的机座上,减速器的输出轴通过法兰盘与横贯温室全长的卷帘杆相连,卷帘杆上均匀地设有螺孔。保温帘的上端固定在温室顶部,下端通过螺栓与压铁被压紧在卷帘杆上。按动卷帘机开关按钮,卷帘机组即直接驱动卷帘杆转动。当驱动卷帘杆沿前屋面向上方转动时,卷帘杆即带动保温帘边自卷边向上滚动。由于支撑卷帘机组的伸缩支杆的长度,可随卷帘机组位置变动而自由变化,因此,卷帘机组亦随之上升,从而使保温帘揭启。反之,令卷帘机驱动卷帘杆反向转动时,保温帘则在自重作用下沿棚面向下方滚动,使其重新恢复到覆盖状态。

与牵引型卷帘机相比,这种自驱动型卷帘机的构造更为简单,特别是它无需在温室顶部安装任何附属构件,因而不仅对温室顶部的建筑结构与强度无特别要求,而且安装施工亦非常方便和快捷。但是,自驱动型卷帘机要求减速器的传动比大,一般为 1:300 左右,减速器设计为二级传动,故成本略高。

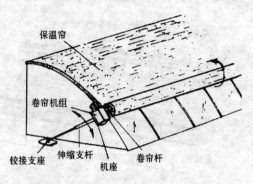

图 5　自驱动型卷帘机

(4)双向牵引型卷帘机　对于前屋面坡度平缓(小于10°)的温室,当需要保温帘由卷起状态向下翻滚,展开到覆盖状态时,仅依靠保温帘的自重是难以实现的。另外,对于后屋面也用保温帘覆盖的温室,欲将保温帘从后屋面底部由卷起状态向上翻滚展开时,不借助于外力更是不可能的。因此,在这种情况下必须采用双向牵引型卷帘机,即保温帘由卷起状态向覆盖状态翻滚展开时,也利用动力和牵引绳作反向拉动。

双向牵引型卷帘机与其他形式卷帘机的区别在于,它在温室的前沿多设置若干组滑轮和反拉牵引绳等构件(图 6)。反拉牵引绳的一端系于保温帘最下部。另一头按正拉牵引绳相反的旋向缠绕固定在牵引轴上。当保温帘卷起时,反拉牵引绳在牵引轴上缠绕的圈数随牵引轴转动而减少。其下端则随保温帘卷动而卷夹在保温帘各层之间,并向上卷动。当需要保温帘翻滚展开时,则驱动减速器反转,使正拉牵引绳在牵引轴上的缠绕圈数逐圈减少,而反拉牵引绳在牵引轴上缠绕圈数逐圈增多,反拉牵引绳即通过滑轮而拉动保温帘反向翻滚,从而实现展开。

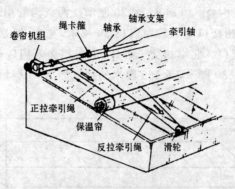

图6 双向牵引型卷帘机

3. 如何建造太阳能暖沟回流阳窖? 如何利用该设施育苗?

利用日光温室进行蔬菜育苗,存在着一个普遍的问题,就是地温低,并且越是寒冷季节,这一问题越突出。较低的地温限制了幼苗根系的生长,致使幼苗生长缓慢,甚至形成"小老苗",定植后产量低,品质差,严重影响收益。在实践中,山东省莱阳市躬家庄乡菜农摸索出在日光温室中用太阳能暖沟回流阳窖育苗的方法,有效地解决了这个问题,而且无需电能和燃料,用过的酿热物还可作有机肥使用。

(1)建造方法 根据用苗数量确定窖的大小和个数。建窖位置一般选在日光温室的中部,以南北走向为好。窖的南端距离温室前沿1米左右,北端离后墙2米左右,宽为1.3米左右。

放线定位后,把土全部挖出来,使窖南端深 60 厘米,北端深 40 厘米,并将底部铲成南低北高的斜坡。四周用挖出的土筑起 15～20 厘米高的土埂,再在阳窖底部均匀地挖两条南北向的换气沟,深 30 厘米,宽 30 厘米。两条沟的南端相交于窖内,并在相交口处用砖砌成长 50 厘米,宽 50 厘米,高 160 厘米的进气口。北端相交于窖外,也在相交处用砖砌成口径为 30 厘米×30 厘米,高 160 厘米的抽气烟囱。其做法如图 7 所示。

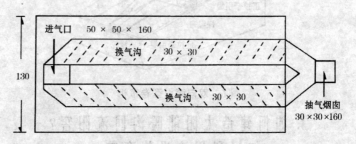

图 7 太阳能暖沟回流阳窖结构示意图(单位:厘米)

选用粗硬的玉米秆,铡成 50 厘米长的段,在窖底的沟内铺 10 厘米厚,再把麦秸用 1%的尿素水或鲜人粪尿,与等量水的混合液拌湿,作为填料,湿度以 80%为宜。直观的掌握方法是用手握时见湿而不滴水,填料厚度不少于 30 厘米。也可使用新鲜的马粪,马粪升温快,温度高,但高温维持时间短。

填好料后,用铁锨拍实,上边要架上 1 米高的拱棚并用薄膜盖好,让酿热物反应放热。5～6 天后土层温度升高,即可播种育苗。

(2)育 苗 如果土温超过 30℃,可浇透水降温后再用。用营养钵育苗或分苗时,先铺一层 4 厘米厚的床土,把床土用铁锨拍实后,再一行行地摆放好,并且要使营养钵上齐下不齐,以便使浇水均匀。播种后覆盖薄膜。晚上用草袋把抽气烟囱堵好,早晨太阳升起后再把草袋拿掉。

如果直接在营养土上播种育苗,可在阳窖上先铺10厘米厚的消毒营养土,用脚稍加踩实,浇透水。播种前如果床温超过30℃时,可再浇水降温。水渗下后播种,按不同种子要求的间距点播,如黄瓜按10厘米×10厘米的规格播种。播种后覆盖1厘米厚的过筛潮湿营养土,而后盖好地膜和拱棚薄膜。当见到种子发芽出土时,就要将地膜去掉。其他管理与营养钵育苗相同。

(3)作用与效果 太阳能暖沟回流阳窖铺有酿热物,底部还有两条换气沟,两端分别有进气口和抽气烟囱。白天温室内气温高,揭开抽气烟囱,热气很快由进气口进入换气沟。热气充满换气沟十分利于微生物的活动,酿热物加速分解,并放出大量的热能,使温室内不仅气温高,而且地温也很高。晚上把抽气烟囱用草袋堵严,换气沟的热气和底部酿热物放出的热能,通过进气口不断地进入阳窖。因此在严寒的晚上,阳窖也能保持较高的温度,即使连阴天,地温、气温都不会大幅度地下降,并且越是严寒风雪天气,其效果越明显。所以,在严寒期间用此法育苗,幼苗生长良好,成功率很高。

1997年,该乡果树站的王治家等人,进行了暖沟阳窖伊丽莎白厚皮甜瓜育苗试验。该阳窖11月20日建成,11月25日上午9时测定温室拱棚内的地温(地下10厘米处)为7.8℃,气温为10.5℃,阳窖的地温为18.5℃,气温为15.5℃,地温气温分别比温室内小拱棚的高10.7℃和5℃。12月10日上午9时,阳窖的地温为19℃,气温为15℃,而温室内拱棚的地温则为7.8℃,气温为10.5℃。阳窖地温、气温分别比温室拱棚的高11.2℃和4.5℃。阳窖的幼苗比温室拱棚的多 2 片叶,高 5～7 厘米,并且叶色绿,长势粗壮,阳窖苗侧根数量比温室内拱棚苗多 2 倍以上,高 1.5 倍以上。

1998 年 1 月 18 日,外界最低气温降到了－15℃以下。上午 9 时,测定温室拱棚的地温为 5℃,气温为 2.4℃,而阳窖的地温为 9.5℃,气温为 6.8℃,分别比温室拱棚的高 4.5℃和 4.4℃。阳窖内的伊丽莎白瓜苗安然无恙,长势良好,而温室拱棚的几乎全部冻死。黄瓜育苗的试验结果也与此相似。

4. 温室薄膜固定和后屋面建造有何改进方法?

(1)温室薄膜固定新法　目前,温室薄膜一般用压膜杆或压膜线压膜。前者牢固,抗风,一般不存在"风鼓膜"现象,但压膜杆与膜下拱杆连接处要将薄膜用铁丝穿破。一个占地 666.7 平方米(1 亩,下同)的温室,其薄膜一般会被穿破 4 800 个小孔。这些小孔在风力作用下越来越大,导致寒冷季节温室保温效果显著下降。用压膜线固定时,会受到温室前屋面形状的限制,当前屋面弧度小时,压膜效果不理想,每年初冬的大风,对还没来得及上草苫的温室危害很大。

这里介绍的方法是,在拉平绷紧温室薄膜后,按东西 1 米的间距用压膜线压膜。有的棚面较平,压膜线不能压紧,可再在温室内部,与压膜线对应的关键部位按东西向拉一道 8 号铁丝,然后每隔一段距离,用细铁丝穿透棚膜,将压膜线与膜下 8 号铁丝固定在一起即可。可根据实际需要决定 8 号铁丝的根数,以压牢、抗风为最终目的。面积为 1 亩的温室,拉一道铁丝,最多只需穿孔 240 个。

(2)温室后屋面建造新法 —— 砖拱法　在使用水泥预制拱架时,有的菜农在两拱之间的后屋面部分使用砖拱,可节约柁、檩、椽等木质构件。其方法是做一个类似板凳的木架,上端一侧与后墙等高,上端另一侧与温室最高点等高,表面成拱形,与后屋面等长,与两拱间距等宽。在木架上摆砖,砖的24厘米×6厘米的一面朝下,在两水泥拱架间做成砖拱,砖缝用沙灰填实。其上覆盖成捆的玉米秸或高粱秸等物,覆盖厚度为40厘米以上。而后覆盖10厘米厚的土,再在上面用石灰与炉渣混合做顶。

5. 如何建造简易、经济、高效的 冬季温室增温设施 —— 燃池?

河北省秦皇岛市蔬菜局工作人员,在市郊蔬菜基地的日光温室中,应用燃池提高冬季温室温度,取得了很好的效果。燃池是一种新型增温设施,经济实用,效果很好。即使在严冬季节遇到连阴天或雪天,它也可使温室气温保持在 9℃~10℃以上,地温 15℃以上。每年的投资只需 200~300 元。

燃池的建造方法是,在温室内靠近后墙的土地上,沿温室走向挖 80 厘米深、80 厘米宽、与温室等长的壕沟,内壁砌砖,上面用水泥板封严。每隔 8 米在后墙上设一个烟筒,通到温室外,燃池上部与烟筒相连。燃池下部装直径为 8~10 厘米的进风管,通到温室外地面上。在水泥盖板上,每隔 4~8 米留一个规格为 40 厘米×40 厘米的点火口,位置与进风口对应,但与烟筒错开。

冬季来临时,从点火口向燃池中填入锯末,填满后从点火口点火,使其缓慢燃烧,而后封严点火口。一次填料可持续燃烧 2~3 个月,整个冬季只需加 1 次燃料。燃烧的速度可通过控制进风口大小来调节。一定要注意,燃池表面的水泥盖板和点火口一定要封严。

6. 新型覆盖材料——保温被有哪几种？

日光温室的传统保温覆盖材料,有草苫、蒲席、纸被和棉被等,它们的缺点是笨重,卷放费工、费力,被雨雪浸湿后,既增加了重量,又使保温性能下降,而且对薄膜污染严重,易降低薄膜的透光率。因此,我国正在积极开发草苫、蒲席的替代产品——保温被。理想的新型保温被应具有下述性能:第一,传热系数小,保温性好;第二,重量适中,易于卷放;第三,防风性较好,使用寿命较长,防水性好。

目前,新型保温被有五种。各种保温被的主要性能及存在的缺点分别如下:

(1)**复合型保温被** 这种保温被采用2毫米厚蜂窝塑料薄膜2层,加2层无纺布,外加化纤布缝合制成。它具有重量轻、保温性能好的优点,适于机械卷放。它的缺点是里面的蜂窝塑料薄膜和无纺布经机械卷放碾压后容易破碎。

(2)**针刺毡保温被** "针刺毡"是用旧碎线(布)等材料经一定处理后重新压制成的,造价低,保温性能好。针刺毡保温被用针刺毡作主要防寒保温材料,一面覆上化纤布,一面用镀铝薄膜与化纤布相间缝合作面料,采用缝合方法制成。这种保温被自身重量较复合型保温被重,防风性能和保温性能均好。它的最大缺点是防水性较差。3月份雨夹雪的天气较多,保温被浸湿以后保温效果降低。另外,在保温被收放保存之前,需要大的场地晾晒,只有晒干后才能保存。

(3)**腈纶棉保温被** 这种保温被采用腈纶棉、太空棉作防寒的主要材料,用无纺布做面料,采用缝合方法制成。在保温性能上可满足要求,但其结实耐用性太差。无纺布几经机械卷放碾压,会很快破损。另外,因它是采用缝合方法制成,所以无法保证防水性。下雨(雪)时,水会从针眼渗到里面。

(4)棉毡保温被 这种保温被以棉毡作防寒的主要材料,两面覆上防水牛皮纸,保温性能与针刺毡保温被相似。由于牛皮纸价格低廉,所以这种保温被价格相对较低,但其使用寿命较短。

(5)泡沫保温被 这种保温被采用微孔泡沫作主料,上下两面采用化纤布作面料。主料具有质轻、柔软、保温、防水、耐化学腐蚀和耐老化的特性,经加工处理后的保温被不仅保温性持久,且防水性极好,容易保存,具有较好的耐久性。它的缺点是自身重量太轻,需要解决好防风问题。

上述几种保温被都有较好的保温性,都适于机械卷动。虽然各自存在不同的缺点,但近年来被推广使用的面积仍在不断扩大。

7. 栽培设施上用的新材料有哪些?

(1)薄膜防水滴剂 目前,我国生产的无滴薄膜的质量不十分稳定,价格又相对偏高,致使许多菜农仍使用覆盖后内表面容易出现水滴的普通薄膜。而这种薄膜透光性能差,棚室内湿度大,而且水滴落在蔬菜植株上,还容易引发病害,最终导致减产。笔者曾见到,某些菜农因使用劣质的有水滴薄膜,水滴落在前屋面下的黄瓜植株上,致使黄瓜植株生长衰弱,病害蔓延,而后屋面下面的黄瓜植株反而长势强劲,叶片翠绿。普通有水滴薄膜的缺陷,由此一目了然。

对此,日本早在 20 世纪 80 年代就已研制生产了薄膜防水滴剂,并大量使用,取得了良好的经济效益和社会效益。我国上海农学院等科研单位也在 90 年代研制出了类似产品,价格较从日本进口的降低了 30%。经山东省寿光市、河北省固安县等生产单位使用,证明涂抹该防水滴剂后,薄膜透光率增加,棚温比不使用者升高1℃～3℃,病害大大减轻,产量增加10%左右,其成本仅为相同面积无滴膜成本(指无滴膜高于普通膜部分)的1/7～1/5。该成果获得上海市"九五"科技进步金奖。

防水滴剂为液体,由S组分和N组分组成,无毒,无臭,无腐蚀性,不燃烧,对薄膜和蔬菜无害,使用安全简便。喷涂后的薄膜不滴水滴,有效期达6个月。其使用方法如下:

① 喷涂液的配制:防水滴剂由S组分和N组分组成,每套防水滴剂含S组分2100克,N组分300克。使用时将50克(或毫升)N组分加入10升水中,搅拌后加入350克(或毫升)S组分,搅拌均匀即可喷涂。

② 喷涂方法:通风不好的北方地区,应在扣棚后立即喷涂。喷涂在晴天中午进行,一般下午3时以后不能喷涂。生产过程中喷涂,应先开棚通风,让薄膜内侧完全干燥,不可有水滴。在通风的同时,用干布擦拭净薄膜内表面。然后将配好的防水滴剂用喷雾器(最好是高压或机动喷雾器)均匀地喷涂在薄膜上。喷涂时,喷嘴离膜15～20厘米,使药液完全润湿薄膜,即喷涂液在膜上形成水膜,而不是呈水珠状。若湿润性不佳,可将S组分改为400克或更多些。喷涂时喷嘴不能移动太快。喷涂后,一定要让喷涂液完全干燥后,才能关棚,这一点是喷涂成败的关键,必须掌握好。

(2)转光膜 又称多功能光转换薄膜,是我国在引进俄罗斯国际专利的基础上,研制成功的一种新型薄膜。1996年它被列为国家科委星火项目。目前,天津市第二塑料厂等厂家均能生产。

这种薄膜具有EVA膜的优点,拉伸性能好,透光性好,防尘,防雾滴,防老化。同时,因加入了荧光物质,还具有光转换功能。它能将太阳光中80%的紫外线变成红光和橙光。红光和橙光热量高,有利于大棚的增温与保温,而更重要的是蔬菜光合作用吸收利用最多的也是红光和橙光,转光膜覆盖有利于蔬菜光合作用,因而有促进生长发育,改善品质和提早成熟的作用。中国农业大学试验结果表明:转光膜大棚与普通膜大棚相比较,棚内温度可提高 3℃~5℃,蔬菜产量提高20%~40%,成熟期提前,营养成分含量明显提高。其中黄瓜可提早 4 天上市,增产 40%,糖分增加 9.7%,维生素 C 含量增加 31.4 %,并且脆甜可口。因此,国内外专家称转光膜的问世是一场"白色革命"。

(3)蜂窝塑料膜 蜂窝塑料膜是最近开发成功的新型覆盖材料,其结构类似作包装材料用的气泡塑料膜,气泡交替排列,状如蜂窝,故而得名。蜂窝塑料膜研制成功后,在内蒙古自治区呼和浩特市郊区实验,用它代替传统的塑料薄膜覆盖日光温室,保温效果提高,使用寿命比普通薄膜延长,可以节省电能和燃料。

(4)手动卷膜器 手动卷膜器是以人力将温室、大棚的薄膜卷起而使棚室通风换气的装置。目前,有许多厂商生产和经销手动卷膜器。其中,日本诚和公司是生产这类产品的著名厂商,产品占日本市场 70%以上的份额。该公司的中国总代理为北京碧斯凯园艺设备技术有限公司。手动卷膜器可用于温室前屋面、大棚侧壁卷膜,卷膜长度为 50~100 米,卷膜宽度为 1~3 米。通过摇动手柄,可迅速将膜卷起,大大提高工作效率。

(5)多功能生态绿屋 这是一种形状类似塑料大棚的新型温室,由茂康荣科技有限公司(北京市东城区东单新开胡同

82号,电话:010－65120038)生产。圆弧形横截面,外部为塑料薄膜,与钢架弧度一致,容易被压膜线压紧,不积水,冬季除雪简便。内部有5厘米厚的泡沫塑料弧形保温窗,比稻草的保温效果提高4倍。因在顶部无需放置草苫或保温被,可比同样栽培面积的日光温室减少遮阳宽度1米以上。而且操作简便,省时省工,开启、关闭操作只需6分钟。

（6）**新型无机复合棚室拱架**　专利产品,石家庄市金土地大棚构件制品总厂(石家庄市石铜路永北北口,电话:0311－2257084)生产。该产品重量轻,例如,7米宽温室所用的拱架每根重35千克,为水泥拱架的1/3;不生锈,不怕水,无毒,无味,无污染,可锯,可刨,可钉或钻孔。价格低,其成本仅为镀锌钢管拱架的1/3,竹木拱架的4/5。

（7）**玻璃钢聚苯复合后屋面保温板**　新型温室建造材料,由北京市超越环境工程有限公司(电话:010－69409886)生产。该保温板表面为玻璃钢,中间为聚苯板,内外两层玻璃钢之间有加强筋相连。使用寿命长,强度高,保温性能好。

（8）**择光型薄膜**　由以色列金尼嘉塑料制品有限公司生产,胖龙温室工程公司经销。这种薄膜能有选择地透过特定波长的光,从而促进作物生长,并具有提高散射光,防雾滴,提高保温效果等功能。目前有透明紫外线型、散光紫外线型、无滴透明型、透明红外线防滴型、蓝色红外线型和透明日光保温抗病毒型等40个类型,用户可根据栽培蔬菜的种类、栽培季节的不同进行选择。

（9）**RG－1型日光温室**　由北京达通利科技开发有限公司(北京朝阳区王四营乡,电话:010－67372586)生产。为组装结构,可在现场组装,施工快捷方便,易于拆装。该温室土地利用率高,无机复合墙体厚15厘米,占地相当于传统砖墙的

1/3。用镀锌钢管作拱架,采光角度合理,温室内无阳光死角。其跨度为 8 米,高度为 3.6 米。

8. 生产中使用和维护塑料
薄膜的方法有哪些?

在蔬菜生产中使用和维护塑料薄膜的方法,主要有以下三种:

(1)薄膜简易除水滴法 在温室、塑料大棚蔬菜的栽培过程中,由于棚室内外温差较大,所覆盖的普通薄膜内侧常附着一层水滴,即便是无滴膜,超过一定的使用时间也会出现水滴。这些水滴严重影响棚膜的透光率,降低棚内温度,水滴滴落到蔬菜上还容易引发病害。据测定,棚膜上附着水滴后,一般可使棚膜的透光率下降 20%~30%。

在购买不到专用的除水滴剂时,可用一些简易的方法除水滴。例如,每平方米薄膜用 7.5~10 克细大豆粉(越细越好),加水 150 毫升,浸泡 2 小时,用细纱布滤去渣滓,然后装入喷雾器内,向薄膜内侧均匀喷雾,可使膜上的水滴很快落下来,并使薄膜在 15~20 天内不再产生新水滴。此法简便易行,省工省力,经济有效,而且对棚内作物无任何不良影响。

(2)破损薄膜修补法 薄膜在使用和保存过程中容易破损。正在使用的破损薄膜,可采用以下临时性修补法:

①水 补:把破损处擦洗干净,剪一块比破损地方稍大的无破洞的薄膜,蘸上水贴在破洞上,排净两膜间的空气,按平即可。

②纸 补:农膜轻度破损,用纸片蘸水后趁湿贴在破损处,一般可维持 10 天左右。

③糊 补:用白面加水做浆糊,再加入相当于干面粉重

量 1/3 的红糖,稍微加热后即可用来补膜。

④缝　补:质地较厚的薄膜发生破损,可用质地相同的薄膜盖在上面,用细线密缝连接。

薄膜在使用前或用后收回时,要仔细检查一下,对破损者可用以下方法修补:

①热　补:把破损处洗净,用一块稍大的薄膜盖住破洞,再蒙上 2～3 层报纸,用电熨斗沿接口处轻轻烫,两膜受热熔化,冷却后便会粘在一起。

②胶　补:把破洞四周洗干净,用毛笔蘸专用胶水涂抹。过 3～5 分钟后,取一块质地相同的薄膜贴在上面,胶水干后即可粘牢。

(3)薄膜贮藏新法　薄膜贮藏前,先洗净,晾干,叠好,用旧薄膜包裹起来,选择土壤干湿度适中的地方挖一个坑,然后把包裹好的薄膜放进坑内埋藏。注意,薄膜的上层离地面的距离不应小于 30 厘米。此法可避免农膜在空气中存放出现老化发脆而缩短使用寿命的问题。

第二部分 关于栽培技术

9. 如何提高温室利用率？

温室建造投资大，运行成本高，只有想方设法提高温室的利用率，才能使温室充分发挥作用，获得最大经济效益。辽宁省黑山县的科技人员，经过多年的生产实践，摸索出了高效利用温室的五种方法，很值得蔬菜生产者借鉴。

（1）**空间差法** 利用温室的有效空间和温室的立柱，进行高矮作物、蔓生作物的配套栽培。主要方式有：黄瓜隔畦套种芹菜；黄瓜隔畦进行蔬菜育苗；主栽西葫芦，温室立柱下种豇豆；大架番茄套种小白菜和油菜；菜豆套种生菜；黄瓜套种甘蓝；黄瓜行间栽培平菇；囤栽香椿植株下撒播小白菜或小油菜；温室内搭设 2～3 层栽培床，进行蒜苗（青蒜）立体栽培；如果温室的后墙是土墙，可在上面定植韭菜。

（2）**时间差法** 利用温室主栽品种定植前或收获后的空闲，抢种一茬速生蔬菜，主要方式有：早春定植茄子前，抢种一茬水萝卜；温室冬春茬黄瓜拉秧后，在秋冬茬黄瓜播种（直播）前，抢栽一茬青葱；冬春茬黄瓜定植前，抢种一茬油菜；早春定植青椒前，抢种一茬小白菜。

（3）**品种差法** 将早熟品种与中、晚熟品种进行配套栽培。以番茄为例，主栽品种为 L402，配套品种为齐研矮粉。隔行定植，实行主副行栽培。副行品种适当密植，留两穗果，收获后拔掉。副行的早熟品种植株矮，上市早，主行的晚熟植株高，上市晚，确保中后期产量。这样，二者形成互补效应。

（4）**温度差法**　温室的前部空间小，温度低，可利用喜温与喜冷凉蔬菜品种进行间套作栽培。主要方式有：温室的前部做东西向的垄，栽植 1 行西葫芦，中后部主栽黄瓜；温室的前部，每垄种植 2～3 株矮生芸豆，中后部主栽茄子；温室的前部撒播香菜、小白菜、油菜、水萝卜等，中后部栽培青椒。

（5）**光照差法**　将喜光与耐阴蔬菜进行配套栽培，主要方式有：黄瓜与韭菜同畦栽培，畦埂上栽黄瓜；黄瓜与蒜苗同畦栽培，可收多茬蒜苗，同时蒜苗对黄瓜的病虫害有一定的延缓和抑制作用；蔓生的菜豆架下种植耐阴的绿叶菜；温室后部光照弱，可搭两层架床栽培蒜苗，也可栽培食用菌。

10. 在夏季如何管理和利用温室？

夏季高温多雨，冬春茬果菜已经拉秧。这时，既可利用棚室栽培其他蔬菜，也可进行土壤消毒、洗盐等操作，以使棚室效益增加，并确保下茬蔬菜的栽培安全。

（1）**高温灭菌**　生产中，温室栽培的果菜往往实行一种蔬菜连作，经多年栽培后，病害严重，尤其容易发生一些毁灭性的病害。夏季温度高，正是温室消毒杀菌的好时期。具体做法是，蔬菜拉秧后，浇一遍大水，将薄膜重新扣上，密闭 10 天，使温室内形成超常的高温高湿环境，绝大多数病菌和害虫因不能适应这种环境而被杀死。如黄瓜枯萎病病菌，在 45℃ 条件下，7 天就会死亡。如每 100 平方米，铺施 150～200 千克 10 厘米长的稻草或麦秸，75 千克马粪，与土壤混合，做成小高畦，效果更好。因为稻草、麦秸在发酵分解过程中会产生热量，土壤温度会更高，可更好地杀灭土壤中的病菌和虫卵，同时可提高土壤肥力。

（2）**浇水洗盐**　因大量施肥和其他原因，温室土壤中盐分大量积累,会造成土壤盐渍化。对这种温室土壤,可利用夏季休闲时期,浇大水洗盐,将水排到温室外,使盐分流失或淋溶到土壤深处,减轻土壤盐渍化程度。

(3)**深翻改土** 温室栽培的果菜,需水量大,浇水次数多,环境密闭,再加上田间操作频繁,使土壤团粒结构遭到严重破坏,土壤渗透能力降低。趁夏季高温时深翻土地,适量掺沙,可改善土壤的物理性状,在阳光的直接照射下,土壤可进一步熟化,将难吸收的肥料,变为容易吸收的肥料,使土壤的通透性增强,并能杀灭部分病菌。

(4)**清除杂草** 杂草的旺盛生长,会吸收土壤中的一些养分,有些病菌也是以杂草为寄主,致使以后栽培蔬菜时容易发病。因此,要利用夏季休闲时期,及时清除杂草,以减少不必要的养分消耗,并减少病源。

(5)**施入未腐熟有机肥** 温室栽培过程中,不能施用未腐熟有机肥,否则极易造成烧苗、氨害(肥料中氨气挥发对蔬菜造成的危害)或引发病害。但在生产实践中,一般很难做到施用完全腐熟的有机肥。而在夏季空闲时期,正是施入未腐熟有机肥的大好时机,在深翻改土的同时,施入适量的未腐熟有机肥,使它在高温下分解速度加快,很容易腐熟。

(6)**排除积水** 雨季,一些半地下式温室容易积水,等到栽培秋冬茬蔬菜时,这样的温室土壤含水量高,地温低,会使蔬菜根系发育不良,植株生长缓慢,产量降低。因此,在夏季降雨过程中或在降雨后要及时排水。可在温室地面南端,挖一条东西方向的排水沟通到温室外,再在温室外挖一口浅井,承接排出的雨水,再用水桶或水泵将水转移到其他地方。

(7)**蔬菜栽培** 在冬春茬果菜收获后,秋冬茬果菜播种前,利用温室前屋面拱架作支撑物,在上面覆盖遮阳网、纱网或废旧的塑料薄膜,遮光降温,栽培一茬速生叶菜,如小白菜、小油菜等,供应"夏淡季"市场,可增加收益。如冬春茬果菜拉秧较早,也可利用温室前屋面拱架,栽培一茬南瓜或丝瓜、菜豆、葫芦等蔓生蔬菜。

11. 如何提高保护地蔬菜生产的效益?

近年来,以日光温室为主的保护地栽培迅猛发展,面积不断扩大,蔬菜供应总量不断提高。但生产中依然存在着日光温室利用率低等问题,阻碍栽培效益的提高。主要表现在:蔬菜茬口安排不当,秋冬茬和冬春茬栽培面积大,而深冬茬栽培面积相对较小;棚室蔬菜品种单一,农民在生产中受种植习惯的影响较大,缺乏市场信息;多数温室在夏季处于闲置状态,不能做到周年利用,对光能、土地及设施等造成了很大的浪费。

针对我国蔬菜生产中普遍存在的这些问题,山东省寿光市适应市场要求,应用先进技术,优化生产模式,发展规模种植,收到了良好的效果。他们的以下经验,值得各地菜农借鉴。

(1)合理安排种植茬口 根据市场需要巧妙安排茬口,保证蔬菜连续供应,以吸引客户。要瞄准市场的空当,做到拾遗补缺。主要种植茬口有以下几种:

越冬茬,即在10月份播种或定植,至翌年6月初采收结束,商品菜上市期主要集中在1~5月份。栽培的主要蔬菜有黄瓜、番茄、辣椒、西葫芦、茄子、豇豆、菜豆、厚皮甜瓜、苦瓜、丝瓜、扁豆和香椿等。

秋延后茬,即在8月份播种或定植,元旦前采收结束,商品菜上市期主要集中在9月下旬至翌年1月上旬。种植的主要蔬菜有黄瓜、番茄、西葫芦、茄子、菜豆、芹菜、甘蓝、生菜、茼蒿和芫荽等。

冬春茬,即在 12 月份至翌年 1 月份育苗,2 月份定植,6月底采收结束,商品菜上市期主要集中在 4～6 月份。种植品种同秋延后茬。

越夏茬,即在日光温室内于夏季增种一茬蔬菜。一般 6 月底定植,9 月下旬采收结束。种植的蔬菜为番茄、芹菜、苦瓜和佛手瓜以及生育期短的速生菜等。

(2)增加蔬菜种类 随着生活水平的提高,人们已经不再满足于原来的大路蔬菜(普通蔬菜),对蔬菜的花色品种有了更高的要求。

近几年,寿光市首先不断引进国内外新品种,使全市蔬菜供应品种由 1984 年的 40 个,发展到现在的 120 个。例如引进的蜜世界、状元、蜜露、女神和伊丽莎白等厚皮甜瓜品种,种植面积达 800 公顷(1.2 万亩),创造了很高的经济效益。另外,在引进西芹等特种蔬菜的同时,还从日本引进并推广了日青花菜、大叶菠菜、黑田五寸胡萝卜、荷兰豆、山牛蒡、四季白菜和早春长茄等优良品种,增强了在国内外市场上的竞争力。

其次,注重提纯复壮本地良种。经提纯复壮的寿葱 1 号(又名气煞风)、"独根红"韭菜等蔬菜品种,已有 7 项通过省级鉴定。

(3)应用先进生产技术 应用先进技术是降低成本,提高蔬菜竞争力的关键。山东省寿光市着力推广的技术如下:

①温室配套技术:主要是对温室结构的改良,如安装使用了自动化电动卷帘机,提高了工作效率。

②喜温蔬菜深冬栽培技术:通过改良温室结构,在夏秋季节进行喜温性蔬菜播种,深冬收获上市,蔬菜价格高,菜农的收益大幅度增长。

③遮阳网覆盖越夏栽培技术:许多蔬菜在高温多雨的夏

季生长不良,产量低,品质差,因而出现蔬菜供应的夏淡季。通过覆盖遮阳网,可降低光照强度和温度,防止雨水冲击,减轻病虫危害,使一些不耐高温的蔬菜安全越夏,保证夏季蔬菜供应。这样,充分利用了温室闲置期,延长了夏季蔬菜供应期,增加了收益。

④滴灌系统:在温室内安装了简易的重力滴灌系统或自动化滴灌系统,进行膜下灌溉,既节水,省工,高产,又可大大降低温室内湿度,减轻病虫害发生,使黄瓜混合病情指数降低18%～45%,增产10%,番茄增产17%以上。

⑤应用薄膜防水滴剂:在薄膜内侧涂抹灭滴灵。灭滴灵是使用简便,价格低廉,并有防病效果的防水滴剂(抗凝水剂),在有水滴的薄膜上涂抹后,能消除水滴,改善光照条件。

⑥施二氧化碳肥:主要采用燃放沼气法。这样,在产生二氧化碳的同时,可提高温室内温度。采用这种方法,蔬菜一般可增产20%～40%,且能提早上市,提高商品性,增强耐贮性。

⑦粉尘法施药:此法高效、省工,施药时每个温室仅需3～5分钟,不用水,避免了因施药而引起空气湿度升高所引发的病害;而且省药,用药量可节省50%以上;药尘分布均匀,药物颗粒可在植株各部位沉积,效果好。以黄瓜霜霉病为例,这样施药的防效比普通方法提高28.0%～67.4%。

⑧其他技术:此外,还推广了无土育苗技术、黄瓜嫁接技术、大棚香椿密植栽培技术和芽菜生产技术等。

(4)注册特色农产品商标　　特色农产品是指在特定地区、特定气候和土壤条件下生产出来的农副产品。随着农业市场化程度的不断提高,注册并正确使用特色农产品商标,逐渐成为提高和保证经济效益的手段。其主要事项如下:

①特色农产品商标注册申请人：现阶段，农民申请特色农产品商标注册，由于经营规模小，生产分散，在实践中不太可行。那么由谁来申请商标注册呢？笔者认为，有以下几种可供选择：

第一，由农工商联合企业申请商标注册。农工商联合企业是农民与市场联系的桥梁，应充分发挥其龙头作用，由其统一申请商标注册，帮助农民将特色农产品推向市场。

第二，由特色农产品协会申请商标注册。特色农产品协会是特色农产品生产者自发成立的群众性组织，由该组织申请商标注册，由加入协会的成员或一定区域内的农民使用。

第三，由县或乡镇一级政府农业管理部门申请商标注册。在市场经济还不成熟的今天，应充分发挥政府农业部门的作用，通过引导和帮助，使广大农民逐步成为能够驾驭市场经济规律的生产经营者。

第四，由产地的特色农产品批发市场申请注册。由其申请商标注册并使用于进入市场交易的特色农产品，既可吸引农民进入市场成交，又可刺激消费者购买。

②特色农产品注册商标的使用管理：由于单个农户一般情况下不能成为注册商标的拥有者，因此，根据特色农产品商标注册人与使用者是否一致，可将特色农产品的使用管理分为统一使用管理和分散使用管理两类。

统一使用管理。由注册人如农工商联合企业、农业产业化龙头企业或批发市场，将特色农产品统一收取加工后，附上商标，然后推向市场，这样做有利于注册商标的使用管理。

分散使用管理。适用于特色农产品商标的注册人是特色农产品协会或县、乡镇一级政府农业管理部门等。由其申请集体商标，通过制定商标使用规则，规范特色农产品协会会员使用。或申请一般商标,通过签订商标许可合同,明确双方的权利义务,规范农户使用,然后由农民直接将特色农产品推向市场。这样可使农民从注册商标中直接受益。

(5)发展规模化蔬菜生产 在市场经济条件下,没有一定的规模,就不能吸引客户,就没有市场,效益就低。发展规模化生产,有利于提高蔬菜生产的管理水平,提高生产率,保证销售。山东省寿光市近年来,建立了厚皮甜瓜、西瓜、番茄、韭黄、冬贮芹菜和温室大棚香椿等十几个成方连片的专业生产基地,充分发挥了规模效益。

12. 有哪些处理种子的新方法?

处理种子的新方法,主要有以下几种:

(1)冬季简易暖水瓶催芽法 在农村几乎没有恒温箱或暖气设备,冬季播种时,如果用种量少,菜农多将种子放在内衣口袋里,利用体温催芽,或放在火炕上催芽。这样,花费时间长,效果不理想。采用暖水瓶催芽,简单易行,速度快,一般仅需1~2天时间即可。

其方法是:把经浸种处理的种子,用纱布或干净的袜子包好,用一根细线或绳子系紧,悬吊在装有半瓶40℃温水的暖水瓶中,以不淹水为准。盖上瓶塞,每隔5小时打开瓶塞通气,并将种子拿出,用温水冲去种子表面的粘液,重新包好,甩去多余的水分,同时向暖水瓶中加入适量热水或更换温水。此法除用于催芽外,还可用于测定种子发芽率,既方便又快速。

(2)糖液浸选增产法 据报道,用糖液浸选瓜类、豆类蔬菜种子,播种后可比不经过浸选者增产20%~30%。

糖液浸选的方法是:按水∶红糖=5∶1的比例(重量比)配制糖液。配制时,将水加热到40℃,倒入红糖,搅拌均匀,使糖全部溶化,然后把配制好的糖液盛在盆里(注意不要用钢铁器皿),盆上做一个白纱布底的罗圈,使纱布浮在水面上,把种子摊在纱布上,种子一面浸在糖液里,另一面露在外面。再以用温水浸过的布片把盆盖起来,放在温暖处催芽,温度保持在18℃～25℃之间。在催芽过程中,每天翻拌2～3次,结合翻拌,把发芽早、长势好的籽粒挑出来,分期分批播种。

糖液浸选种子的优点很多。种子在吸水膨胀过程中,种皮和胚芽吸收了大量的含糖水分,促进种子中水解酶的活动,把种子中不溶性蛋白质和淀粉等转化成氨基酸和糖分等。同时,细胞在酶的作用下,新陈代谢旺盛,萌芽迅速。经处理的种子出土后,茎粗,叶大,植株健壮。

(3)蔬菜种子催芽剂 中国科学院北京植物园徐本美副研究员在对种子活力进行多年研究的基础上,研制出了蔬菜种子催芽剂。按蔬菜的种类,催芽剂分为多种,主要有辣椒催芽剂、番茄催芽剂、茄子催芽剂等。催芽剂的主要成分是植物生长促进剂、营养元素、渗透调节剂及抗寒剂。用催芽剂处理,可打破种子休眠,增强活力,加速发芽和促进幼苗生长。

经试验,在冬季温室中,经催芽剂处理的种子出苗率显著提高,而且幼苗长大后能增产。例如,海丰5号辣椒经催芽剂处理种子后增产25%,佳粉14号番茄增产13.3%。

催芽剂对陈种子发芽的促进作用更明显。经它处理后,存放4年的小白菜种子的田间出苗可比原来增加131%,提早出苗1～7天,产量增加80%。最受菜农欢迎的是茄子催芽剂,茄子种子经它处理后,在25℃的温度下只需3天即见"露白",在20℃以上的室温中,也只需4～5天。在育苗过程中,自始至终不需另浇水,而且苗齐苗壮。

(4)番茄直播催芽法 此法在浸种后不进行常规催芽,直接播种,简易可行,尤其适宜无加温设施的日光温室培养番茄、茄子、青椒幼苗。其做法是,先将番茄种子用温水浸泡 8 小时,捞出后播在浇足底水的苗床上,覆土后再覆盖地膜或废旧薄膜。在晴朗天气下,7 天可出苗,天气情况较差时需 15 天齐苗。用此法培养的番茄幼苗,子叶虽然比常规催芽的幼苗小,但抗寒性强。

(5)烟熏提高种子发芽率 烟熏可提高陈种子发芽率。一些农业专家在研究中发现,植物秸秆在燃烧过程中所产生的烟是种子发芽的催化剂,用它熏种子,可提高种子的发芽率。甚至一些被认为是很难发芽的种子,例如莴苣陈种子,在经过烟熏之后,也能奇迹般地提高发芽能力。这是因为烟中含有的化学物质,能够打破许多种子的休眠状态,加快种子发芽。

烟熏的方法很多,最简便的方是将种子直接暴露在烟雾之中,经过 20~30 分钟后,即可用来播种。

(6)苦瓜种子巧催芽 苦瓜种子有较厚的种壳,不易吸水,不少农户因不懂催芽技术,造成种子不发芽而误了农时。采用热水烫种、浸种、催芽,能杀死种子表面的病菌和虫卵,提高种子发芽率。在播种前 5~6 天,将苦瓜种子用清水洗净,洗时轻擦种子,除去其表面角质,而后用纱布包好,置于 55℃的温水(简便方法是用两份开水,一份凉水混合而成)中,自然冷却后继续浸种 12 小时以上,捞出种子在清水中洗净,用牙齿或尖嘴钳将种子脐部稍弄破,然后置于能保持 30℃左右温度及足够湿度的地方催芽,当种子露芽 3 毫米左右时即可播种。

13. 如何进行蔬菜工厂化穴盘无土育苗?

蔬菜工厂化穴盘育苗技术,不仅普通菜农可以使用,而且更加适合专门从事蔬菜育苗,以出售蔬菜幼苗为生产目的的菜农使用。

此技术起源于20世纪70年代欧、美国家,是以草炭、蛭石等轻质材料作育苗基质,采用机械化精量播种,一次成苗而无需分苗的现代化育苗体系。由于所用育苗盘是分格的,播种时一穴一粒,成苗后一穴一株,植株根系与基质紧密结合在一起,根坨呈上大下小的塞子状,我国引进以后称其为机械化育苗,而人们习惯称之为穴盘育苗。

(1)穴盘育苗的优越性 与我国传统育苗方式相比,这一技术的优越性十分明显。首先是节能,效率高。传统的营养钵和营养土育苗方式,每平方米苗床只能培育100多棵苗,而穴盘育苗每平方米可培育500～1 000棵苗。如用冬季传统的温室育苗或电热线进行穴盘育苗,可节约能源2/3以上,提高了育苗设施的利用率,显著降低了成本。第二,此法省工、省力。传统的苗钵、土坨重300～500克,而穴盘苗基质不到50克,运输方便。第三,苗的素质显著提高。穴盘苗的苗龄虽短,但由于基质、营养液等均实行科学配方,标准化管理,一次成苗,所以苗的素质高,根系发达,茎秆粗壮,叶片厚实,生活力强,定植后缓苗快,成活率可达100%,可早熟5～7天,增产15%～20%。第四,适宜远距离运输和机械化移栽。穴盘苗根系与基质紧密缠绕,不易散落,不伤根系,运输方便。

(2)穴盘育苗的配套设备 工厂化穴盘育苗应具有一定的配套设备,如果缺少某些设备时可通过手工操作来弥补。其配套设备有:

①精量播种系统:主要进行基质的前处理、混拌、装盒、压穴、播种以及播种后的覆盖、喷水等项作业。

精量播种机是这条生产线的核心。根据播种机作用原理的不同,精量播种机分为真空吸附式和机械转动式两种类型。

真空吸附式播种机对种子粒径大小没有严格要求,可直接播种,但价格较贵,效率低。机械转动式播种机对种子粒径的大小和形状要求比较严格,播种之前必须把种子丸粒化,即在种子表面包裹肥料、农药等物质,做成大小一致的丸粒。但价格便宜,效率较高,比较适合我国工厂化育苗生产。

② 穴　盘:因材料不同,可大致分为美式和欧式两种类型。美式盘多为塑料片材吸塑而成,比较耐用,而欧式盘是选用发泡塑料注塑而成。相比而言,美式盘较适合我国应用。

进行穴盘育苗时,不同种类的蔬菜,应选用不同规格的穴盘。例如,春季番茄与茄子,育苗多选用 72 孔穴盘(4.5 厘米×4.5 厘米),6～7 叶时出售;青椒育苗选用 128 孔穴盘(3.4 厘米 × 3.4 厘米),8 片叶时出售;花椰菜、甘蓝育苗选用 128 孔穴盘,6～7 片叶时出售;芹菜育苗选用 200 孔苗盘(2.7 厘米 × 2.7 厘米)或 392 孔穴盘(1.9 厘米 ×1.9 厘米),4～5 片叶时出售。

③ 基　质:穴盘育苗时,单株营养面积小,每个穴孔盛装的基质量很少,因此要育出优质的商品苗,必须选用理化性质好的育苗基质。目前国内外一致公认草炭土、蛭石和珍珠岩是蔬菜育苗的理想基质材料。常用的基质按草炭∶蛭石=2∶1的体积比例配制,同时每立方米混合基质中加入氮磷钾(15∶15∶15)三元复合肥 2.5～3.5 千克。

④ 育苗温室:在北方地区应选用节能型日光温室,同时配备供暖系统。另外,在同一温室内进行多种蔬菜育苗时,应根据不同蔬菜苗期对温度的不同要求,通过调节供暖系统的配置,把温室分为高、中、低三种不同温度类型,以达到节省能源的目的。

育苗温室覆盖的塑料薄膜必须为新的无滴膜,以保证充足的光照和防止水滴落入苗盘。温室内应配备码放穴盘的架床,有条件者可配备行走式喷水灌溉系统。

⑤ 催芽室:由于穴盘育苗是将裸粒或丸粒化种子直接播进穴盘里,为了保证种子在冬春季节能迅速、整齐地萌发,通常先把播种后浇透水的穴盘放进催芽室催芽,将盘与盘呈"十"字形摆放在床架上。催芽室要保持较高的温度和湿度。当苗盘中60%左右的种子出芽,少量拱出基质表层时,即可把苗盘转入育苗温室。

(3)穴盘育苗技术要点

①确定播种时期:播种时期要根据定植期、蔬菜种类和穴盘孔穴大小推算。例如,若想日光温室番茄在2月下旬定植,选用72孔穴盘,从播种到成苗需60~65天,则应在12月下旬播种。

② 种子处理:播种前,种子除了需要进行常规消毒外,对于发芽较慢的蔬菜种子,如茄子的种子,要用500毫克/升浓度的赤霉素浸泡24小时,风干后再播种。对于采用机械转动式播种的,种子必须先进行丸粒化处理后再播种。尤其值得注意的是,由于穴盘育苗采用精量播种,要求种子的发芽率应在95%以上,因此播种前必须进行种子发芽率检测。

③ 播 种:除采用机械播种外,也可用手工播种。播时,先将混合好的基质用铁锹填入穴盘,用手拂平,再用木板将表面多余的基质刮去。而后将装好基质的穴盘上下对齐地摆放在一起,摆至1米左右的高度时,用手摁住最上面的穴盘向下压,用力要均匀,然后将穴盘再摆放开。这样,每个穴盘的每一个穴的基质,都会被上面穴盘的底部压出一个小坑,深约1厘米。将种子播在小坑中,每穴1粒。辣椒等多采用双株定植的蔬菜,可播两粒;种子发芽率较低时可多播几粒,出苗后再将

多余的苗用剪刀从茎基部剪除。播种后,在穴盘的表面覆盖蛭石粉,用木板刮平。

④ 肥水管理:播种后喷透水,直至水从穴盘底孔流出。子叶展开至 2 叶 1 心期间,保持水分含量为最大持水量的 70%～75%。从 3 片真叶至成苗,水分含量保持在 65%～72%。长至 2 叶 1 心后,结合喷水,叶面喷施 0.2%～0.3%浓度的三元复合肥 2～3 次。

⑤ 温度管理:对于茄子、辣椒等喜温蔬菜,催芽室温度白天应保持在 28℃～30℃,夜间应保持在 20℃～25℃;进入育苗温室后,白天的温度应保持在 25℃～28℃,夜间的温度应保持在 18℃～20℃。对于番茄,催芽室温度白天为 25℃,夜间为 20℃;进入育苗温室后,白天为 25℃左右,夜间为16℃～18℃;长至 2 叶 1 心后,夜温可降至 14℃左右,但不要低于 10℃,白天要酌情通风,以降低空气相对湿度。

⑥补苗和分苗:由于受种子质量和育苗温室环境条件的影响,有些蔬菜出苗率只有 70%～80%,需要在第一片真叶展开时,及时将苗补齐。

用 72 孔或 128 孔穴盘育苗者,可先在 288 孔苗盘内播种。当小苗长至 1～2 片真叶时,再移到 72 孔或 128 孔穴盘内。这样可保证幼苗整齐,提高温室的利用率。

成苗后需长途运输者,先浇透水,再将苗拔出。这样,根系与基质紧密缠绕在一起,拔出时不会散坨。尔后,将苗一层层地摆放在纸箱或筐内即可。

14. 有哪些蔬菜育苗的新方法?

当前,在蔬菜育苗中所采用的新方法,主要有以下几种:

(1)用锯末育甘蓝苗 这种方法的操作过程如下:

①基质准备：锯末是一种十分廉价的育苗基质。先将锯末过筛，因锯末中通常含有树脂、单宁、松节油等有害物质，且碳氮比很高，因此使用前要进行堆沤。堆沤时可加入一定氮肥，堆沤时间应在90天以上。锯末较轻，持水力强，通透性好，与其他基质混合使用更能提高栽培效果。一般可连续使用2～6茬，但每茬使用后应进行消毒。

向腐熟的锯末中加入充分腐熟的有机肥，有机肥和锯末的比例应掌握在1：3。而后每立米基质加硝酸铵0.5千克，过磷酸钙0.25千克，保证充足供应幼苗所需养分。但也要避免肥料过量而烧苗。锯末、无机肥和有机肥要混合均匀，否则会发生出苗不整齐和烧苗的现象，或引起后期脱肥。

②播　种：播种前3天浇足底水，使水分浸透基质。否则，幼苗生长期根系易缺水，影响幼苗正常生长。播种时的覆土厚度不应过薄，一般以1.0～1.2厘米为宜。

③苗期管理：要掌握好浇水时间和控水时期，并根据苗情浇水。要尽量在上午浇水，并掌握好两个控水时期：一是幼苗拉"十"字期（两片子叶和两片真叶交错排列，状如"十"字），严格控水，以防根腐病的发生；二是炼苗期间严格控水，以防徒长。

当子叶展开时，要剔除病苗杂苗。幼苗两片真叶展开时，要进行第二次间苗，间距以8厘米为宜。后期棚内温度较高，会降低幼苗的抗寒能力，并导致幼苗徒长。因此，在定植前3周，要逐渐加大通风量，后期应昼夜通风，进行幼苗锻炼，以适应定植后的外界条件。

中晚熟甘蓝的苗龄以36～42天为宜，早熟甘蓝苗龄以45～50天为宜。苗龄短，定植后生长慢，成熟期推迟，包心不紧实，会降低产量和品质；苗龄过长，育苗后期温度升高，容易徒长。

（2）**蔬菜地下育苗技术** 地下育苗是湖北省洪湖市翟家湾镇菜农创造的育苗方法,此法较好地满足了不同季节幼苗对温度的需求。

①优越性:与普通育苗方法相比较,它具有以下优点:

第一,冬暖夏凉。冬季,地下苗床的日平均气温一般比地面苗床高 $1.0℃\sim1.5℃$,地温高 $2℃$ 左右。夏天相反,地下苗床的气温比地面苗床的气温低 $1.0℃\sim1.5℃$,地温低 $2℃\sim3℃$。在气候适宜育苗的春秋两季,地下苗床与地面苗床的温度基本一致。因此,地下苗床一年四季均可育苗。

第二,温度稳定。一般地面苗床在寒冷的天气,温度的剧烈变化往往导致蔬菜受冻和生理失调。此外,温室通风换气也很难把握,育苗容易失败。而地下苗床的气温、地温和昼夜温差都较稳定,因而幼苗能稳健生长,育苗难度大大降低。

第三,调节简单。温度超过要求,冬季只需打开顶棚的天窗,夏季只需略加遮光。如温度较低,一般紧闭顶棚即可。温度很低时,在湖北省一般加盖一层薄膜即可。

②建造方法:选择地下水位较低的地块挖坑,坑呈上宽下窄的梯形,一般上宽 5 米,长 20 米,深 1.25 米,东西走向。坑四壁有一定坡度,东西两壁的角度均为 $30°$,以加大采光量。南北两壁的角度均为 $60°$。

挖坑时,先将地面 20 厘米厚的表土堆放在一边备用,其余土壤运走。坑挖成后,先在下面铺一层有机肥,如渣肥和厩肥等,然后铺备用表土。建成后的地下苗床,底宽 3.8 米,底长 16.5 米。东西两壁要挖成梯坎,以便进出。在地面上离坑 20 厘米处的四周,挖设宽 30 厘米,深 20 厘米的排水沟。棚膜上面南北两边各开 3 个天窗,供通风用(图8,图9)。

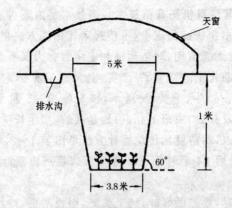

图 8 地下苗床横切面南北向示意图

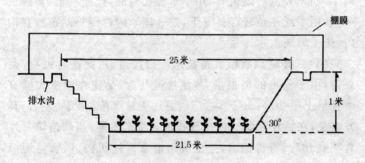

图 9 地下苗床纵切面东西向示意图

③利用：地下苗床可供蔬菜育苗之用。除此之外,也可用于蔬菜软化栽培,如生产蒜黄、韭黄、软化菊苣等,效果奇佳。在一茬蔬菜幼苗培育完成后,须严格进行土壤消毒,否则要将苗床表土全都更换。在气候温暖的季节,揭除棚膜后,如遇雨天,要及时盖上棚膜,严防地下苗床积水。在雨水较多的地区,可将地下苗床建在排水沟渠旁,埋设地下管道,以便及时将积水排出去。

（3）**薄层有机肥育苗技术**　该技术是内蒙古农牧学院林维申教授多年研究的成果,可使蔬菜比传统方法早出苗1～2天,定植后无缓苗期,幼苗运输和定植时省力又省工。

播种前先把畦面整平、压实,上面铺3厘米厚的腐熟的不带土的猪、马、牛、羊粪,浇透水,按5厘米×5厘米的规格播种。种子发芽后,主根下扎,因地是硬的,根生长受阻,促进生成大量侧根,幼苗就比传统播种方法早出苗1～2天。经催芽的种子,播后24小时就可出苗,8天以后可山新叶,此时需及时分苗。

分苗时,要先做好畦,铺上粪肥,用板刮平,按行距6厘米或12厘米开沟。起苗时,用小木板扎到底,往前一推,再往后一拖,用手抓住苗轻轻抖一下,按3厘米的株距将幼苗放在沟内,掩土后喷上水即可。

（4）**豆类蔬菜断根育苗技术**　据报道,用此法育豇豆、菜豆苗,由于长出的苗根量大,植株健壮,产品比在温室大棚直播者早上市20～30天,总产量要比正常育苗高20%左右。其方法是,在播种箱(床)内按行株距3厘米播种。当幼苗第一片真叶展开后,将苗挖出,把主根用消毒刀片切去,以后将切掉主根的豆苗再进行扦插(下胚轴以下埋入土中),保持25℃～35℃的温度,并遮光3～4天。以后逐渐见光,豆苗在7天内会再生出大量新根。待幼苗长到2片真叶时,就可定植。这样的豆苗根多而发达,植株花繁荚多。

15. 如何进行番茄侧枝扦插育苗？

番茄具有较强的分枝和发生不定根的能力,因此,可以利用侧枝进行扦插育苗。此法实用,经济,有效,具有许多常规播种育苗不可比拟的优点。

侧枝扦插育苗时间短，一般15～20天，最多25天即可成苗，可大大缩短占用棚室土地的时间，尤其是在受灾后缺苗、又来不及播种育苗的情况下更加适用。在秋延后栽培中，播种过早，正逢高温季节，易感病毒病；播种过晚，成熟期延后，产量降低。而扦插育苗，因成苗迅速，可晚扦插，早成苗，故能很好地解决这一矛盾。用侧枝扦插育成的幼苗根系粗壮，生长势和抗逆性较强，丰产性好。此法还可大大节约种子，最适宜一些种子价格昂贵、购种困难的品种（如某些品种的樱桃番茄）育苗采用。此外，侧枝扦插属于无性繁殖，可较好地保持本品种的特性，适宜一代杂种的繁育。番茄侧枝扦插育苗的具体做法如下：

（1）扦插时间　扦插育苗可在任何季节进行。露地栽培，可在5月份扦插；大棚秋延后栽培，可在6月末至7月初扦插，最迟在8月上旬扦插；温室秋冬茬栽培，可从8月初开始，从露地越夏栽培的番茄植株上取侧枝扦插。下面主要以温室栽培为例，介绍侧枝扦插育苗技术。

（2）苗床设置　在温度稳定、光照充足的日光温室中部地块建苗床，苗床南北宽1.2米，长度依据用苗量自定〔定植1亩（666.7平方米）需要苗床60平方米〕，下挖10厘米，用挖出的土在四周堆成土埂。然后将床底搂平踩实。冬季扦插，有条件者可在床底铺地热线。接着配制床土，取大田土6份，腐熟的有机肥3份，炉灰或河沙1份，混合拌匀后过筛，过筛时喷200毫克/升的高锰酸钾消毒。而后按1立方米苗床土加入尿素2千克、磷酸二氢钾1千克的标准施好基肥，拌匀后铺入苗床内，厚度为10厘米，搂平后，浇足底水。1～2天后，土温升高，即可扦插。

（3）扦插枝的选择与处理　除特殊需要外，应从生长势强、抗病力强品种的植株上选取扦插枝。目前,表现较好的普通番茄品种,有佳粉10号、佳粉14号、佳粉17号、利生1号和毛粉802等。10月初至翌年3月底,从大棚或温室中栽培植株上选择无病、生长健壮、叶色深绿、节间短、长15～20厘米、具有4～5节、生长点完好和带花蕾但未开花的侧枝作扦插枝。枝条过长,已经开花,扦插后影响第一穗花坐果;枝条太短过嫩,则会影响扦插成活率。

侧枝选好后,用刀片从它的基部轻轻切下,切口应平滑呈马蹄形,以利伤口愈合。也可将侧枝从基部掰下,侧枝基部呈微平的圆形,这样形成层多,生根快。而后,摘除已开的花,剪去枝条下部4厘米内的叶片,仅留叶柄,并将其他较大的叶片切除1/2,中上部一般留3～4片叶即可。扦插枝切好后,可将其放在室内晾3～5小时,使伤口稍干,利于愈合。

为促进发根,可将扦插枝下端2～3厘米长的部分,放入浓度为50毫克/升的萘乙酸(NAA)溶液中,浸泡10分钟,取出后用清水冲洗,准备扦插。也可用20毫克/升的ABT_4生根粉溶液浸泡扦插枝基部4～5小时。还可用0.3%的磷酸二氢钾加0.2%的尿素配制的溶液浸泡2～3小时。即使不用任何药剂作处理,也可成活,但发根慢,成活率会降低。另外,也可用ABD生根剂蘸根,并将枝条置于散射光下催根,5天后换一次生根剂,10天后枝条长出白根,然后直接定植。

(4)扦 插 用一根粗度与侧枝相同的小木棍,按13厘米×13厘米的密度在苗床上打孔,然后将处理好的枝条插入孔中,深度为5厘米,插后适当压实床土,扣好小拱棚。夏季扦插要覆盖遮阳网或废旧塑料薄膜或单层报纸遮荫,透光率以50%为宜。阴天不必遮荫。

(5)扦插后管理 前期(伤口愈合期)苗床气温,白天保持

28℃～30℃,夜间为17℃～18℃;地温保持在18℃～23℃。气温超过30℃时应遮荫降温,不能通风,防止枝叶萎蔫。空气相对湿度应保持在90%以上,湿度低时需及时向苗床喷洒清水。此期可追施0.1%的尿素和磷酸二氢钾混合液一次。

扦插5天后,枝条伤口已愈合,开始萌发不定根,枝条已有一定的吸水吸肥能力。此时,白天气温保持在25℃～28℃,夜间为15℃～17℃;地温仍保持在18℃～23℃。可增加光照时间和强度,开始适量通风。轻微萎蔫时应及时喷清水,萎蔫严重时要遮荫。每5～7天,喷施一次叶面肥。

扦插15天后,枝条下端已萌发长5厘米以上的新根5～7条和许多短而突出的不定根。此时,根系吸水吸肥能力可基本满足扦插枝生长的需要,扦插枝已成为完整的新植株,可以按正常苗进行管理。苗床气温白天保持25℃～28℃,前半夜为14℃～16℃,后半夜为12℃～13℃。要撤去小拱棚,浅中耕,追施叶面肥2次。定植前1周应进行炼苗。

夏季,为了防治病毒病并促进植株健壮生长,可喷施双效微肥和植病灵、病毒A等药剂。扦插苗徒长时,可喷0.05%～0.10%的矮壮素。

扦插苗定植后,其管理工作与一般栽培相同。

16. 如何进行茄子砧木托鲁巴姆扦插育苗?

野生的托鲁巴姆是从国外引进的茄子嫁接优良砧木,目前已经以"引进茄砧1号"的名称注册。以托鲁巴姆作砧木进行冬茬茄子嫁接栽培,能增强植株的抗低温能力,对黄萎病的预防效果高达98%,且对青枯病、褐腐病及根结线虫等具有高度抗性。嫁接植株在生长的中后期长势旺盛,生长期长,总产量高。

（1）**托鲁巴姆的习性**　托鲁巴姆属茄科，直立无限生长，茎木质化，分枝旺盛，每隔 4～10 厘米生 1 片叶，叶腋着生侧枝，侧枝的叶腋内又生侧枝，如此类推。花穗簇生，每穗约有 200～300 朵花，条件适宜时可自然结实，但结实率仅为 1%～5%，不经人工授粉和生长调节剂处理很难坐果，而且同其他砧木如野绿 2 号和金理 1 号等相比，发芽慢，发芽率低，不整齐，初期生长缓慢，用 10～20 毫克/升的"920"处理，并比接穗提前 30～35 天播种，其出苗率仍不理想。然而，利用托鲁巴姆侧枝发达、生长旺盛的特点，剪取侧枝进行扦插，成活率可达 95%，并可克服其前期生长慢的缺点，将苗龄缩短为 55 天。而播种托鲁巴姆种子，从播种到嫁接至少需要 85 天。

（2）**选择侧枝**　在托鲁巴姆植株生长期间，需对其进行多次修剪，剪掉生长点，以促其大量萌发侧枝。选择粗 0.3～0.4 厘米的侧枝，留 2～3 片叶，在长约 10 厘米处剪断。选时注意不要选带花穗的侧枝。然后用锋利的刀片，将其基部削成为 45°角的斜面。

（3）**药剂处理**　剪下的枝条需用药剂浸泡数小时，可选用速效 ABD 植物生根促进剂和萘乙酸。用生根剂处理的，先用少量酒精将生根剂溶解，再稀释成 40 倍的水溶液，盛于容器内，将托鲁巴姆插条基部 2 厘米长的部分浸入溶液中，12 小时后扦插。用萘乙酸处理的，将 200～400 倍液的萘乙酸加 600 倍液的爱多收，浸泡插条基部 2 厘米长的部分，2 小时后扦插。

（4）**扦　插**　选肥沃田园土，将土装入口径 10 厘米的塑料营养钵中，轻轻摁压，使装入的土距钵口 2 厘米。把浸泡好的插条插入土中，深度为 5 厘米，浇足水，放进遮荫棚中。

（5）**扦插后管理**　扦插后的第二天上午，用 0.1% 的尿素加 0.2％的磷酸二氢钾混合液,进行一次叶面喷肥,以减轻扦插苗的萎蔫程度。遮荫棚内的湿度应控制在 90％以上,温度保持在 22℃～25℃。扦插后的 3 天之内,每天进行 1 次叶面追肥。大约 1 星期后可撤去遮荫物,进入正常管理。要保持空气湿润,晴天地面干燥时可向营养钵四周洒水,必要时向钵底浇少量水。也可用 500 倍液的多菌灵加 800 倍液的萘乙酸灌根,来代替浇水,以防止病菌侵入,促进基部生根。

(6)嫁　接　扦插后 7～10 天,托鲁巴姆插条基部生出白根。30～35 天后,插条长出 5～6 片叶,根系长约 5～6 厘米,这时即可用于嫁接。

17. 什么是黄瓜顶芽斜插嫁接法?

黄瓜嫁接育苗是一项较为普及的技术。嫁接方法有 10 多种。其中,顶芽斜插嫁接法的嫁接速度比其他方法快 1 倍左右,成活率可提高到 95％,而且嫁接苗生长整齐,易于管理,是一种值得大力推广的嫁接方法。

(1)嫁接准备

① 黑籽南瓜育苗:选用黑籽南瓜苗作砧木,嫁接时,要求黑籽南瓜株高 6～7 厘米,茎粗 0.6 厘米,子叶平展,第一片真叶长 2 厘米左右。黑籽南瓜播种前先浸种催芽,从种子露白开始,每隔 5 小时拣一次发芽的种子,存于 4℃条件下(如电冰箱的冷藏室内),通过低温抑制其生长。当积累够一定量时,即一起播种。每次播种量根据嫁接速度而定。若一次播种量过大,则易错过嫁接适期。

② 黄瓜育苗:嫁接时,要求黄瓜苗高 3 厘米,茎粗 1.5～2.0 毫米,子叶平展,未吐露出心叶。黄瓜播种期比黑籽南瓜播种期晚 2～5 天。采用育苗盘进行无土育苗的,用细河沙作

基质,不施肥料,依靠黄瓜种子自身贮藏的养分完成嫁接前的生长。每平方米需种子约 150 克,播后盖 1 厘米厚细沙并覆盖一层薄膜。

③嫁接工具制作:取一截带有竹皮的细竹片,一端削成比黄瓜幼苗下胚轴略粗的四棱形单斜面,斜面长 0.5～0.7 厘米,前端平直、锐利、无毛刺,另一端削成 0.4～0.5 厘米宽的大斜面,用于去除砧木生长点。

(2)嫁接方法

①砧木处理:用花铲挖取黑籽南瓜苗,抖掉土,切断部分过长的根,使所留根长 15 厘米左右。用竹签的大斜面除去生长点和真叶,仔细除去一对侧芽。

②嫁　接:用一只手的拇指和食指捏住砧木子叶节,另一只手拿住竹签,使其小斜面朝下,由砧木一片子叶中脉和子叶节交接处穿进,斜插到另一片子叶下方 0.2 厘米处,深度以手指感触到竹签尖端触及砧木表皮而未插透为佳。如掌握不好分寸,可稍插透,这也比浅插竹签尖端不触及表皮好。竹签插入后不拔出,暂时留在砧木上。然后将黄瓜两片子叶合拢,用中指托住黄瓜苗下胚轴,在子叶节下 0.3 厘米处下刀,斜向下一刀削成 0.4～0.5 厘米长的斜面,要求尖端平直无毛茬。从砧木中拔出竹签,将接穗斜面向下,斜插进竹签插孔,用手轻摁,使伤口接合牢固。要防止接穗斜面插透砧木表皮或插入过浅过松。嫁接后,接穗与砧木子叶平行,并斜靠在砧木的 1 片子叶上。

③分　苗:一株苗嫁接完成后,应立即分栽到口径为 10 厘米的塑料营养钵中并浇水。也可分栽到平畦,株行距均为 10 厘米。分苗的步骤为:挖沟、摆苗、浇水、覆土。每分栽完 1～2 排嫁接苗后,用喷雾器喷一次 50% 多菌灵 500 倍液,以防接

穗萎蔫和伤口感染。要一边分苗,一边插拱架,并在拱架上覆盖薄膜。在进行下一批苗嫁接前,要扣严整个小拱棚,接穗绝对不能萎蔫,否则将严重影响成活率。

(3)嫁接后管理 保持高湿环境是嫁接苗成活的关键。嫁接后1~3天,一定要保证小棚内湿度达到饱和,棚膜内壁挂满大量露珠。棚内温度,白天应保持在25℃~27℃。如果超过28℃,子叶水分蒸发过快,会因高温而萎蔫。夜间温度为14℃~20℃。这3天内应完全遮光,第四天才能见散射光。第五天可见1小时直射光,以后循序渐进,逐渐适应外界光强。见光过早、过急,子叶会因阳光灼伤而干枯。

依据棚内湿度大小,每天对嫁接苗喷雾1~2次。其中要喷一次百菌清500倍液,以预防病菌侵染,并防止黑籽南瓜子叶霉烂。嫁接后4~6天,棚内湿度可降低至95%。嫁接后7~10天开始通风,将棚内湿度降至90%。正常条件下,接穗长出1~2厘米长的有光泽的淡绿色真叶时,表明嫁接苗已经完全成活,即可将其移出小拱棚。冬茬栽培的,在移出小拱棚3~4天后定植;春茬栽培的,在3~4片真叶时定植。

18. 如何进行蔬菜叶片扦插繁殖?

安徽省安庆市农业科学研究所,研究成功了用蔬菜叶片进行扦插繁殖的方法。目前,证明可用叶片扦插繁殖的蔬菜有甘蓝、大白菜、菜花(花椰菜)、芥菜、青菜、萝卜和油菜等。扦插成苗率高达80%~90%,扦插苗病害较轻。

生产上应用这一方法,可保存珍贵的种质材料。例如,一些珍贵的杂交种,不能留种,可利用叶片扦插繁殖这一无性繁殖方法,保持后代遗传性的稳定。同时,在种子数量不足时,也可用这一方法扩大栽培面积。这一方法的操作过程如下:

（1）**苗床准备**　选地势高燥、排水方便的地块做苗床，平整床面，上铺一层1～2厘米厚的细沙。

（2）**生长调节剂处理**　选择具有本品种特性的无病虫害的优良植株，选取叶球中部的叶片，叶片基部需附有腋芽及一些分生组织。腋芽未萌动时，切口要离开叶柄基部的中心。将叶片下部的切口浸在2 000毫克/升的吲哚乙酸溶液中，蘸浸2～3秒钟后取出。注意不可将腋芽浸到药液中，以免抑制发芽。

（3）**叶片扦插**　叶片蘸浸吲哚乙酸溶液后，将它插到苗床上，密度视蔬菜种类而定，以不相互拥挤为度。保持15℃～25℃的床温和70%～80%的湿度。扦插后要遮荫，避免阳光直射。5～8天后扦插叶片即可生根发芽。

（4）**移　栽**　叶片发芽生根后可移入营养钵，20～30天后即可定植。

19.　如何进行青椒嫁接？

青椒嫁接的主要目的是防疫病。该病以土壤传播为主，突发性强，容易在短期内暴发，表现为田间青椒整株萎蔫、死亡，并向周围植株蔓延，是一种世界性的辣椒病害。目前，使用抗病品种、药剂防治等措施的防治效果均不理想。

天津市蔬菜技术推广站采用嫁接方法，对防治青椒疫病进行了试验研究，取得了较好效果。在未嫁接辣椒植株疫病发病率为60%的情况下，嫁接植株的发病率仅为4%。同时，嫁接还有一定的增产作用，一般可增产25%。具体方法如下：

（1）**砧木选择**　该推广站广泛搜集国内抗病茄科（辣椒、茄子）品种52份，其中包括分布在我国20多个省的野生和农家品种，从中选择出抗性较强的品种，其中之一被定名为砧木

10号,该品种在试验中表现较好。

(2)育　苗　将接穗(栽培品种)催芽后播种于消毒的苗床内,将筛选出的砧木 10 号等砧木种子播种在口径 10 厘米塑料营养钵中。冬春季育苗时,幼苗生长发育慢,要在苗龄 60 天左右,苗高 10～12 厘米,长出 6～7 片真叶时嫁接。

(3)嫁　接　常用的嫁接方法有两种,即劈接法和靠接法,其成活率都在 90%以上。

① 劈接法:先在砧木苗基部留两片真叶,用刀片切去上部。然后在茎的断面正中间下切,切口深 0.8 厘米。将接穗连根拔下,在生长点以下 3～4 片真叶处将其切断,并将基部削成 1 厘米长的楔形,而后把它插入砧木中,并用嫁接夹予以固定。

② 靠接法:首先将接穗连根拔下,在生长点以下 3～4 片真叶处,向上按 25°～35°角斜切一刀,大约切到茎的 2/3 处。然后,在砧木相同位置向下斜切一刀,将砧木和接穗的切口对应地插在一起,用嫁接夹固定。成活后,将接穗的根和砧木的上部切断。

(4)嫁接后管理　嫁接后,畦面应喷洒清水,扣上小拱棚,棚膜上覆盖一层报纸或塑料薄膜遮荫。棚内气温,白天应保持在 28℃～30℃,夜温保持在 17℃～24℃,相对湿度应在 95%以上。嫁接后 3～5 天,只需在晴天中午短期遮光,并揭开小棚底部薄膜,进行短期通风。嫁接后 10 天左右,嫁接苗成活,可增大通风量和透光量。此时,白天气温保持在 25℃～27℃,夜间为 16℃～18℃,相对湿度为 80%～90%。嫁接后 15 天左右,可除去小拱棚。在定植前 3～5 天,应进行夜间低温炼苗。

(5)效益分析　采用嫁接方法,每 666.7 平方米(1 亩)多投入 300 元,包括砧木种子、肥料、营养钵、嫁接夹、管理等费用。而通过嫁接可增产25%。据天津市蔬菜技术推广站测算，以温室冬春茬栽培为例，每亩可增收1 219.8元，减去嫁接投入的费用，实际增收919.8元。

20. 如何进行马铃薯掰芽快速繁殖？

脱毒种薯的快速繁殖，是当前马铃薯生产上的重要问题。传统的试管苗切段繁殖法费工费时，成本高，采用温床育苗带根掰芽快速繁殖法，用工少，成本低，效果好。其具体操作方法如下：

(1) 育　芽

①选　薯：从上年收获的原原种或原种中，选取重100克左右，大小均匀，薯形和薯皮、薯色一致的薯块，剔除畸形薯块和带病薯块。

②催　芽：在覆盖尼龙纱网的棚中，将选好的薯块摊晾在地面上，催芽晒种10～15天，待达到种薯表面变软，顶芽长出黄豆粒大小时，用它栽种育芽。

③育芽床准备：建育芽床的地块要求3年内未种过马铃薯。育芽床宽1米，长2.5米，深0.3米。将马粪反复过筛达到细碎后铺入育芽床，厚度为20厘米，踩实并浇透水，浇水量达到用脚踩表面时，脚的四周可冒出水为宜。搭建塑料小拱棚，用塑膜盖严，在25℃～35℃的棚温下，使其腐熟7天。

④栽　薯：首先在床的表面铺3厘米厚的细潮土，把选好并经过催芽的种薯摆入床内，块茎脐部向下，顶部向上，由北向南倾斜摆入，薯与薯之间距离4厘米左右。再在种薯表面撒细沙和潮湿细土3厘米并刮平。表土干燥时，可适当喷水。然后盖好塑料薄膜保温。5月23日栽薯育芽，6月10日即可掰芽。第一次的育芽期为18天，第二次的育芽期为12天。

（2）移　栽

①做　畦：在尼龙网棚中，每666.7平方米（1亩）施入优质有机肥3 000千克，硝酸铵40千克，并与土壤混匀后做平畦，畦宽1米。

②掰芽移栽：当育芽畦中种薯芽长30厘米，根长9厘米左右，并带有大量须根时，就可移栽。栽前用剪刀或用手指捏住芽，将大芽轻轻扭转拔下即可。注意掰芽时不要伤了小芽。掰下的芽应及时按顺序摆入苗床，覆土保湿，闭棚发芽。然后把掰好的芽栽入移栽畦中。栽苗时用小铲挖穴，穴深6厘米，宽12厘米，按株距30厘米，行距45厘米，每亩约栽4 000株。将芽轻轻栽入，摁实，然后浇水。

③田间管理：缓苗期约5～7天，10～15天后长出新根，叶片变大，生长转入正常。此时就可进入正常田间管理阶段，管理方法和大田相同。

21. 蔬菜夏季育苗有哪些关键技术？

蔬菜的温室秋冬茬栽培、大棚秋延后栽培和露地秋茬栽培，均需在夏季育苗，但夏季的高温、暴雨、强光和病虫害高发等不利因素，又给培育壮苗带来许多困难。如何克服夏季的不利因素，培育高质量的幼苗，是获得蔬菜高产的基本前提。其中的关键技术如下：

（1）苗床准备

①场地选择：夏季育苗床，应选择在地势平坦高燥、排水良好的田块上建造。

②营养土配制：选用肥沃且未种过与所种蔬菜同科作物的田园土，按6∶4的比例，将其与充分腐熟的有机肥混合均匀。每立方米营养土中掺入甲基托布津或多菌灵80克，

2.5％敌百虫 60 克,以杀灭病菌和虫卵,而后过筛。将配制好的营养土装入塑料钵或纸钵中。也可将营养土直接铺在苗床上,厚度为 10 厘米。

③ 苗床制作:为下雨时排水方便,做畦时最好采用高畦,畦高 5～10 厘米,宽约 1 米,畦面要平整。做好畦后,将塑料钵或纸钵排于畦上,钵与钵之间用细沙填实。最后,在苗床四周挖好排水沟。

(2)播种技术

① 种子处理:夏季高温多雨,育苗期间易发病,因此做好种子消毒工作,避免种子带菌至关重要。可用 10％磷酸三钠溶液(预防病毒病)于常温下浸种 20 分钟,或用 1％高锰酸钾溶液浸种 15 分钟,捞出后用清水冲洗干净。或用 55℃热水浸种 10 分钟。然后浸种催芽。浸种和催芽的时间与温度,依据不同蔬菜而定。

② 播种时间确定:夏季育苗,要根据蔬菜特性,选好播种时间,以免幼苗一出土就遇到高温和暴晒。例如,大白菜通常播后 48 小时出苗,所以,在傍晚播种比较适宜。这样,幼苗出土时也恰值傍晚,经一夜生长后再遇到白天的高温和强光,它的抵抗能力就相对要强一些。

③ 精细播种:育苗不用营养钵等容器而直接铺床土者,注意水要浇透,即水要能渗到 10 厘米深处。播种前,先撒一层很薄的土,使种子不直接接触湿土即可,避免抑制种子的呼吸作用。果菜类一般按 10 厘米×10 厘米的规格播种,白菜类、甘蓝类和部分绿叶菜类蔬菜,按 5 厘米×5 厘米的规格播种,有的绿叶菜类蔬菜,如芹菜,可撒播。

使用营养钵育苗者,要浇足水,将种子摆放到营养钵中,依据种子的发芽能力,每钵播种 1～3 粒。

播种后,随即在种子上面撒一撮过筛的细湿土,把种子盖上,待播种完毕,在苗床表面均匀地撒一层过筛的潮湿药土。

覆土后,在苗床上每隔1米左右插一拱杆,做成小拱棚,其上覆银白色或者绿色遮阳网。这样,既可减轻强光高温的危害,又能避蚜,减少病毒病传播。同时,要准备好塑料薄膜,以便在暴雨到来前及时覆盖苗床。

(3)苗床管理

① 间苗和定苗:由于夏季温度高,秧苗拥挤容易徒长,所以要及时间苗和定苗。根据所育蔬菜种类,每钵选留1~2棵健壮秧苗。另外,为扩大秧苗营养面积,保证幼苗健壮生长,夏季育苗所用营养钵的直径可适当大些,一般选用口径为10~15厘米者。

② 适当遮光:对于喜冷凉、弱光的秧苗,可覆盖灰色或黑色遮阳网,或在纱网上隔一定距离再盖一些草帘,形成"花荫",但在后期要逐步减少遮荫物。

③ 防 雨:夏季如果苗床积水,极易死苗,造成育苗失败。因此,在暴雨到来之前,应及时盖好塑料薄膜,而且要盖严压实。在暴雨降落过程中,要检查排水沟是否通畅。暴雨过后,要及时排除积水。纱网在育苗初期要全棚覆盖,以后视气候及苗情逐渐卷起。

④ 控制浇水量:夏季温度高,若浇水太多,幼苗极易徒长,所以应控制浇水。一般应做到不旱不浇水,旱时喷水轻浇,保持苗床见干见湿即可。

⑤ 防 病:注意防治"两虫三病"(即蚜虫、菜青虫、猝倒病、立枯病和病毒病)。夏季蚜虫危害严重,如不及时防治,还易引发病毒病,所以应给予足够重视。对于蚜虫的防治,主要靠覆盖纱网避蚜。若有蚜虫发生,可用灭杀毙、灭扫利乳油、功

夫乳油或天王星乳油等药剂喷杀。喷施时,应注意使喷嘴对准叶背,将药尽可能喷射到蚜体上。甘蓝类蔬菜育苗,易发生菜青虫,除用敌百虫和灭幼脲 3 号等药剂防治外,如果苗床面积较小,劳力充足,最有效的办法就是在早晨和傍晚进行人工捕捉,连续捕捉 3～5 天,即可有效地将其消灭。

夏季育苗期最易发生的病害,是猝倒病、立枯病和病毒病,要及时喷药防治。对于猝倒病和立枯病,可用普力克或恶霉灵等药剂防治。对于病毒病,可用病毒 A、植病灵等药剂防治。

⑥采用化控技术:果菜类蔬菜要获得高产,必须有足够的坐果数量。而坐果数量又在很大程度上依赖于苗期的花芽分化情况。而花芽分化又要求较低的温度。由于夏季温度高,不利于花芽分化,因此,采用化学控制技术很有必要。

对于黄瓜,可在植株长出 1～2 片真叶时,用 200 毫克/升的乙烯利各喷 1 次,促进花芽分化,降低雌花节位,增加雌花数量。对于番茄等茄果类蔬菜,可在 3 片真叶期喷 100 毫克/升的助壮素或 1 000 毫克/升矮壮素,7 天喷一次,共喷 2 次。

⑦ 及时倒钵:在定植前 10～15 天,将营养钵拉开,适当加大营养钵的间距,以幼苗不拥挤为度。钵间的孔隙不必再用沙土填满。

22. 有机生态型无土栽培有何特点? 如何利用这种方式进行蔬菜生产?

有机生态型无土栽培技术,是由中国农业科学院蔬菜花卉研究所无土栽培课题组,在"八五"期间研制开发的新型无土栽培技术。这种栽培方式不用天然土壤,将固体的有机肥或无机肥混合于基质中,作为作物生长的基础,生长期间不用传统无土栽培的营养液灌溉,而是在使用有机固态肥的基础上,直接用清水灌溉。

该技术简单,实用,高效,节肥,节水,省工,高产,投资少,见效快,克服了普通无土栽培一次性投资大、运转费用高的缺点,获得同样产量可比土壤栽培节水 50%～60%,被称为"普通菜农用得起的无土栽培方式"。尤其适宜土壤盐渍化和土传病害严重的保护地、缺水地区、废弃的矿区或荒滩应用。

(1)有机生态型无土栽培技术的特点

① 克服土壤连作障碍:目前的保护地设施,无论是温室或大棚,由于投资较大,不能像露地一样实行轮作,通常连续使用 3 年以上,都会出现不同程度的连作障碍,导致产量逐年下降。在克服土壤连作障碍的许多措施中,无土栽培是一种最彻底、最实用和最有效的方法。

② 成本低:传统的营养液无土栽培一次性投资大,运转成本相对偏高。有机生态型无土栽培不使用营养液,从而可全部取消配制营养液所需的设备、测试仪器、定时器和循环泵等装置。而且,这种栽培使用有机肥,与使用营养液相比,成本降低 50%～60%,而产量却可提高 10%～20%。经精确计算,这种栽培方式每 666.7 平方米(1 亩)一次性投资为 2 890 元(其中栽培槽框架 1 000 元,基质 1 200 元,灌溉设施 600 元,塑料薄膜 90 元),每年的运转成本为 1 930 元(其中肥料 1 200 元,设备折旧费 730 元)。

③ 操作简单:传统无土栽培的营养液配制及其管理,技术复杂,一般菜农难以掌握。有机生态型无土栽培,因使用基质中施用有机肥,营养元素齐全,微量元素供应有余,管理中只要像土壤栽培那样考虑氮、磷、钾供应的总量及其平衡即可,简化了操作管理过程,因而对栽培者的素质要求也就低一

些。

④ **产品可达到绿色食品标准：**有机生态型无土栽培使用的肥料以有机肥为主，且经过了高温发酵，在其分解释放过程中，不会出现过多的有害无机盐，所使用的少量无机肥，也不包含硝态氮肥，栽培过程中无其他有害化学物质污染。因此，产品可达到"A"级甚至"AA"级绿色食品标准。

(2)有机生态型无土栽培的基质制备　有机生态型无土栽培必需具备一定的保护设施，如日光温室、大棚等。在这些保护设施内还需安装有机生态型无土栽培系统，包括栽培槽、栽培基质和灌水设施等。有机生态型无土栽培主要采用基质槽培的形式。

适宜用作有机生态型无土栽培的基质很多，如草炭、蛭石、珍珠岩、炭化稻壳、椰子壳、棉籽壳、树皮、锯末、刨花、葵花秆、玉米秸、沙、砾石、陶粒、甘蔗渣、炉渣和酒糟等，因而生产者可根据当地的具体情况，选择本地区来源丰富的基质。

基质需混合使用。常用的混合基质有：4 份草炭加 6 份炉渣、5 份沙加 5 份椰子壳、5 份葵花秆加 2 份炉渣加 3 份锯末、7 份草炭加 3 份珍珠岩、5 份菇渣加 5 份炉渣等。基质使用年限可达 3～4 年。含有葵花秆、锯末和玉米秸的混合基质，由于在作物栽培过程中分解速度快，所以每栽培一茬作物后，均应补充一些新的混合基质，以保证基质的质量。

(3)有机生态型无土栽培设施的建造

①栽培槽：有机生态型无土栽培所用的栽培槽，可因地制宜地就地取材建造，如木板、木条、竹竿、砖块、石棉瓦和水泥瓦等，都可用来做栽培槽。实际上只需建造无底的槽框，无需特别坚固，只要保持基质不散落到槽外即可。槽框建好后，在槽的底部铺一层 0.1 毫米厚的聚乙烯塑料薄膜将基质与土

壤隔离,以防土壤病虫传染。

栽培槽边框高 15～20 厘米,槽宽依不同栽培作物而定。如黄瓜、甜瓜等蔓茎作物或有支架的番茄等作物,其栽培槽标准宽度定为 48 厘米,可供栽培两行作物,栽培槽间距 0.8～1.0 米。如生菜、油菜和草莓等较为矮小的作物,栽培槽宽度可定为 72 或 96 厘米,槽距 0.6～0.8 米。槽长应依保护地棚室建筑状况而定,一般为 5～30 米(图 10)。

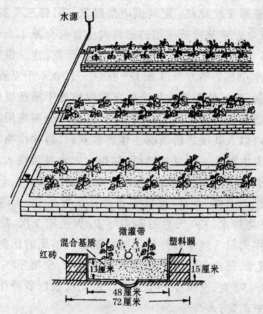

图 10 有机生态型无土栽培设施结构示意图

②供水系统:在有自来水基础设施或水位差 1 米以上贮水池的条件下,可按单个棚室建成独立的供水系统。除主管道外,其他器材均可用塑料制品以节省资金。栽培槽宽 48 厘米的,可铺设微灌带 1～2 根;栽培槽宽 72～96 厘米的,可设微

灌带2～4根。可选用农业部规划设计研究院节水灌溉研究室双翼环能技术公司研制开发的双上孔微灌带,并配以文丘里施肥器和过滤器。

(4)操作管理规程

① 栽培管理规程:根据市场需要和价格状况,确定适合种植的蔬菜种类、品种搭配和上市时期,拟定播种育苗时期、种植密度和株形控制等技术操作规程。

② 营养管理规程:肥料供应量以氮、磷、钾三要素为主要指标,每立方米基质所施用的肥料内应含有全氮 1.5～2.0 千克,全磷 0.5～0.8 千克,全钾 0.8～2.4 千克。这一供肥水平,足够一茬 666.7 平方米(1 亩)产 8 000～10 000 千克番茄的养分需要量。为了使蔬菜在整个生育期内均处于最佳供肥状态,通常依蔬菜种类及所施肥料的不同,将肥料分期施用。应在向栽培槽内填入基质之前或前茬作物收获后、后茬作物定植前,先在基质中混入一定量的肥料。如每立方米基质混入 10 千克消毒鸡粪,1 千克磷酸二铵,1.5 千克硫酸铵和 1.5 千克硫酸钾作基肥。这样,番茄、黄瓜等果菜在定植后 20 天内不必追肥,只需浇清水。20 天后每隔 10～15 天追肥 1 次,将肥料均匀地撒在离根 5 厘米以外的周围。基肥与追肥的比例为 1 比 3 至 3 比 2。每次每立方米基质的追肥量为:全氮 80～150 克,全磷 30～50 克,全钾 50～180 克。追肥次数以所种作物生长期的长短而定。

③ 水分管理规程:根据栽培作物种类确定灌水量,依生长期中基质含水状况调整每次灌溉量。定植的前一天,水量以达到基质饱和含水量为度,即应把基质浇透。作物定植以后,每天灌溉次数不定,通常为 1 次或 2～3 次,保持基质含水量达 60%～85%(按占干基质计)即可。一般在成株期,黄瓜每

天每株浇水1～2升,番茄为0.8～1.2升,甜椒为0.7～0.9升。灌溉的水量,必须根据气候变化和植株大小进行调整,阴雨天停止灌溉,冬季隔1天灌溉1次。

23. 如何进行日光温室冬茬西葫芦栽培?

西葫芦一般以冬春茬、早春茬栽培为主,秋冬茬、冬茬栽培较少,因此售价较高。尤其是冬茬栽培,由于冬季气温低,可避免危害严重的病毒病和白粉病,西葫芦生长期长,产量高,一般666.7平方米(1亩)产量可达5 000～6 000千克。特别是嫩瓜在元旦、春季及早春上市,经济效益显著。例如,河北省怀来县有较大规模的日光温室西葫芦生产,产品主要供应北京市场,每亩收入可达1.0万～1.2万元。西葫芦的日光温室冬茬栽培方法如下:

(1)品种选择 早熟、矮蔓(无蔓或短蔓)、抗病的西葫芦品种,适宜于日光温室栽培。如阿尔及利亚西葫芦、一窝猴、金皮、黑美丽和汉城早熟等。

(2)育　苗

①播种时期:播种期受温室性能的限制,保温性能较差的日光温室,只能进行秋冬茬栽培,播种期在8月底至9月初。只有保温性能较好的日光温室,才能进行冬茬栽培,其适宜的播种期为9月下旬到10月上旬。12月中旬开始采收嫩瓜,可供应元旦、春节及早春市场,4月中旬拉秧。

② 种子处理:种子处理可有效地杀死种子表皮上附着的病菌,并能提高出苗整齐度。具体做法是,在播种前将精选的种子在阳光下晒两天,然后放入62℃的热水中浸种10分钟,不断搅拌。温度降至30℃后,用500倍的多菌灵溶液浸种30分钟。冲洗干净后,再放在30℃的温水中浸泡4小时,用

手搓去种皮上的粘膜,然后将种子捞出,用纱布袋装好,用温水冲洗。而后放在 28℃~30℃ 的恒温条件下催芽,待有 50% 的种子的胚根长至 0.5 厘米长时即可播种。

③播 种:秋冬茬栽培者可在露地育苗,育苗后期要覆盖小拱棚保温;也可直播。冬茬栽培者应在阳畦中育苗,还可用覆盖草苫的小拱棚育苗,或在温室中育苗。

育苗时,采用塑料营养钵或纸袋。将塑料营养钵或纸袋(直径 10 厘米,高 10 厘米)摆放在苗床上,把配好的营养土装入其中,用手轻轻压实,土面距离容器上口边缘约 1 厘米。然后用水壶浇透水,每个营养钵中播 1 粒种子,再覆盖 1 厘米厚的过筛的潮湿营养土。覆土后不再浇水。播种后根据温度情况,决定是否覆盖薄膜。

④苗期管理:出苗时,如有种壳被带出地面,应覆土 1 厘米厚。当两片子叶展开时,再覆盖 1 厘米厚的营养土,喷洒一次 0.2% 的磷酸二氢钾溶液补充养分。

出苗后至第二片真叶展开时,温度白天控制在 23℃~25℃,夜间为 8℃~12℃,当第三片真叶出现至第四片真叶展开时,白天温度为 18℃~20℃,夜间温度为 5℃~8℃。在苗期应尽量延长光照时间。在浇足底水的条件下,一般不浇水,以促进形成花芽和避免幼苗徒长。

(3)定 植

①整地施肥:一般每亩温室施优质腐熟有机肥 5 000 千克,过磷酸钙 100 千克、尿素 15 千克。将 2/3 的底肥全面撒施后深翻,留下 1/3 底肥按大行距 80 厘米、小行距 70 厘米开沟后施入(沟深 15~20 厘米),肥与土应混合均匀。而后在施肥沟上起 10~15 厘米的垄,在间距为 70 厘米的两行上覆盖地膜,所用地膜宽度为 90~100 厘米,地膜下面两垄之间的沟

用于膜下浇水。

②定　植：当西葫芦幼苗具有 4 片真叶时，即可定植。用打孔器按株距 50 厘米在垄上打孔，采用三角打孔法，使相邻的两行株间错开。将营养钵倒置，轻敲钵底，将幼苗倒出，摆放在定植孔中，幼苗下面正好为施肥沟。填土，埋苗不可过深，以土坨露出薄膜为度。定植后浇透水。

（4）田间管理

①温度管理：从定植至结瓜需 20～25 天，以控水、促根和发秧为主，为以后丰产奠定基础。定植后 4～5 天内不通风，使温度白天为 25℃～30℃，夜间为 18℃～20℃，以高温促进发根缓苗。缓苗后，白天应适当放风降温，防止徒长，温度白天控制在 20℃～25℃，夜间为 12℃～15℃。如遇到寒冷天气，白天气温可短时间控制在 25℃～30℃，以提高地温促根系生长。严冬季节注意保温。

②浇　水：若定植时浇透水，那么，在第一个瓜坐住前这段时间可不浇水。待第一个瓜长到约 10 厘米长时，方可结合追肥浇第一次水。西葫芦要求空气湿度在 45%～55% 之间，在冬季应采用窄行膜下浇小水的方法，可避免降低土壤温度。以后浇水应掌握"浇瓜不浇花"的原则，一般 7～10 天浇一次水。春季温度升高，可在晴天进行宽行间浇水，但浇水后应注意放风，排除湿气。

③追　肥：在底肥充足的条件下，整个生育期追肥 4～5次即可。第一次在 60%～70% 的根瓜坐住，重量约 250 克以上时，每亩随水冲施硝酸铵 10 千克，采收根瓜后追肥 1 次。春节过后进入盛瓜期，追肥应掌握少量多次的原则，结合浇水，一般 15 天追肥一次。西葫芦需钾肥多，追肥应注意氮、钾肥的配合。冬季追肥以硝酸铵为宜，每次亩施 20～30 千克。春暖后

追施尿素应随水冲施,每次亩施 10～15 千克,也可顺水每亩冲施人粪尿 1 000～1 500 千克,以延长采收期。盛瓜期可进行根外喷洒 0.2% 的磷酸二氢钾溶液。

④ 保花保果:西葫芦的花为虫媒花,异花授粉。冬季温室内无昆虫活动,而且湿度大,花粉发育不良,从而导致雌花授粉不良,造成落花落果,因此,必须进行人工辅助授粉。每天可在 9～10 时,露水落后用 20～30 毫克/升的 2,4-D 溶液,涂抹瓜柄和雌蕊柱头,可提高西葫芦的座瓜率。同时要及早摘除雄花和畸形小瓜。应采用隔节留瓜的方式疏果,这样可集中养分保证有效瓜形成。

⑤ 吊蔓与整枝:日光温室栽培西葫芦密度较大,又处于弱光条件下,为充分使植株接受阳光进行光合作用,必须使瓜蔓直立生长。所以,吊蔓是日光温室西葫芦高产栽培的重要技术措施。吊蔓的方法是:在栽培行上方 1 米左右的高度和靠近地面的位置各拉一道南北向的铁丝,每个瓜秧用一条绳,绳的上下两端分别固定在铁丝上,随着瓜蔓的生长,将瓜蔓绕在绳上即可。一般在根瓜采收前就开始吊蔓。

要及时整枝,摘除老叶,掐去卷须。西葫芦叶片大,叶柄长,易互相遮光。及时摘除老叶和病残叶,既可避免遮光,又可以减少不必要的养分消耗,还能预防病害发生。西葫芦以主蔓结瓜为主,应及时摘除叶腋间的侧芽,以保证主蔓的结瓜优势。去除蔓上的卷须,也可减少养分消耗。以上操作宜在晴天的中午进行,以利于伤口愈合。

(5)病害防治 最主要的病害为灰霉病。日光温室冬季栽培西葫芦,因温度低、空气湿度大,极易发生灰霉病。防治方法是:加强田间管理,及时通风,适当控制浇水,及时摘除病叶、病果。药剂防治时,可在定植后用甲基托布津 800 倍液,或

50%速克灵可湿性粉剂 1 500～2 000 倍液喷雾,每隔 7～10 天一次,连喷 2～3 次。西葫芦雌花开放初期,可用 20～25 毫克/升的 2,4-D 溶液加 0.05%～0.10%的速克灵粉剂,用毛笔蘸后抹花。在盛瓜期,用百菌清烟剂熏烟每亩用量为 200～250 克。

24. 在北方如何栽培佛手瓜？

佛手瓜,别名拳头瓜、万年瓜、合掌瓜或丰收瓜等。属攀缘性多年生草本植物,除食用其嫩瓜外,其嫩梢(台湾称"龙须菜")、嫩叶也可食用,而且热量低,蛋白质、磷、铁、钙含量均高于果实,味道鲜美。佛手瓜最适宜庭院和蔬菜园区道路绿化,每株瓜蔓可爬满 60～134 平方米的架面,结瓜 500 多个,总重量约 150 千克,可集观赏、食用、遮荫于一体。与众不同的是,佛手瓜几乎无任何病虫害,无需施农药,是一种理想的无公害蔬菜。

佛手瓜在云南、福建、广东和浙江等省有分布,但因种子贮运困难,繁殖技术要求高,故在北方栽培很少。目前,河北、北京等地已引种成功,多作一年生栽培。其性状及在北方地区的栽培方法如下:

(1)**特征与特性**　佛手瓜喜温暖,并较耐高温,20℃以上温度才能正常生长,地温在 5℃以下根即枯死。生长适温为 20℃～23℃,35℃以上时,生长受到明显抑制。属短日照植物,较耐阴。叶片大,蒸发旺盛,需要较多水分,尤其在 7～8 月份高温期,要保证较高的空气湿度和土壤湿度。干旱时生长不良,但雨季积水也易烂根。

佛手瓜的藤蔓分枝性强,子蔓、孙蔓结果繁多,只要水肥充足,子蔓、孙蔓上见叶坐瓜,很少出现空缺。

（2）栽培季节和栽培方式　　露地栽培的,3月中旬在温室或阳畦中播种育苗,4月下旬晚霜后进行露地定植,8月份可采收上市。也可在4月下旬露地直播。作大棚或温室栽培时,可于2月下旬至3月上旬育苗或直播。在大棚或日光温室早春种植黄瓜、番茄等蔬菜的同时,将佛手瓜种在大棚内后立柱下的田埂上或距离日光温室后墙1米处,当瓜甩蔓时,其他蔬菜已经拉秧,揭去薄膜,让佛手瓜沿棚架攀缘,在瓜下地面可种植速生绿叶菜,秋季可种芹菜、食用菌等。此栽培法无需搭架,且早熟丰产。

（3）育　苗　　目前,生产上常栽种的有绿皮佛手瓜和白皮佛手瓜两种类型。绿皮佛手瓜大而长,皮色深绿,饭性,风味较差,生长势强,蔓粗壮而长,节长15～20厘米即出现分枝,结瓜多,产量高。白皮佛手瓜圆而小,皮色淡白色至淡白绿色,分有刺和无刺两种,组织致密,糯性,味道好,生长势较弱,蔓细而短,结瓜少,产量较低。

佛手瓜果实中只有1粒种子,而且种皮与果肉相连,不易分离。种皮为肉质膜状,缺乏防止种子内水分散失的能力,种子剥离后即易干瘪,不能发芽,所以多用整瓜播种。

催芽方法有两种,一是在立冬前选开花40～50天充分成熟的瓜,将其装入25厘米长、15厘米宽的塑料袋中,置于15℃～25℃的环境中催芽;二是用锋利的小刀沿瓜顶部的凹沟切伤,使子叶容易抽出,促进发芽,将其倾斜播种于花盆中或直接播种于定植穴,覆松土2～3厘米,使瓜1/3埋入土中,2/3露在土外,进行催芽。

当瓜长出许多根系,将其从塑料袋中或花盆中取出,将发根一端朝上,瓜柄朝下,直栽或斜栽于渗透性好的砂土中,浇透水,覆土6厘米厚,覆盖薄膜保湿。幼苗长出后,只要叶片不严重萎蔫,一般不再浇水,防止种瓜腐烂或幼苗徒长。苗高 20 厘米时,即可定植。对徒长苗留 4～5 片叶摘心,留 2～3 个萌发的芽即可。

除用果实繁殖外,也可用"光胚繁殖",即将种子从瓜内剥离,用去掉种皮的胚作为播种材料,这样可防止在种瓜运输过程中发生霉烂,易于播种、贮藏和种子交流,且出苗率高,出苗快。光胚也要先播种于花盆中,在适温下催芽。此法技术要求较高。

(4)定　植　露地定植时间为 4 月底晚霜之后,如覆盖小拱棚,可提前到 3 月底至 4 月初。每 666.7 平方米(1 亩)定植 25～30 株,按 5 米×5 米间距挖圆柱状定植坑,坑深 70 厘米,直径 1 米,每坑施入有机肥 25 千克,草木灰 5 千克,过磷酸钙 2 千克,充分混合,摆苗,浇水,填土。庭园栽培时,最好每架 2 株,以便授粉。

(5)田间管理　露地栽培者,6 月份以前要控制浇水,进入 7 月份后,植株生长加快,要保持土壤湿润。定植后追肥 1 次,以后每月追肥 1 次。施肥方法是在距离植株 60 厘米处挖环形施肥沟,每株施人粪尿 5 千克、过磷酸钙 1 千克或复合肥 2 千克,随植株长大,施肥距离渐远。

佛手瓜攀缘性极强,而且每节均可萌发侧枝,因此要及时搭架。最好搭高 2.5～3.0 米的平棚架、拱架或走廊棚架。

主蔓长至 30 厘米时摘心,留 2 个子蔓。子蔓 150 厘米长时摘心,各留 3 个孙蔓,引蔓上架,其余侧蔓都要剪除。上架后,卷须易相互缠绕,要及时整理,使之分布均匀。卷须有攀缘作用,但过多会影响茎蔓伸长,消耗养分,所以要剪除部分卷须。基部萌发的蘖芽要及时打掉,避免养分消耗。

佛手瓜为虫媒花,始花期昆虫少,必须进行人工授粉,用毛笔或棉花球交替涂抹雌花和雄花,可提高座果率。

佛手瓜在北方不能露地越冬。如欲进行多年生栽培,采收完后,可将瓜蔓保留 3 米左右,放在植株基部,入冬时浇冻水,覆盖稻草和麦秸等物保温,使之在 5℃ 以上的环境下越冬。

(6)采 收 佛手瓜播种后 80 天开花,开花后 15～20 天即可采收,一般以单瓜重 0.2～0.3 千克采收为宜,采瓜时要轻摘轻放。留种瓜以生长中期主蔓所结瓜为好。露地栽培时,所有瓜必须在下霜前采收。生长旺盛期,还可采收 15～20 厘米长的嫩梢,扎捆上市。

在肥水条件较好的情况下,健壮植株的周围当年可产生块根,深挖 30 厘米,可挖到长 15～30 厘米,粗 2～5 厘米的块根。一般每株可采收块根 2 千克左右,可烤熟食用。

(7)贮 藏 佛手瓜极耐贮藏,采收后可存放在自然温度的贮藏室中,当天气变冷时,再移到 10℃ 左右的场所贮存,陆续上市。在贮存期间,如长出胚根,要及时掐去,继续贮存。一般可贮存到翌年 4 月份,很少腐烂,风味也基本不变。

25. 日光温室冬春茬黄瓜栽培的 技术规范是什么?

北京及周边地区,具有较长的栽培冬春茬黄瓜的历史。经过长期探索,大胆使用新技术,菜农们积累了丰富的经验,逐渐形成了自己的技术规范,无冬春茬黄瓜栽培经验者,只要严格按技术规范操作,就能确保栽培成功。日光温室冬春茬黄瓜栽培的技术规范如下:

(1)品种选择 春季栽培黄瓜,应选择具有耐低温、耐弱光、早熟、抗病、丰产的品种,常规品种宜选用长春密刺和新泰密刺,一代杂种宜选津杂 2 号、津春 3 号、中农 5 号、碧春、北京 101 和北京 102 等。

（2）育　苗　通常采用营养钵育苗,也可采用穴盘育苗。下面主要介绍营养钵育苗的方法。

①育苗场所:于日光温室中做东西向苗床,播种后搭建小拱棚保温育苗。为避免苗期病害发生,在播种前 7～10 天每 100 立方米温室空间,用硫磺粉 250 克、锯末 500 克混合熏烟 12 小时左右。

②育苗时期:常规品种苗龄为 45～50 天,一代杂种苗龄为 35～40 天。北京地区节能型日光温室冬茬(双层草苫覆盖)的适宜定植期为 2 月初,播种期为先年 12 月上中旬。春茬(单层草苫或蒲席)的适宜定植期为 2 月中旬,播种期为 1 月上旬。

③播种床准备:种植 666.7 平方米(1 亩)需成苗 3 500～3 700 株,备用苗 400 株,用种量为 150 克。

如果育苗过程中进行一次分苗,每亩黄瓜需准备 10 平方米播种床,床土用未种过黄瓜的田园土 6 份,优质腐熟有机肥 4 份,加 1 千克复合肥和 100 克 50% 多菌灵原粉,拌匀后,在苗床上铺 5 厘米厚。也可用装 5～6 厘米深的营养土的平底育苗盘播种。

不分苗者,可在苗床上铺 10 厘米厚的营养土,或播入营养钵,穴盘育苗者可参照本书穴盘无土育苗部分所介绍的方法进行。

④电热温床的制作:采用电热温床育苗效果很好,一般电热温床长 5 米,宽 2 米,深 10 厘米,耙平床底后,按 8 厘米宽行距铺地热线,而后覆盖一薄层(1 厘米左右)床土,接通控温仪待用。每平方米土地的电热加温线的功率要求达到 80～110 瓦,以控制土温在 $18℃～20℃$ 的范围内。

⑤浸种催芽：用55℃～60℃的温水消毒浸种。种子放进水后要不断搅动，直至水温降至30℃左右。而后继续浸种3小时。浸种时间过长，种子中营养物质外渗，发芽缓慢；浸种时间过短，种子吸水不足，不利发芽。浸种后搓去种皮上的粘液，再用清水冲洗2～3遍，捞出种子后沥去水分，用干净的湿布包好。在28℃～30℃的温度条件下催芽。经过24小时后，70%以上种子拱出2～3毫米胚芽时播种。为提高幼苗的抗寒能力，也可放置在-1℃～1℃低温下，锻炼24小时后再播种。

⑥播　种：将已催出芽的种子，直接点播在播种床上。播种前一天或当天上午，用喷壶将播种床浇足底水，水渗下后覆一薄层过筛细土，使种子不直接接触湿土。按3厘米见方划线点播，随播种，随抓堆过筛细土盖种，土堆中间高约2厘米。播后再全面普撒一层0.5厘米厚的过筛细土。

不分苗者按10厘米见方划线点播，或播种在营养钵中。

⑦分　苗：播种床上的幼苗需分苗。播种后10～12天，两片子叶发足，第一片真叶显露时，即可开始分苗。

幼苗对基质要求严格。不仅要具有良好的养分状况，还需要有良好的透气性、保水性。为此，用发酵的马粪或草炭、腐熟有机肥和1/3的田园土配制，每立方米营养土加入1千克复合肥。掺匀过程中可适量掺多菌灵，喷洒杀虫剂。将配好的营养土装入8厘米×8厘米的营养钵。每亩需营养钵4 000个。

分苗前1小时浇透水，挑选均匀苗移入钵内。

⑧管　理：温度管理采用"两高两低一锻炼"的方法进行。其温度管理指标如表2所示。

表 2　冬春茬黄瓜苗期温度管理指标　（单位：℃）

生育阶段	土温	白天气温	夜间气温
播种至苗出齐	20～22	28～30	18～20
苗出齐至分苗	18～20	25～28	15～18
分苗至缓苗	18～20	25～30	18～20
缓苗至二叶一心	16～20	25～28	15～18
二叶一心至四叶一心	16～20	20～25	12～15
定植前5～7天	15～18	16～20	8～10

　　水分的管理分阶段进行。播种前浇足底水，分苗前将播种床喷一次小水。在播后第三天"翻身"和第四天"拉弓"时，分别覆一次潮湿土弥合缝隙，每次厚度不小于 0.5 厘米，以保墒护根。分苗前应将营养钵的营养土浇透，缓苗后结合气候和苗情，浇水 2～3 次，并可结合浇水进行一次叶面施肥，即用 15 升水加尿素、磷酸二氢钾各 25 克的混合液喷洒叶面，既补水又补肥。不要以控水来防止幼苗徒长，以免影响幼苗发育和出现老化苗、花打顶苗，而应采取控制夜温及通风降温等措施，来控制幼苗生长。

　　⑨ 嫁接育苗：利用黑籽南瓜苗嫁接，是节能日光温室冬春栽培黄瓜的关键技术措施之一，可克服连作障碍，增强根系耐寒能力。嫁接育苗的播期比常规育苗提前 5～7 天，砧木黑籽南瓜苗比黄瓜苗再早播 3 天，砧木每亩用种量为 1.0～1.5 千克。黑籽南瓜苗两片子叶展开，第一片真叶显露时，采用插接法嫁接。用直径 3 毫米粗，长 12 厘米的竹签，将其一端削尖成 1 厘米的半圆锥形，其尖端 5 毫米处粗度与黄瓜胚轴粗度相当，约 2.5 毫米。嫁接时去掉砧木的心叶，用竹签从心叶处斜插 5 毫米深，并使下胚轴表皮被竹签尖划出轻微裂口或即

将穿通,然后将削成楔形的接穗插入其中。当接穗子叶展平时,胚轴较粗硬,易插紧。嫁接时,要防止接穗插入砧木髓腔产生自生根,形成假活苗。嫁接后随即扣小棚,并遮花荫,经 3~4 天后逐渐撤掉遮荫物。棚内相对湿度应保持 95% 以上。白天温度可提高到 30℃,以加速接口愈合。嫁接 6~7 天后,如确认已成活,温度适宜时即可撤掉小棚。

⑩ 壮苗标准:苗高 18~20 厘米,子叶完整,节间短,茎粗 0.6 厘米以上,叶片深绿无病虫害,根系发达,4 叶 1 心,耐寒力强,整齐度高,部分幼苗已出现花蕾,这种苗即为壮苗,定植后可以苗壮生长,获得丰产。

(3)定 植

① 定植时间:适时早定植,争取早熟高产,提高产值。节能日光温室用双层草苦覆盖的,于 2 月上旬定植,用单层草苦或蒲席覆盖的,于 2 月中旬定植。温室内的最低气温在 8℃ 以上,10 厘米深处的地温稳定在 12℃ 以上时,选择晴天上午定植。

②整 地:结合整地,每亩普施优质腐熟有机肥 4 000~6 000 千克,有机肥不足时每亩增施复合肥 25 千克或过磷酸钙 25~40 千克、硫酸钾 5~10 千克。深翻 20 厘米,平整土地后做畦。

③定植形式:有条件的地方,定植应采用小高畦滴灌形式,可有效降低棚内湿度和病害的发生,做到早熟高产。

高畦滴灌应采用南北向栽培畦,畦面宽 70 厘米,畦高 12 厘米,沟宽 60 厘米。滴灌设备采用农业部规划设计研究院双翼环能技术公司生产的双上孔软管,先接好水管,再铺地膜。每畦栽双行,并于定植前 2~3 天灌足定植水。栽苗要浅,封土后苗坨与畦面相平。

不采用滴灌的,应浅栽高培土,插架前逐渐培土,形成小高垄。按行距 66 厘米开沟,采用"水稳苗"的方式定植,即开沟后随浇水随放苗坨,水渗下后第二天封土,以提高地温,促进缓苗。

④定植密度:长春密刺和新泰密刺等品种,株距为 23 厘米,每亩 4 000 株,津春 3 号等一代杂种,株距 20～23 厘米,每亩 3 600 株。

(4)采收前的管理(25～30 天) 定植初期管理的重点是,提高地温和气温,促进缓苗。结瓜前以控为主,促控结合。

① 温度管理:定植后 5～7 天内为缓苗期,原则上不通风,以增温保湿为主。白天气温升至 35℃时,开始拉开顶部通风口,通风口控制在 10 厘米以内,进行短时间通风。夜间气温不能低于 10℃,地温不低于 12℃。每天及时揭苫,尽可能延长受光时间,并提高薄膜透光率。缓苗后,白天的气温应保持上午为 25℃～32℃,下午为 20℃～25℃。当棚温升至 30℃时,开始放风。阴天时,白天注意保温,夜间注意控温,防止出现昼低夜高的逆温差。

②肥水管理:定植 5～7 天后,根据天气、土壤墒情适量浇缓苗水。没有覆盖地膜者加强中耕松土,进行蹲苗,至根瓜坐住、瓜柄发黑时,结束蹲苗,结合浇催瓜水,施催瓜肥,每亩施硫酸铵 10 千克。

③ 插架绑蔓:植株长至 7～8 片叶时,插直立架或吊尼龙绳,以利于通风透光。要及时绑蔓。要求生长点高度一致,一般 3～4 节绑一道,同时去掉卷须和下部的雄花。

(5)开始采收至盛瓜期的管理(45～50 天) 重点是协调好营养生长和生殖生长的关系,适度控秧促瓜,保证结瓜高峰持续较长的时间。此期,温、光、肥、水管理和病害控制状况,对产量形成至关重要。

① 温度管理：此时外界温度已开始回升,应适时通风调节温度,先开顶风,后开侧风,随着外界气温的升高逐步加大风口。温室气温一般保持上午为 28℃～32℃,下午为 20℃～25℃,夜间不低于 15℃。

② 肥水管理：在盛瓜期,植株生长量大,气温也高,需水量大。盛瓜期前每 7 天浇一次水,进入盛瓜期过渡到每 3～4 天浇一次水。追肥应掌握以水带肥、隔水施肥、少施勤施的原则。一般追肥 5～7 次,每次每亩追 10 千克尿素或 500～700 千克腐熟的粪稀水。

③ 二氧化碳施肥：利用化学反应法进行二氧化碳施肥,可提高产量 20%～30%。每亩每日用 3.6 千克碳酸氢铵与 2.3 千克硫酸(密度为 1.83～1.84 千克/升),先将浓硫酸倒入 3 倍体积的水中稀释备用。温室内均匀设点 15～20 个,用塑料、陶瓷等材料作反应容器。也有的菜农在黄瓜行间挖坑,坑内铺地膜,以此作反应器。晴天上午闭棚 4 小时以上,二氧化碳浓度可达 800～1 000 毫克/升。应连续施用 30～35 天,除阴、雨、雪天外,不可间断,否则施肥效果会降低。

④ 摘心打杈：温室南部植株在 15 片叶左右时摘心,其他部分植株长到 22～25 片叶时摘心,以促进回头瓜的生长。常规品种一般不打杈,一代杂种应及时打掉 8 节以下的侧蔓,以利于主蔓结瓜,8 节以上的侧蔓留 1 个瓜,瓜节上部留 1～2 片叶后摘心。

⑤ 去老叶与落茎蔓：黄瓜以 15～40 天叶龄的叶片光合作用最强,50 天以上的叶片已老化,既消耗养分,又影响通风透光,导致病害发生。因此,应及时打掉植株下部的黄叶和老叶。

植株生长到温室顶部,打掉茎蔓底部老叶,松开绑蔓用的绳子,要将黄瓜的茎蔓落下,盘在地面上,使黄瓜仍有生长的空间。这一操作也称为"盘蔓"。

(6)结瓜后期的管理(15~20 天) 该期管理的重点是保秧防早衰、控制病害、延长结瓜时间和增加回头瓜数量。

① 温度管理:可通过加大通风量,来进行温度管理。温室内的温度,上午以不超过 30℃为宜,下午为 25℃左右。夜间外部最低气温稳定在 15℃时,可昼夜通风。

② 水分管理:此期气温已高,每 2~3 天浇一次水。但为促进回头瓜形成,可停水 1 周,等叶腋中有带雌花的新侧枝出现后,再恢复正常浇水。

③ 叶面喷肥:用 0.2%的尿素或 0.3%的磷酸二氢钾溶液,进行 2 次叶面喷肥,也可用叶面微肥来代替。

(7)病虫害的防治 温室黄瓜的主要病害有霜霉病、白粉病、细菌性角斑病、枯萎病等,主要虫害有蚜虫、茶黄螨、白粉虱等。病虫害防治应贯彻以防为主,综合防治的原则。综合防治,应从品种选择、实行轮作、土壤和种子消毒、培养壮苗、嫁接育苗、增施有机肥、滴灌、科学放风降温、进行叶面喷肥和合理使用农药等方面,全面考虑。应尽可能选择生物农药、粉尘剂、烟雾剂和高效低毒农药,适时用药。

(8)适时采收 根瓜适当早摘,盛瓜期要求顶花带刺,勤采早摘,以促进后面的幼瓜生长,使结瓜高峰平稳,持续时间延长,避免出现低谷。按本规范技术栽培,一般亩产量均在 6 000 千克以上。

26. 如何识别和利用温室黄瓜的回头瓜?

黄瓜的回头瓜,指黄瓜主蔓爬到架顶后,即在主蔓黄瓜采收末期，在植株中下部结的瓜。回头瓜实际上是主蔓结瓜结束后侧蔓开始结瓜的表现。正确识别和充分利用黄瓜结回头瓜这一特性，可促使侧蔓结瓜，有利于提高产量。

(1)识　别　由于回头瓜是从主蔓叶腋里发生的，多数主蔓坐瓜的品种回头瓜发生较早，在主蔓爬到架顶前就大量开花坐瓜，与主蔓瓜一起生长发育，外观上较难与主蔓瓜区别。山东农大园艺系的曹辰兴，长期从事黄瓜育种工作，根据多年的观察研究，总结出一套识别回头瓜的简便方法。他认为，回头瓜实质上是侧枝瓜，因侧枝严重退化，故一般看不到，但可以从以下四个方面识别：

①观察瓜柄基部有无小叶片：无小叶片的为主蔓瓜，有小叶片的为回头瓜。小叶片一般无叶柄，形状为三角形或剑形，大小仅几毫米至几厘米。

②进行瓜组大小比较：黄瓜果实在植株上从下向上依次发育，一般下部瓜组比上部的发生早，开花坐果早。回头瓜因是侧枝所生，故发生晚，比其上方的主蔓瓜组小，开花晚。

③看发育状况：一般主蔓瓜子房肥大，发育良好，开花后瓜条发育快。而回头瓜因是侧枝瓜，一般子房较短，显得瘦小，瓜条短粗。

④看着生节位：主蔓瓜着生的节位一般无雄花或仅有几朵雄花。回头瓜着生节位有两种情况，一是着生在雄花节上（如新泰密刺），本节位雄花簇生，有10朵以上，回头瓜着生在中间，雄花大量开放后回头瓜才开始迅速发育；二是着生在雌花节上，所谓的"一节多瓜"即指此情况。如果子房大小相近，通常均为主蔓瓜（如枣庄五爪龙）；如果大小差异较大，就需要再观察较小瓜组基都有无小叶片，有小叶片的为回头瓜，无小叶片的为主蔓瓜。

(2)利　用

① 保持植株健壮生长：在黄瓜进入结果期后，应及时补充肥水，保持植株健壮生长。在主蔓瓜生长期间，进行叶面喷肥，用 0.2％的尿素加 0.3％的磷酸二氢钾，5～7 天喷一次，可防止叶片老化，增加植株养分积累，防止植株早衰。这是促生回头瓜的关键。

② 控　水：在主蔓结瓜数量减少时，减少浇水量，每10～15 天浇一次水，以促进根系更新，使根系向下部和周围扩展，提高吸水吸肥能力。

③ 促进回头瓜生长：在回头瓜膨大期间，应及时追肥浇水，增加物质供应，促进回头瓜的生长，提高产量。在回头瓜坐住后，每 666.7 平方米（1 亩）追施尿素 20 千克，每 3～4 天浇水一次。黄瓜前期以主蔓结瓜为主，对植株中上部的侧蔓上的瓜，应在瓜上方留 2 片叶后摘心。当主蔓达到棚室顶部时，及时将主蔓摘心，促进回头瓜生长。同时，应及时摘除植株下部的老叶、病叶和黄叶，节省养分，改善通风透光条件。

27. 如何用化学方法控制番茄的生长发育？

番茄喜温暖干燥环境，不耐高温，也不耐低温。因此，无论是保护地栽培还是露地栽培，都存在着番茄生长特性与环境条件的矛盾。采取化学调控技术，可在一定程度上解决这一矛盾，促进早熟，提高产量。

(1)抑制徒长　露地秋番茄在夏季播种，秋季收获，生长前期高温多雨，容易徒长。在幼苗期如发现幼苗有徒长趋势，可用 200～250 毫克/升的矮壮素，或 100～150 毫克/升的多效唑喷雾，并注意防止干旱，在早晚浇水，这样可控制徒长，降低坐果节位。

（2）防止落花落果　棚室栽培番茄以及露地秋季栽培番茄的生长后期,由于气温低,易落花落果,降低座果率。这时,可用 2,4-D、番茄灵和番茄丰产剂 2 号等激素类物质处理花序,能有效地防止落花落果。2,4-D 使用的浓度为 10～20 毫克/升,处理时可用蘸有药液的毛笔涂抹花梗,不可将药液溅到植株幼叶和生长点上。番茄灵的使用浓度为 25～50 毫克/升,处理时用手持喷雾器喷花。番茄丰产剂 2 号的使用浓度为 20～ 30 毫克/升,当花序中有三四朵花开放时进行处理,可蘸花或喷花。喷花时要对准花序,以雾滴布满花朵而又不下滴为宜。要防止药液溅到植株幼叶和生长点上,以免产生药害。

（3）催　红　番茄因温度达不到茄红素生成的要求而迟迟不转红的,可用药液处理催红。为了提前上市,也可用药剂催红。其方法如下:

①株上涂果催红:当果实长到足够大小,颜色由绿转白时,用 800～ 1 000 毫克/升的乙烯利直接涂抹植株上的果实,乙烯利应涂在萼片与果实的连接处。四五天后即可大量转色。但在实际催红过程中,往往由于处理不当而抑制植株的生长,有的还会发生药害。因此,应注意以下问题:

第一,催红不宜过早。一般在果实充分长大,果色发白时催红效果最好。如果果实尚处在绿熟期,未充分长大,却急于催红,则容易形成着色不均的僵果。

第二,催红药剂的浓度不宜过高。番茄催红通常使用 40％乙烯利,常用浓度为 50 毫升加水 4 升,充分混合均匀后使用。如药液浓度过高,会伤害基部叶片,使叶片发黄,出现明显的药害症状。

第三,催红果实的数量一次不宜太多。单株催红的果实一般以每次 1～2 个为好。因为单株催红果实太多,受药量过大,易产生药害。应采取分期分批催红,陆续采收上市的办法。

第四,催红药液不宜沾染叶片。在具体催红过程中,要认真操作。可用小块海绵,汲取药液,涂抹果实的表面。也可在手上套棉纱手套,浸取药液擦抹果面。进行这种催红时,要注意套棉纱手套前,手上要先套塑料手套,因为乙烯利为酸性物质,对皮肤有轻度的腐蚀作用。无论哪种方式,都不能让药液污染叶片,否则叶片就会发黄。

② 采后浸果催红:选择转色期(果顶泛白)的番茄果实,从离层处摘下,用 2 000～3 000 毫克/升的乙烯利浸果 1 分钟,取出后沥去水分,放置在 20℃～25℃ 环境下,其上覆盖塑料薄膜,2～3 天即可转色,可比正常生长者提前 1 周转红。在采用此法催红的过程中,要注意调节温度。温度过低,转色速度慢;温度过高,处理后果实颜色发黄。对此,都要加以防止。

③ 全株喷药催红:在植株生长后期,采收至上层果实时,可全株喷洒 800～1 000 毫克/升的乙烯利。这既可促进果实转红,又兼顾了茎叶生长。在采收最后一批果实前,用 4 000 毫克/升的乙烯利作全田整株喷洒,可加快成熟,提高产量。

28. 如何栽培软化姜?

姜的软化栽培,就是采取比常规栽培更深的栽植沟和培土次数更多的措施,人为地促使姜的地下部分超常规增长的一种栽培形式。四川省富顺县的软化姜栽培历史悠久,其外观品质上等,堪为全国各姜区所产姜之首。软化姜的栽培技术并不复杂,各地可在富顺县栽培技术的基础上,根据当地的气候特点,对播期和其他技术稍加调整,即可应用。

(1)姜的特征和特性 姜喜温暖湿润环境,怕旱怕涝,尤喜 15℃～30℃ 的温暖环境。萌芽适温为 22℃～25℃,茎叶生长适温为 25℃～28℃,根茎生长适温为 22℃～28℃。对土壤适应性强,但在土层深厚、疏松透气和保水排水性好的地块中栽培,容易获得高产。

(2)品种选择 进行软化姜栽培,应选用白肉品种。此类品种产量高,外观品质好。少数黄肉品种也可用于软化姜栽培,但产量低,效益较差。

(3)姜种准备 一般每 666.7 平方米(1 亩)需姜种 300～350 千克。先将从地窖中挖出的种姜,放在日光下晾晒 2～3 天,再放入 40% 福尔马林 100 倍液中浸泡 20～30 分钟,每 50 千克药液可浸种 30 千克。取出后于室内晾 1 天,再在室外阳光下晒 1 天,晒时翻动 1～2 次。而后趁热把姜种叠排于室内背风处催芽。叠排的方法是,在底部放 10～15 厘米厚的干净无霉变的麦秸、马粪、麦壳或谷壳等物,使用前用 1% 石灰水将其调湿,湿度保持在 70% 左右。向上隔一层麦秸等物放一层姜种,每层 10～15 千克。姜种堆 50～80 厘米高后,最上面用麦秸封严,最后覆盖薄膜保温。

催芽期间要常检查。温、湿度过高时可选温暖天气通风;温度低时需增加覆盖物;湿度低时可洒温水。参考温、湿度为:前期约 10 天,温度为 15℃～20℃,湿度为 70%;中期约半月,温度为 20℃～28℃,湿度为 70%～80%;后期约 10 天,温度为 22℃左右,不能超过 25℃,湿度为 80% 左右. 待姜芽长到 1.5 厘米左右长时即可定植。

定植前先切块。根据实验,以 60 克重的种块投入最低,产出最高,经济效益最好。每块留 1～3 个芽,切口要平整,切后要立即蘸一层新鲜草木灰消毒。

(4)整地施肥 选择 2～3 年未种过姜的地块栽培。姜需肥量大,重茬栽培会使土壤中缺乏个别营养元素而影响生长,还会引发姜瘟病。因此,应实行2年以上的轮作。

姜的根系浅,分枝少,且主要集中在姜母上。因此,土壤必须疏松透气。姜地一般在秋末深耕20厘米,并按2.5~3.0米间距开排水沟。易积水的地方,四周排水沟必须深50厘米以上。

第二年春节后,整地做畦。病害严重的地块,每亩施100千克石灰消毒,做30厘米宽土埂,埂距60厘米左右,沟深30厘米。做埂后可在沟内按每亩施草木灰100千克,有机肥5 000千克的标准,施好底肥,将其与土壤混匀。播种前10天左右,再每亩施尿素20千克,碳酸氢铵60千克,磷肥50千克,氯化钾20千克。

(5)播 种 将沟翻挖,按15厘米左右间距挖穴,播种,使芽向上朝南,姜母朝北,深度以覆土后稍没过芽尖为度,播种后浇复方姜瘟净200倍液,以湿遍姜块周围土壤为宜。这是防治姜瘟病的最关键措施。播种较早者,在播种后立即覆盖薄膜增温,也可覆盖稻壳或麦糠,但效果较差。

(6)田间管理 姜出苗前保持较高温度,促进出苗,一般不通风,如遇晴天高温,在9点钟左右揭膜,日落前盖严。当白天气温稳定在20℃后便可除去薄膜。

早期杂草生长迅速,要及时除草。随着幼苗的生长进行追肥,每亩用尿素2千克加粪水1 000千克,再加水1 000~2 000升灌溉。随后用镰刀削取土埂两侧面的表土进行培土,以根茎不露出土面为度。削土时镰刀一定要削到埂基部。随着姜苗生长不断培土,直到土埂被削成沟为止。

进入生长盛期后,一般每隔20天左右追肥1次。每次亩施尿素5千克,过磷酸钙15千克,氯化钾8千克,加粪水

3 000 千克左右。

姜不耐强光直射,忌炎热天气,因此最好用遮阳网从 4 月底覆盖至 8 月中旬,效果很好,每亩约需投资 500 元。

姜不耐涝,雨季要及时排水。雨后用复方姜瘟净拌细沙,撒于植株周围,以防姜瘟流行,并及时中耕,改善土壤的通透性。

(7)收　获　姜软化栽培不宜收母姜。收获期因密度、长势、市价而定。一般 8～11 月份收获。嫩姜亩产量为 2 000～4 000 千克。软化姜肥嫩疏脆,皮薄节稀,只能鲜用,不能留种、干加工和长期贮存。

(8)病虫防治　最严重的病害为腐烂病,俗称姜瘟,可使姜减产 30％～90％。此病先在茎基部和根茎上发病,病部呈水渍状,黄褐色,失去光泽后软化腐烂,而后叶片自下而上地逐渐枯黄,反卷,姜块呈水渍状淡褐色,内有白色恶臭粘液,表皮变软,继而腐烂成空壳,直到全株枯死。

姜瘟病菌附着在植株残体上,可在土壤中存活两年以上。病菌主要由流水、肥料、昆虫进行传播。高温、高湿最适宜此病的发生与流行。姜瘟感染与生长环境密切相关,因此在防治上应采取农业技术与化学药剂相结合的防治措施。

第一,实行 2 年以上轮作。姜种用福尔马林消毒。播种前对土壤消毒。发病时,及时拔除病株,并在病株根系周围的土壤上撒石灰。

第二,从 6 月下旬开始,每 10～15 天用复方姜瘟净 200 倍液灌根一次,基本可控制发病。也可用 90％姜瘟灵 300 倍液,或 65％代森锌 1 000 倍液灌根防治,每亩一次用药 300 千克左右。

主要虫害有姜螟、小地老虎、毛虫等,多发生于出苗至 7

月下旬。可用90%敌百虫800倍液喷雾防治,每隔10天喷药一次,到中后期可适当加大用药量。

29. 如何进行日光温室辣椒大茬栽培?

中早熟辣椒在生长中后期采取剪枝更新措施,可促成其延续生长并开花结果。近年来,山东寿光菜农根据辣椒这种再生特性,成功地进行了日光温室辣椒大茬栽培。大茬栽培包括早春、越夏和秋延后三个阶段,可提早和延后采收上市,两次采收盛期均为鲜辣椒上市淡季,因而经济效益较高。日光温室辣椒大茬栽培技术如下:

(1)品种选择 选用中早熟、丰产、株型紧凑和适于密植的品种。试验证明,辽椒3号、苏椒2号、农发和农乐等品种,宜于大茬栽培。

(2)育苗和定植 辣椒大茬栽培首先争早熟,要适当提早播种育苗,一般11月中下旬播种。第二年1月下旬定植于温室中。采用大小行栽培,大行距为65厘米,小行距为34厘米,株距30~33厘米,每666.7平方米(1亩)栽种4000穴,每穴两株。定植前施足基肥,亩施优质有机肥8000千克以上,并结合整地亩施磷酸二铵50千克。

(3)定植后管理 定植后5~6天内大棚不放风,以维持较高温度,促进缓苗。缓苗后,白天温度维持在26℃~30℃,如高于30℃要及时放风降温,夜间温度为12℃~15℃;开花坐果期,白天温度保持在20℃~26℃,夜间为12℃~15℃。

定植时浇一次水,4~5天后浇一次缓苗水。缓苗后至门椒采收前,不旱不浇水。盛果期追肥浇水2~3次。追肥时,每次每亩用硝铵10~15千克。

上午10时以前,用15~20毫克/升的2,4-D溶液抹花,防止落花落果。门椒适当早采,防止植株早衰。采收时间为3月下旬。

(4)越夏管理 5月份,外界最低气温高于15℃时,应昼夜放风,并且是大放风,放底风。6月份外界气温显著升高,撤去棚膜。进入炎夏,辣椒植株仍能开花结果。为使这一季节的产品转移到秋延淡季上市,人为控制植株挂果量,保持植株营养积累,促进秋延期挂果高峰。如遇到高温干旱,在傍晚应及时浇水降温,并追施少量氮肥,促进茎叶生长。

(5)秋延后管理 炎夏过后,8月下旬以前,可对植株进行修剪更新复壮。修剪方法是把第三层果以上的枝条留2个芽后剪除。修剪后追肥浇水,促进新枝发育、开花和坐果。

9月下旬至10月上旬,外界最低气温低于15℃时应覆盖薄膜,中午适当放风,使白天温度不高于30℃。10月下旬至11月上旬,外界气温显著下降,夜间加盖草苫,使夜间温度维持在12℃～15℃。9月下旬开始坐果,10月中下旬再次进入盛果期。从11月中旬起,通过调控放风量和草苫揭盖时间,调节棚室内的小气候,使其处于适宜低温状态,果实可就株原地保留,再延迟到元旦前后采收上市。

30. 如何进行茄子嫁接及再生栽培?

近年来,保护地茄子连作频繁,土传病害(如黄萎病、枯萎病、青枯病和根结线虫病)日趋严重,现有的农药很难控制病情,因而直接影响茄子的产量和经济效益。对此,河南信阳市蔬菜研究所等单位进行了茄子嫁接研究,总结出了一套茄子嫁接及再生栽培技术。

(1)砧木选择

①韩国CYP:该砧木抗病性强,生长势强,生长发育速度

适中,因此,播期只需比接穗提前 3~5 天。但种子价格高,植株茎叶刺大而多,嫁接不易操作。

②赤　茄:又称红茄或平茄,是应用较广、较早的砧木品种。抗黄萎病、枯萎病,适合与各种茄子嫁接,成活率高。播期一般比接穗提早 7 天。

③托鲁巴姆:该砧木对四种土传病害的抗性均达到高抗或免疫程度。植株生长势强。种子粒极小,成熟后具有极强的休眠性。因此,发芽困难,需用生长调节剂或变温来进行处理。嫁接时,需要比接穗提早 25~30 天播种。

④ CRP:抗病性与托鲁巴姆相当,也能同时抗多种病害。植株生长势强,根系发达,茎叶上密生长刺,嫁接时不易操作。种子休眠性较强,植株用于嫁接者需要比接穗提前 25~30 天播种。

⑤安阳 AYQ:该砧木是安阳市蔬菜所从野生茄子中选育出来的。植株生长势强,根系发达,抗黄萎病和枯萎病等 4 种土传性病害,播期只需比接穗提前 3~5 天。

(2)播种育苗　为了使砧木和接穗的最适嫁接期协调一致,应调整播种期。播种期取决于砧木生长速度,对于生长速度较慢的品种,如托鲁巴姆,需比接穗提前 25~30 天。

露地和大棚茄子嫁接育苗,一般在 1 月中旬育砧木苗,出齐后再育接穗苗。3 月中下旬嫁接,4 月中下旬定植。秋季温室栽培的,一般 6 月份开始育砧木苗,8 月上旬嫁接,9 月中旬定植。冬春温室茄子,在 8 月份育砧木苗,10 月末嫁接,12 月中旬定植。

(3)嫁接方法

① **劈接法**:当砧木具 6~8 片真叶,接穗具 5~7 片真叶,茎半木质化,茎粗 3~5 毫米时,即可进行嫁接。嫁接时,用干

净的刀子在砧木距离地面 3.3 厘米处平切,去掉上部,保留 2 片真叶,然后在砧木茎中间垂直切入 1 厘米深。随后将接穗茄苗拔下,在半木质化处去掉下端,保留 2～3 片真叶,削成楔形,大小与砧木切口相当。继而将接穗插入砧木的切口中,对齐后用特制的嫁接夹固定。

② 斜切接法:对砧木和接穗大小的要求,与劈接法的相同。嫁接时,用刀片在砧木第二片真叶上方的节间向上斜削,去掉顶端,形成 30°角的斜面,斜面长 1.0～1.5 厘米。而后再将接穗茄苗拔下,用刀片削成与砧木同样大小的斜面,保留 2～3 片真叶。然后将砧木和接穗的两个斜面贴合在一起,用夹子固定好。

(4)嫁接苗的管理

① 接口愈合期的管理:嫁接苗愈合期的适宜温度,白天为 25℃～26℃,夜间为 20℃～22℃。高于或低于此温度,不利于接口愈合。

空气湿度应保持在 95% 以上。因为空气湿度低,容易引起接穗凋萎,降低成活率,所以应采用扣塑料拱棚、浇足底水和嫁接后 7 天内不通风等措施提高湿度。7 天后,在每天的清晨或傍晚通风,以后逐渐打开薄膜,增加通风量,并延长通风时间。但是,仍要保持较高的湿度,直至完全成活,才能转入正常的湿度管理。

嫁接后需短时间遮光,实际上是为了防止高温和保持环境内湿度稳定,避免阳光直射茄苗引起茄苗枯萎。嫁接后 3～4 天完全遮光,以后逐渐在早晚见光,随着伤口的愈合,逐渐撤掉覆盖物。

②接口愈合后的管理:接口愈合时,经过一段高温、高湿和遮光管理,砧木侧芽生长迅速,如不及时摘除,将很快长成

新枝条,直接影响接穗的生长发育。所以嫁接苗成活后,应及时摘除砧木萌芽,并且要干净彻底。嫁接苗一般有完全成活、不完全成活、假成活和未成活四种情况。不完全成活苗,可将其放在条件好的位置,使其逐渐赶上大苗。假成活苗则要剔除。

(5)嫁接苗定植及田间管理 定植前,先整地施肥。一般每666.7平方米(1亩)施优质农家肥5000千克以上,磷酸二铵和硫酸钾各30千克。施肥后深翻耙匀,做高畦。畦高20厘米,底宽105厘米,顶宽80厘米。畦面中央留30厘米宽,20厘米深的浇水沟。两畦间距25厘米,每畦定植2行,间距50厘米。定植时要选用完全成活苗,密度为2000～2500株/亩。定植时,嫁接苗接口处要高出地面3厘米,以防接穗再生根扎到土壤中受到病菌侵染。定植后要及时摘除砧木萌芽,以防消耗营养,影响茄子生长。嫁接茄苗根系发达,生长旺盛,产量高,需水肥量大,要加强水肥管理,及时搭架,以防止倒伏。

(6)温室茄子嫁接再生栽培技术要点 利用嫁接茄子进行再生栽培,其效果明显优于自根茄子,因为嫁接茄根系发达,抗病性强,再生产量高。春茄子的再生修剪,在7月下旬收获期结束时进行。修剪时,在主茎距地面10厘米处割断,只留地面主茎。待根部发出新芽,形成新枝后,进行再生栽培管理。割茎后为了促使健壮新枝发出,可采取根际打孔灌肥水的方法及时浇水施肥,一般每亩追施尿素10千克。同时注意及时摘去多余枝杈。栽培的再生茄苗一般每株留2个主枝,每枝留2个茄子。另外,随着天气的逐渐变冷,应扣薄膜,加强保温。

31. 如何进行温室番茄三茬果栽培?

番茄三茬果栽培的基本方法是,在定植后第一茬留3穗果,3穗果收获后换头再留第二茬果;第二茬果仍留3穗果,第二茬果收获后再换头结第三茬果,第三茬果仍留3穗果。其生产特点是一次育苗定植可收获三茬,共9穗果,产量较普通留一茬果的高3~4倍。具体栽培方法如下:

(1)育 苗

①品种选择:要求选择抗病性强、连续结果性好的品种,以适应长生长期栽培。在实践中,表现较好的品种为佳粉15号和佳粉17号。这两个品种具有较好的抗病性,并且在几经换头后,主蔓长势仍然很强。

②培 苗:种子处理同常规栽培。选用未种过茄果类蔬菜的田园土5份,加腐熟有机肥5份,配制成营养土。按营养土总量计算,加入磷酸二氢钾0.1%,过磷酸钙0.005%,50%的多菌灵0.005%。加好后,将其与营养土充分混匀,过筛后铺于苗床上,厚度为10厘米,浇透水后播种。

当苗长至2叶1心时,按8厘米间距分苗,分苗时要剔除病弱苗。分苗后至4叶1心时,白天温度掌握在28℃左右,夜间为12℃~14℃;4叶1心至具有6片真叶时,白天应保持28℃~30℃,夜间为7℃~9℃。

③防治病虫害:苗期最易发生的病害为猝倒病。一旦发生,可用1份多菌灵加50份细沙土,拌匀后撒于苗床内。一般每平方米撒药土50~80克,并用8号铁丝做成单钩,进行浅中耕(此工作最好在中午进行)。用电热温床育苗者,通电提高地温,也可起到防病治病的作用。主要虫害是蚜虫和白粉虱,可用25克乐果和1支扑虱灵加15升水配成的药液,进行叶面喷雾。

(2)定 植 三茬果栽培过程中没有大量施用有机肥的时机,而生产期又长,要保证丰产,就必须一次施足有机肥。条件许可时,最好每 666.7 平方米(1 亩)施优质腐熟鸡粪 14 立方米,深翻 30 厘米,与土壤充分混合,效果很好。

当幼苗具有 6 片真叶带花蕾时,即可定植。定植时,做宽 1 米、高 15 厘米的弓背形高畦,每畦定植两行,畦与畦之间为畦沟,宽度为 20 厘米。定植时要适当深栽,土坨埋于地下,畦内两行间距 50 厘米,株距 30 厘米。对于徒长的植株,可在定植时将其较长的茎段埋在地下。

定植后浇足定植水。一般在 7 天后,幼苗恢复生长后开始蹲苗,以中耕为主,以后直到第一穗果长至核桃大小时再浇水。滴灌者,要使 25 厘米土层内,土壤相对含水量达 80%～85%。这一时期可采取高温管理,白天为 28℃～30℃,夜间为 18℃～20℃,地温以 18℃ 以上为适。

(3)田间管理

①第一茬果管理:第一茬留 3 穗果。这 3 穗果的留果数分别为 3 个、4 个和 3 个,全株共留 10 个果。当花穗有一朵花开放,两朵花半开放,一朵刚露出雌蕊时,将整个花序摁入盛有浓度为 15 毫克/升的 2,4-D 溶液中蘸花。这种蘸花方法省工,坐果整齐。也可用蘸有药液的毛笔涂抹花梗。

第一穗果长到核桃大小时,每亩追施尿素 20 千克,磷酸二铵 20 千克,硫酸钾 10 千克,并浇一次水。对以后的每穗果,都采取同样的肥水管理方法。

此期的主要病害是早疫病和晚疫病;虫害主要是棉铃虫和白粉虱。对于这些病虫害,可用相应的药剂防治。

第三穗果采收前,去掉所有侧芽。第三穗果红熟时,可在距地面 30 厘米以内的蔓上选留 2 个侧枝,并去掉主茎下部 1/3 的老叶。第三穗果采收后,去掉主茎中部 1/2 的老叶,并去掉一个侧枝(此侧枝只起为植株制造同化物的作用,不用于结果），留一个健壮侧枝。待侧枝具备 5 片叶时，再去掉侧枝出生处以上的主茎。这一操作称为"换头"。

②第二茬果的管理：换头后产生的第二茬果，要坚持用 2,4-D 溶液蘸花。要加强水肥管理。为了保证产量，在坐果期以前应增施氮肥，保证营养生长。坐果中后期，应增施磷钾肥。

③第三茬果的管理：选留侧枝的方法同二茬果。生长期要注意加强水肥管理，每亩可用优质鸡粪 3 立方米，复合肥 40 千克，施于植株基部，并中耕 5 厘米深。施肥后浇一水。以后的管理，可参照第一茬果的管理方法进行。

此期，早、晚疫病发生的可能性较大。一旦发生可用杀毒矾防治。如果发生较重，可用多菌灵或增效瑞毒霉等药剂防治。此期的主要虫害是棉铃虫，可用菊酯类农药防治。

32. 如何利用熊蜂为温室番茄授粉？

熊蜂，属于蜜蜂总科，生活在温带地区和热带山顶冷凉地区。经过收集和驯化，熊蜂对番茄花朵的特有颜色和某些特殊挥发性气味，有强烈的趋性，因而可用来为番茄传播花粉。20 世纪 80 年代末，在欧洲、美国、以色列和日本等蔬菜生产发达的国家，熊蜂授粉技术得到了广泛的应用。

（1）熊蜂授粉的优越性

①提高产量，改善品质：在不同地区的实验结果表明，熊蜂授粉可使番茄增产 7%～35%，同时可使番茄的品质也得到改善。熊蜂携带大量花粉，准确地落在柱头上，使得番茄受精良好，从而产生大量种子，种子在发育过程中能分泌生长素，刺激子房膨大，形成果实，减少落花落果现象，提高座果率，并可避免因人工抹药而产生畸形果。果实营养丰富，固形物含量高，味道好。

②节省劳动力：熊蜂具有较强的适应性，在不利条件下（如高湿、低温等）仍能进行授粉。所以，掌握熊蜂授粉技术后，温室番茄授粉可完全依赖熊蜂，无需再进行药剂处理，从而避免因药害而出现畸形果。

(2)熊蜂的种类　商品熊蜂可分为二类。一类是完整系统熊蜂，也称非供养熊蜂。这类熊蜂箱内存有充足的液态糖源以保证熊蜂生活所需，因此种植者不需要供给养料，易于管理。第二类是标准系统熊蜂，种植者可以通过控制液态糖源供给量来提高熊蜂的授粉效果。

(3)蜂　箱　蜂箱有二个开口，一个是可进可出的开口，另一个是只进不出的开口。正常作业时，可封住只进不出的开口，打开可进可出的开口，允许熊蜂自由进出。当种植者决定喷农药时，可挡住可出的开口，同时打开只进不出的开口，使温室内熊蜂在 2 小时内全部回到蜂箱，以避免农药对熊蜂的伤害。

(4)熊蜂使用方法　蜂箱搬进温室时要避免强烈振动，更不能倒置。蜂箱周围不能有电线、塑料等废弃物。蜂箱应置于凉爽处，放置在一个固定的地方，并离开地面一定高度，以防止蚂蚁等爬虫进入。刚开始使用的 1 个小时内，应该把蜂箱的两个开口都打开，熊蜂一进温室即可开始工作，其工作过的花瓣上会留下肉眼可见的棕色印记(称为"蜂吻")，使用一箱熊蜂时，如在 6 000 株番茄（单干整枝）区内有 50% 的花朵上留有熊蜂的棕色爪印，则说明熊蜂在有效地工作。一般每666.7 平方米(1 亩)番茄，在盛花期使用 34 只熊蜂，可持续工作 2 个月后再更新。商品熊蜂使用简便，用户一般不用喂食。

熊蜂对高温很敏感，气温高于 30℃ 时，其活动即受影响。此时，应于上午 10 时前在蜂箱顶部放置一块浸透水的抹布，以后每隔 2～3 小时淋一次水。

(5)注意事项

① 避免熊蜂蜇人：熊蜂在一般情况下不蜇人,但如果遇到剧烈振动或敲击蜂箱,它就会对人进行攻击,因此要尽量予以避免。另外,不要穿蓝色衣服,不要使用香水等化妆品,以免吸引熊蜂。

②谨慎使用农药：要严格注意农药使用的种类和浓度,严禁使用具有缓效作用的杀虫剂、可湿性粉剂及含有硫磺的农药。如需使用农药,也应在黄昏时使用。此时,熊蜂都已回到蜂箱,用药前应将蜂箱移出温室。施药后,应非常小心地将蜂箱放回原来位置,开口方向应与原来一样。

33. 如何进行蔬菜纱网覆盖栽培？

纱网覆盖栽培,是一种新型栽培方式。最初是在育种工作中,育种者利用纱网覆盖来进行隔离,以防止昆虫传粉,发现纱网覆盖下的蔬菜品质好,产量高,由此发展成纱网覆盖栽培。目前,这种栽培形式在我国尚处于萌芽阶段,仅限于对黄瓜、番茄、菜豆、甘蓝和菜花等少数作物栽培的尝试,面积只有60多公顷。随着害虫种类的增多和抗性的增强,农药施用量加大,因而造成农药残留严重。据测算,通过纱网覆盖栽培,至少可使 530 多万公顷蔬菜无杀虫剂污染,或者农药残留量不超标,达到绿色食品标准,同时能增加蔬菜产量,改善品质。这样,可年节省农药费用 56 亿元,经济效益达 160 亿元。

(1)纱网覆盖的效果 实施纱网覆盖栽培,除防虫外,还可明显改善蔬菜生长发育的生态环境。根据中国农业大学试验结果,在蔬菜幼苗定植后的缓苗期(5 月初),纱棚覆盖地比露地地表温度可提高 2℃左右。在炎热的夏季,纱网覆盖又具有明显的降低土壤温度的作用。6月中旬,纱棚地表、地下5厘米、地下10厘米、地下20厘米处的最高温度,可分别比露地同层土壤降低3.6℃,3.0℃,2.7℃,1.4℃。纱网覆盖对光质的影响不大,但可明显降低光照强度。在5月上旬、6月中旬和7月中旬,纱棚的透光率分别为自然光强的67.63%,72.89%和75.33%。纱网覆盖有降低植株叶温的作用,叶片表面最高温度可比露地的降低1.4℃。同时,纱网覆盖还可防风,防雹,防大雨。可见,纱网覆盖后的生态环境有利于蔬菜的生长发育。

纱网覆盖后蔬菜植株生长健壮。以辣椒为例,其株高、茎粗和开展度均有明显提高,叶片面积增大,叶片中叶绿素含量增加,净光合速率提高,夜间呼吸速率降低,有利于光合产物的积累。

纱网覆盖后,平均每株辣椒的同化物积累总量约为露地每株辣椒的1.5倍,增产效果显著,供试品种总产量提高29.96%以上,早期产量提高51%以上。纱网覆盖后果实变大,重量增加。

(2)纱网覆盖的方法

①纱网选择:所用纱网为市场上出售的塑料窗纱,由聚乙烯塑料单丝编织而成,单丝直径为0.2毫米(20丝),网眼密度为14~20目。应选用白色纱网,不用绿色纱网,因为绿色纱网对蔬菜的光合作用有不利影响。蔬菜拉秧后,将纱网揭下来保存好。这样,纱网可反复使用10年以上。

② 大棚结构:因为纱网比塑料薄膜轻,且透气,所以对大棚拱架的坚固性要求较低,对大棚的形状也无特殊要求,只要不妨碍蔬菜生长和田间操作即可。如用镀锌钢管作拱架,大棚宽度一般为8米左右,拱架的间距为2~3米,用3道钢管

作拉杆,将拱杆连成一体。如为竹木结构,宽度一般为 5～8 米。用竹片作拱架,拱架间距为 2～3 米,每个拱架下设 3～4 个木柱或竹柱,立柱排列要整齐,拱架之间的立柱用拉杆连接固定。除此之外,也可采用中棚覆盖或小棚覆盖等形式。

③ 覆盖纱网:覆盖纱网前,要根据覆盖面积的大小,用缝纫机将纱网连接在一起。为坚固起见,缝制时可在两幅纱网连接处垫一条白布条(市场有售),在布条上将两幅纱网重叠,而后缝合。定植蔬菜前,将纱网覆盖在大棚骨架上,四周埋入土中,上面用压膜线压紧。在大棚一端留出入口,出入口要用纱网做门。纱网覆盖要严密,防止栽培过程中有害虫进入。

纱网覆盖的蔬菜管理方法可参照普通栽培方式。

34. 如何进行日光温室冬茬菜豆栽培?

冬茬菜豆在 8 月下旬至 10 月上旬均可播种。早播种产量高,价格低;晚播种产量低,但价格高。因此,冬茬菜豆的播种期,可根据温室保温性能和市场情况灵活掌握。总的来讲,冬茬菜豆栽培,是一种高技术、高效益的栽培方式。河北省秦皇岛市北戴河区榆关镇有省内惟一的冬茬菜豆生产基地,菜豆于春节前后开始上市。2000 年春节,价格达到每千克 14 元,收益可观,虽然当时市场上有秋季外地贮藏的菜豆出售,但品质比新鲜的冬茬栽培菜豆差很多,价格难以与之抗衡。日光温室冬茬菜豆的栽培技术如下:

(1)品种选择 冬茬栽培,宜选择分枝少、小叶型的早中熟蔓生品种。如嫩丰 2 号、一尺青、芸丰(623)、绿丰、丰收 1 号和老来少等。

(2)种子处理 用 0.1% 福尔马林药液或 50% 代森锌 200 倍液浸种 20 分钟,用清水冲洗后播种,可预防炭疽病的发生。也可用 50％多菌灵可湿性粉剂拌种,每 1 千克种子加药剂 5 克,可预防枯萎病。还可用 0.08％的钼酸铵浸种,可使幼苗健壮,根瘤菌增多。浸种前先将钼酸铵用少量热水溶解,再用冷水稀释到所需浓度,然后将种子放入,浸泡 1 小时,用清水冲洗后播种。各地可根据往年发病情况,选择合适的处理方式。

(3)整地施肥 清除前茬作物的枯枝败叶,浇透水,晒地 2～3 天,每 666.7 平方米(1 亩)施腐熟有机肥 3 000～4 000 千克,过磷酸钙 50 千克或磷酸二氢铵 30 千克作基肥,深翻 25 厘米,晒地 5～7 天,耙平,做成宽 1.0～1.2 米,中间稍凹的高畦,并覆盖地膜。

(4)播 种 用打孔器打孔,也可用铲子在薄膜上切"十"字形切口并挖穴。每畦播种两行,穴距 30 厘米,穴深 3～4 厘米,按穴浇足水,水渗后每穴播种 3～4 粒,覆土 2 厘米厚。不可将种子播在水中或覆土过深,以避免烂种。幼苗出土后及时将幼苗周围的地膜封严。

为保证菜豆群体的通风透光,减少落荚,又不降低收益,可将菜豆与矮生叶菜间作,如与生菜间作,每 1～2 畦菜豆,间作 1 畦生菜,效果很好。

(5)田间管理

① 补 苗:有些菜豆种子寿命短,发芽率低,因此在大部分种子出苗后,要及时补苗。

② 浇 水:在底水充足的条件下,从播种到第一花序的嫩荚坐住,要进行多次中耕,促进根系、叶片生长。一般不浇水,以防止徒长。如果土壤干旱,可在抽蔓前浇 1 次水。第一花序的嫩荚坐住后开始浇水,以后要保证充足的水分供应。但要避开盛花期浇水,以防止大量落花落荚。扣棚初期温度高,

应在早晚浇水。中、后期气温较低,应在中午前后浇水。浇水后要及时通风,排除湿气。

③追　　肥:第一花序嫩荚坐住后,结合浇水,亩施磷酸二氢钾6千克,硫酸铵15千克或尿素10千克。生长期间可进行多次叶面喷肥,喷肥的种类可以是0.2%尿素、0.3%磷酸二氢钾、0.08%硼酸、0.08%钼酸铵等溶液。叶面喷肥有利于提高坐荚率。

④化　　控:幼苗3~4片真叶时,叶面喷施浓度为15毫克/升的多效唑可湿性粉剂溶液,可有效地预防和控制植株徒长,提高坐荚率。在开花期,叶面喷施10~25毫克/升的萘乙酸,可有效防止落荚。

⑤吊蔓及曲蔓整枝:植株开始抽蔓时,用尼龙绳吊蔓。尼龙绳上端绑在温室拱架上,下端绑在小木棍上,将木棍插入土中。为控制植株高度,避免植株迅速到达温室顶部,有两种处理方法。常规的方法是落蔓、盘蔓。采用此法时,先将底部老叶打掉,将尼龙绳上端松开,使植株底部盘在地面上,使植株顶端处于南低北高的倾斜面上。

另一种方法为曲蔓整枝。这是河北省菜农发明的一种独特的整枝方式。此法不动尼龙绳,只将菜豆顶端向下弯曲,绕一个直径约20厘米的圈后再折回,让顶端依然向上生长,延缓顶端到达温室顶部的时间。曲蔓整枝时无需用绳绑束,通过相互缠绕即可固定菜豆的蔓。通过曲蔓,可抑制植株的营养生长,防止徒长,提高坐荚率。

⑥温度管理:10月1日左右覆盖薄膜,此后7~10天内昼夜通风。以后随温度的降低,逐渐减少通风量。从10月15日起,可覆盖草苫。覆盖草苫的时间最晚不可晚于11月初。

菜豆出苗后,白天温度应控制在18℃~20℃,25℃以上要及时通风。夜间温度为 13℃～15℃。开花结荚期,白天温度应保持在 18℃～25℃,夜间为 15℃。温度高于 28℃或低于 13℃时,菜豆坐荚率降低。

此外,要注意病虫害的防治,防治方法可参照相关资料。

35. 有哪些提高菜豆结荚率的诀窍?

菜豆花芽很多,蔓性种能分化 18 个以上花序,每个花序又可着生 6～10 朵花。但在高温、潮湿(气温高于 24℃,相对湿度高于 72%)及其他不利条件下,常会引起落花落荚,降低产量。据观察,一般菜豆结荚率仅占花芽分化数的 6%～10%,占开花数的 20%,说明通过提高结荚率来增产菜豆的潜力很大。

根据菜农经验,以下措施可有效地提高结荚率。

(1)浇荚不浇花 初花期以控为主,此时如供水多,植株营养生长过旺,消耗养分多,致使花蕾得不到充足的营养而发育不全或不开花。水分管理应看天情,看墒情,看苗情。若土壤过干,临开花前浇一次水,以供开花所需。如墒情好,应一直蹲苗到幼荚长至 3～4 厘米长时才浇水。坐荚后,植株逐渐进入旺盛生长期,既长茎叶,又开花结荚,需要水分和养分较多,此时以促为主。结荚初期 7 天浇一水,以后逐渐加大浇水量,使土壤水分稳定在田间最大持水量的 60%。高温季节,采用轻浇、早晚浇等办法,降低地表温度。

(2)合理施肥 施足基肥,并进行早期追肥,以促进植株发育,多生侧枝,增加花数,降低结荚节位。开花结荚期应施 2～3 次肥。氮肥用量要适宜,以免造成植株徒长,导致落花落荚和影响根瘤菌的形成。施肥种类一般以人粪尿、厩肥为主,适当加施一定量的过磷酸钙和氯化钾或草木灰。

(3)保证充足光照 为避免遮光,棚室内栽培应采用尼龙绳吊蔓,露地栽培应采用南北向的人字形花架。棚室栽培密度不可过大,每 666.7 平方米(1 亩)应控制在 2 000 穴以内。密度过大,往往只长秧,不结荚。后期及时摘除下部老叶,能改善通风透光条件,还可减少养分的消耗,是保花保荚和促进枝叶生长的有效措施。

(4)及时采收 及时采收可减轻植株负担,促使其他花朵开放结荚,减少落花落荚,延长采收期。前期气温低,开花后14 天采收;后期开花后 10 天左右采收。

(5)药剂处理 在开花期用 10~25 毫克/升浓度的萘乙酸溶液喷花序,可抑制离层形成,防止落花,增加结荚率。

36. 如何进行日光温室冬茬或冬春茬黄皮西瓜栽培?

黄皮西瓜,果皮金黄色,色泽美观,与绿皮西瓜相比,能给人以耳目一新的感觉。这种西瓜皮薄,品质好,糖度高,一般含糖量在 12%~14%,风味清新可口。山东省寿光市自 1995 年开始在日光温室中试种黄皮西瓜,666.7 平方米(1 亩)产量为2 000~2 500 千克,亩收入超过 2 万元,具有很好的经济效益。目前,栽培面积在不断扩大。日光温室冬茬或冬春茬黄皮西瓜的栽培技术如下:

(1)品种选择 生产中要选用优质、高产和商品性好的黄冠、黄福、宝冠、正黄 1 号和黄皮京欣 1 号等良种。

(2)整地施肥 沟施基肥,与土壤拌匀。一般亩施腐熟的鸡粪 3 000 千克(3 立方米以上),三元复合肥 75 千克,硫酸钾25 千克。注意慎用氯化钾,因为氯化钾中的氯离子能造成土壤板结,降低土壤的通透性,不利于根系和枝叶的生长,影响产量。同时还应配合施微量元素肥料,亩施锌肥 1.5 千克,硼肥 1.5 千克。

要用高锰酸钾、多菌灵等溶液,对立柱、拱架、墙体和土壤进行消毒处理,同时配合施用辛硫磷或异硫磷杀虫剂,杀灭土壤害虫。

肥、药、土拌匀后,做南北向垄。

(3)育　苗

①育苗时间:根据市场需求和上市时间,确定育苗时间。在春节前上市,价格好,效益高。播种时间在 10 月上、中旬。因栽培期间光照弱,温度低,产量较低,亩产量约 1 300 千克。在 4 月上、中旬上市,亩产可达 2 000 千克以上。育苗时间可在 1 月上、中旬,在 2 月中、下旬定植。

② 苗床管理:10 月份育苗可在大棚内设小拱棚,翌年 1 月份育苗应在温室内设小拱棚。采用营养钵育苗。苗床的气温白天为 25℃～28℃,晚上应不低于 12℃,地温在 12℃～15℃。苗床的空气湿度以 75% 为宜。为了保温和增加通气性,可在苗床底部铺 3 厘米厚的用高锰酸钾溶液消过毒的碎麦草或麦糠。

(4)定　植　当苗龄达 35～40 天,幼苗具有 3～4 片真叶时,即可定植。一般采用高垄栽培,80 厘米等行距栽培或 70 厘米和 90 厘米大小行栽培,株距 45 厘米,亩栽 1 800～2 000 株。做好垄后覆盖地膜。移栽前 5 天浇水,形成良好的土壤墒情。也可按穴浇水定植。总之,要尽量避免因浇水而降低温度。

(5)管　理　定植后缓苗期间,应特别注意防止冷风吹入。白天温度应控制在 25℃～28℃,晚上不低于 15℃。花期白天的温度应在 28℃～30℃,晚上在 18℃以上。果实膨大期白天的温度为 32℃,晚上为 18℃～20℃,空气湿度应掌握在

60%～70%,最大不可超过85%。为降低温室湿度,减轻病虫害发生,浇水次数要少,并采用浇小水或膜下浇水的方法。授粉前不浇水,果实膨大期浇一次透水。

开花后,在上午10时左右进行人工授粉。摘下雄花,将花瓣去掉,将花粉涂抹到雌花的柱头上。

(6)植株调整 每株留1个瓜,留瓜的最佳位置为13～14片叶处。在6～8片叶时进行吊蔓,去除所有侧蔓。当西瓜长到乒乓球大小时要及时吊瓜,可用塑料绳从瓜柄基部吊起,也可用网袋吊瓜。

(7)采 收 坐瓜后30～35天,单瓜重1.0～1.5千克时,便基本成熟,即可采收上市。

37. 如何进行暖棚深冬韭菜栽培?

韭菜是一种十分耐寒的蔬菜,在北纬40°以南地区,冬季利用覆盖草苫的塑料棚(暖棚)即可生产,在春节前后上市。这种栽培方式,投资少,管理简单,且收获期正值元旦、春节和元宵节期间,售价较高。秦皇岛市昌黎县东岗子村通过深冬韭菜栽培,成为远近闻名的韭菜专业村、小康村。中央电视台《田野》栏目曾在该村拍摄专题片。现将其经验介绍如下:

(1)暖棚建造 暖棚为东西走向,长30～50米,宽5～6米,中部最高处为1米。每隔1米设1道竹片拱杆,每道拱杆下设4～5根直径5～7厘米的小立柱,小立柱要排列整齐。用10号铁丝将小立柱和拱杆固定在一起。草苫摆放在棚的北侧上部,棚的北侧始终用草苫盖住。为提高保温性能,也可在棚北侧建造高80厘米,宽30厘米的夯土墙。揭草苫时用尼龙绳将其拉起,放草苫时用长竹竿一端顶住卷起的草苫向南推,棚南另有一人将草苫扶正、盖严。

(2)播种育苗 选用耐寒性强的汉中冬韭,多采用育苗移栽的方式,每 666.7 平方米(1 亩)栽培田用种量为 2~4 千克,需育苗田 100 平方米。播种时期为 3 月中旬至 5 月上旬,适当早播可提早分蘖,增加产量。

播前要进行浸种催芽。在室温下用清水将种子浸泡 12 小时,而后用透气性较好的湿纱布包好,沥掉多余水分,放在 15℃~20℃的环境下催芽,每天用清水冲洗 1 次,2~3 天后,种子露出胚根,即可播种。

土地要深翻 20 厘米,每亩施入有机肥 3 000 千克,或复合肥 15 千克,与土壤混匀,做 1 米宽平畦,整平畦面。可条播、穴播或撒播。条播应用较多,按 15~20 厘米行距开 7~10 厘米深的浅沟,沟内浇水,水渗完后播种。播种要均匀,播后覆土,搂平畦面。一般 15~20 天后可出苗。

春季温度低,浇水量要小,但不可缺水。浇水时可随水施入 90% 敌百虫 1 000 倍液,防治韭蛆。从苗高 12 厘米时开始施肥,每亩施尿素 15 千克。

(3)定植及扣棚前管理 播种后 80 天,当苗高 15~18 厘米,有 5~6 片真叶时,即可定植。定植前 1~2 天,苗床要浇水,以利于起苗。栽培田每亩施有机肥 4 000 千克,与土壤混匀,做 1.2 米宽平畦,每 4~5 株韭菜为 1 丛,按 20 厘米×20 厘米的株行距开穴定植。定植的深度影响韭菜的寿命和分蘖数量,一般以叶身和叶鞘的相接处不埋入土中为宜。定植后应立即浇水。

扣棚前以养根壮秧为主,浇水、施肥、防病、除草等与常规管理相同,但不收割。8 月中旬以后,是最适宜韭菜生长的季节,要加强水肥管理,每隔 5~7 天浇一次水,结合浇水,追施速效氮肥 2~3 次,每亩可施尿素 10 千克,促进植株生长,为根茎的膨大和根系的生长奠定物质基础。保护地韭菜产量的高低主要取决于冬前植株营养物质积累的多少。

（4）**冬季管理**　11月初,地上部分开始枯萎,叶片中的养分向地下部分回流,韭菜开始休眠。入冬时应浇冻水,并结合浇水,亩施尿素10千克。11月底至12月初,田间冻土层达3厘米厚时,用铁锹铲取枯叶,用竹耙搂净。然后覆盖塑料薄膜和草苫,7～10天后韭菜恢复生长。

扣棚初期,温度不能过高,应逐步升温。可通过揭盖草苫,调节棚内温度。初冬时,日出后即可揭开草苫,日落前盖上草苫,白天温度控制在18℃～28℃,夜间温度为8℃～12℃。深冬时,要在日出1小时后再揭开草苫,日落前1小时盖上草苫。当地菜农的经验是,仅通过揭盖草苫来调节温度,不放风,否则冷空气进入,容易造成韭菜叶片黄尖,降低品质。冬季一般不喷药,并尽量减少进棚操作。

雪天要及时清除草苫上的积雪,避免压坏棚架。阴天时可不揭苫。如阴、雪天长达3～5天,可在每天中午揭开部分草苫,让韭菜接受和利用散射光。

冬季生产韭菜,不用浇水施肥,如土壤干旱,可在第一次收获前15天浇一次小水。

（5）**收　获**　夏秋季节不收获,使其积累大量养分。扣膜后40～60天,可收获第一刀韭菜。收获时留茬2～3厘米。留茬过短会降低下一次收获的产量,推迟收获期。第一刀收获后30天,可收获第二刀。再经20～25天,可收获第三刀。每次收获的亩产量为1500～2000千克。

收获三茬后,天气转暖,一般不再收获。3月下旬除去薄膜和草苫,开始养根。3年后,为保持韭菜的旺盛生长势,应铲除老的植株,重新播种和定植。

38. 如何进行暖棚韭菜"一膜三用"栽培？

河北省昌黎县康艾庄村在发展暖棚(冬季覆盖草苫的塑料棚)韭菜规模化生产中,通过合理安排茬口,选用适宜品种,创造了分期扣棚,一块薄膜 3 次使用的技术,从而提高了薄膜利用率,使暖棚韭菜成本降低一半以上,探索出了一套低耗、高效的成功经验。该村农民的做法是:

(1)**品种搭配** 在冀东及京、津地区的气候条件下,适宜一膜三用栽培的韭菜品种,主要有 791 雪韭、寒青和汉中冬韭等。寒青耐低温,生长势强,0℃时才停止生长,几乎没有休眠期,不经低温休眠仍能连续生长,很适宜作为一膜三用栽培中的晚秋和初冬保护栽培品种。

汉中冬韭则必须在 -5℃～-7℃ 的低温下,经过 7～10 天,渡过休眠期,才能在适宜温度下恢复生长,所以它适宜在一膜三用栽培中作为深冬保护地栽培。

791 雪韭无休眠期,适宜在 16℃～25℃ 条件下生长,所以可作为一膜三用栽培中最先扣棚的品种栽培。

三个品种都具有品质优良、抗逆性强和丰产性好等特点,都受到广大菜农和消费者的欢迎。

(2)**分期扣棚,一膜三用** 根据不同品种的生长发育特点,进行科学搭配,就能做到一年中一套薄膜、草苫倒换用于三棚。

在土壤封冻前同时挖好埋大棚立柱和拱杆的坑,并建好第一个棚(栽培 791 雪韭者)和第三个棚(栽培汉中冬韭者)的骨架。大棚为东西走向,长 30～50 米,宽 5～6 米,高 1 米。每隔 1 米设 1 道竹片拱杆,每道拱杆下设 4～5 根直径为 5～7 厘米的小立柱,小立柱要排列整齐。用 10 号铁丝将小立柱和拱杆固定在一起。草苫摆放在棚的北侧。

在冀东,于9月15～20日先将第一棚内的791雪韭平茬,清除枯叶杂草,浇水施肥,20多天后,可收获。露地生长的第一刀韭菜,每666.7平方米(1亩)产量可达到1400千克。10月10日左右开始扣棚,此时夜间不用覆盖草苫。10月底到11月初,一般即可收获第二刀,亩产量可达1300千克。

11月上旬,立即将第一棚的棚架和薄膜转移,用于建第二个棚,棚内种植品种为寒青。白天要密封增温,棚内温度超过26℃时,可打开顶风降温。千万注意不可让冷风吹入,否则韭菜叶易黄尖。夜间加盖草苫。第二棚韭菜生长25～30天后即可收割,一般亩产量可达2000千克。此棚割一刀韭菜后(约12月上旬),将薄膜移至第三棚。

第三棚栽培时,温度最低,白天封闭增温,夜间盖草苫保温。因为棚的保温性与韭菜所需温度一致,无高温出现,故不必通风,而且因为棚是密闭的,土壤水分蒸发量小,所以一般不需浇水。土壤干旱时,可在收获前15天浇一次小水。第一茬韭菜应在春节前收获,其后的第二、三茬可分别在农历正月、二月上市。这样安排采收期,韭菜售价较高。

(3)科学安排茬口 第一棚791雪韭,前期连割两刀,鳞茎贮存的养分消耗量大,抗寒力减弱,进入冬期会大量死秧,第二年清明节前后必须重新播种或挖出根株重新栽植。第二、三棚的寒青和汉中冬韭,可利用老根连续生长。3年后生长势减弱,重新播种。

一膜三用暖棚韭菜的其他栽培技术,与普通暖棚韭菜栽培技术相同。

39. 提高西瓜座瓜率的综合技术有哪些?

提高西瓜座瓜率,是提高西瓜产量的关键环节。目前生产上一般都是一株结一瓜。如果部分植株坐不住瓜,就会造成"空秧"。西瓜座瓜率受许多因素影响,生产中要从以下几方面着手,来提高西瓜座瓜率:

(1)选择品种 不同的品种生长势差异很大,一般生长势强的品种不易坐瓜,坐瓜节位较高;生长势中等或偏弱的品种较易坐瓜,坐瓜节位较低。在选择品种时要注意坐瓜习性,尽量选取易坐瓜的品种。但生长势较强,坐瓜性较差的品种,如果管理得法,也可结出商品性好的大瓜。

(2)苗期保护 植株长出 1~2 片真叶时,叶原基就开始孕育第一雌花的花蕾,3~4 片叶时,第二雌花花蕾分化,到第四五片真叶时,第三雌花花蕾分化。采用育苗方式,保持白天为 25℃~28℃,夜间为 15℃以上的温度,加强苗期管理,就能有效地提高雌花质量,为结瓜打好基础。此外,苗龄不宜过长,以 30~35 天,具有 3~5 片真叶为宜。苗龄过长,根部易扭伤,影响缓苗,阻碍地上部生长发育,进而影响坐瓜。

(3)适时坐瓜 根据当地气候特点,安排播期,赶在雨季前坐瓜。例如,华北地区一般在 7 月份进入多雨季节,如能采取早熟栽培,赶在降雨高峰以前开始坐瓜,不但能提早上市,而且能大大提高座瓜率。

(4)水肥管理 除施足底肥外,伸蔓前后可追施一次速效肥,确保有足够的养分供给花蕾发育。开花坐瓜期,西瓜对肥水十分敏感。此时肥水过多,特别是氮肥过多,植株营养生长过旺,容易引起徒长,不易坐瓜。在实践中,有的瓜田底肥充足,瓜秧生长旺盛,而刚见到小子房,瓜农又每 666.7 平方米

（1亩）追施尿素 15 千克,致使营养生长过旺,不能坐瓜。

西瓜浇水有严格要求。在实践中,错误的浇水方式可概括为"早、大、过"三个字。"早",表现在不是根据瓜的生长发育浇水,而是别人什么时候浇水就什么时候浇水,或凭经验,去年什么时候浇水今年也就什么时候浇水,结果在瓜坐住前浇水,导致徒长而化瓜。"大",即大水漫灌。经验表明,当瓜长至0.5～1.0 千克时,如浇大水,则瓜很难再长大。"过",是指过于频繁,总数超量。有的瓜农发现自己的瓜生长发育迟缓,就追肥浇水,结果越浇越不坐瓜。因此,在开花结瓜期,只有干旱时才浇 1 次小水,否则不浇。瓜坐住后,逐渐进入果实膨大期,才可追肥灌水。

（5）植株调整　西瓜植株分枝性很强,营养生长旺盛,如不整枝,营养消耗过多,很难坐住瓜。但如果整枝过重,只留单蔓,合成的养分减少,又不易结大瓜,且雌花数少,坐瓜机会也少。如果留蔓过多,虽然雌花多,但容易徒长,对坐瓜不利。一般作双蔓或三蔓整枝较适宜。待瓜进入膨大期,瓜争夺养分的能力很强,就不必再整枝。

留瓜位置要合理。生产上一般选留第二、三雌花坐瓜。但对生长势过旺的品种,应以"先坐瓜后选瓜"为原则。第一雌花开放后进行人工授粉,第二、三雌花开放后也进行授粉,待第二或第三雌花的瓜坐住后,再摘掉第一雌花的瓜。让第一雌花的瓜生长一段时间,是为了抑制植株旺长。

西瓜植株需压蔓 3～4 次,以固定植株,增加不定根数量,从而吸收更多养分,但压蔓轻重应有区别。一般坐瓜节到根之间轻压,而靠近尖端几节重压,以利于功能叶制造的养分向瓜转运。压蔓时注意让雌花露出,以便于授粉。

如果栽培生长势过强的品种,或因栽培不当,植株徒长,可在坐瓜节位前 3～4 节将瓜蔓捏扁,并压蔓,在坐瓜节位前留 5～6 片叶后摘心。

（6）人工授粉　西瓜为异花授粉作物,雌花只在上午 7 时至 9 时受精率最高。在这样短的时间内,昆虫不一定对需要授粉的每一雌花都授上粉,即使授上粉,也可能因花粉量少而坐不住瓜,因此人工授粉是确保西瓜坐瓜的必要措施。生长期间如雨水较多,授粉受精不良,更应进行人工辅助授粉。一般昆虫授粉座瓜率只有 60%～70%,而人工授粉却能达到 98%以上。

授粉要注意以下几点:第一,雌花开放后坚持人工授粉,直到每株都坐瓜为止;第二,授粉动作要轻,不要碰伤柱头,要使整个柱头都蘸上花粉;第三,尽量用异株花授粉,雄花花粉量少的品种,可采用异品种授粉;第四,每一雄花只能授 2～3 朵雌花,阴雨天时为 1～2 朵,如授的雌花过多,雌花接受的花粉少,则不易坐瓜;第五,阴雨天可用硫酸纸做成防雨袋,套住未开放的雌花。可采摘雄花使之在室内开放,待田间雌花开放时授粉,然后再套上纸袋,以防雨水冲击花粉。

（7）改善小气候　昼夜温差对坐瓜有一定影响。曾有报道称:某块瓜地,三面为生长茂盛的玉米,另一侧为林带,坐瓜期又逢玉米施肥浇水,导致瓜地昼夜温差小,湿度大,迟迟不住瓜。

坐瓜期遇到大雨,要及时排水。如果土壤湿度过大,要把刚坐住的小瓜轻轻抬起,垫上干草或瓦块等物,以防止烂瓜。

40. 如何进行早春西瓜地膜
小拱棚双膜覆盖栽培?

小拱棚内覆盖地膜栽培西瓜,可提高气温和地温,避免

晚霜危害,使西瓜比普通露地栽培者提早1个月左右上市,经济效益显著。西瓜早春地膜小拱棚覆盖栽培技术如下:

(1)品种选择 双膜覆盖栽培的西瓜,须选用低温条件下坐瓜性好、抗病、丰产和品质优良的品种,如鲁西瓜2号、京欣1号、京欣2号、京抗1号、京抗2号、京抗3号和新金兰等早熟品种。

(2)播种育苗

①配营养土:应适期早播。华北地区于终霜前65天左右,即2月中下旬在温室或阳畦内播种育苗。育苗前,选择肥沃田园土6份,腐熟有机肥4份,混合均匀作营养土。每立方米营养土中再加入过磷酸钙3千克,充分混匀后过筛,而后装入直径为10厘米的塑料营养钵中。营养土表面距离钵的上沿1厘米。

②浸种催芽:将种子用30℃温水浸泡12小时,捞出后用干净湿纱布包好,置于30℃~32℃处催芽。待有2/3的种子出芽后,及时将其播于营养钵中。播前营养钵中要浇透水,以水从营养钵底部的孔中流出为度,每钵播种1粒。然后用喷雾器将一部分营养土喷湿,边喷边用铁锹混合,再用筛子将其筛在播种后的营养钵表面,厚度为1厘米。

③苗期管理:为促进出苗,苗床温度可适当高些,以控制在28℃~32℃为好。出苗后,幼苗胚轴对温度十分敏感。温度高胚轴易伸长造成徒长,因此出苗后温度应适当降低,以白天保持25℃,夜间15℃左右为好。

为预防苗期病害,可用百菌清烟雾剂熏2次,两次间相隔7~10天。约30天后,幼苗长至3叶1心时,即可定植。

(3)定植 上一年秋茬作物收获后,深耕土地,按1.6米的行距,挖掘宽50厘米、深40厘米的沟。定植前半月左右,向沟内施入基肥,每 666.7 平方米(1 亩)施优质农家肥 5 000 千克,过磷酸钙 80 千克,草木灰 100 千克(或硫酸钾 20 千克),然后在沟上覆土做垄。春旱时,可于沟内施肥后灌水,润湿后做垄。

3 月中下旬定植。先覆盖地膜提高地温,3 天后即可定植。定植时选晴朗无风天气,先用打孔器按 50 厘米株距在地膜上打孔,而后栽苗,边定植边插竹片作拱架,并覆盖薄膜保温。

(4)扣棚期管理 前期以保温促生长为主。定植后 1 周内基本不通风,促进缓苗;以后随着外界气温的升高,逐渐加大通风量,使棚温白天为 28℃～32℃,夜间为 12℃～15℃。当露地最低气温稳定在 12℃以上时,即可撤掉小拱棚。

(5)植株调整

①整枝与压蔓:西瓜双膜覆盖栽培,主要采取双蔓整枝,即保留主蔓和基部的一条健壮侧蔓,其余侧蔓则及时去掉。撤棚后,将瓜蔓引入坐瓜畦,两蔓间隔 15～20 厘米。在蔓长 60 厘米处压第一道土埂,此后每 5 节压一道,以固定瓜秧。

②授粉与留瓜:第二雌花开放后,于上午 9 时前进行人工辅助授粉。雄花少时,可用浓度为 5 毫克/升的 2,4-D 液抹于雌花的柱头上。幼瓜鸡蛋大时,选留一个子房周正、形态良好的幼瓜。将其余幼瓜及时摘除,以减少养分消耗。

③垫瓜与翻瓜:瓜的直径达 10～20 厘米时,用草圈垫瓜,将瓜与土壤隔离,可使瓜生长周正,同时减轻病虫危害。瓜的体积不再膨大后,劳力充裕者可每 3 天将瓜转动方位一次,使瓜全面受光。这样,可使瓜皮着色均匀,提高商品价值。

(6)肥水管理 幼瓜长至直径 5 厘米,已褪毛并开始膨大时,在距根系 30 厘米处开沟(或挖穴),追施膨瓜肥,亩施氮磷钾三元复合肥 20 千克,施肥后浇水。以后,土壤见干见湿即可。瓜的直径长至 15 厘米左右时,再结合浇水,亩施尿素 8~10 千克。采瓜前 7 天,要停止浇水。

坐瓜后喷 1~2 次 0.3% 的磷酸二氢钾溶液,两次之间相隔 7 天。这样,能显著提高果实品质,促进西瓜膨大。

(7)病虫害防治 西瓜双膜覆盖栽培,炭疽病、疫病发生较重,可用百菌清、代森锰锌和甲基硫菌灵药剂等防治。危害较重的害虫是瓜蚜,可用氧化乐果、辟蚜雾和蚜虱净等药剂防治,均有较好的防治效果。

(8)采　收 大约在开花后 28~30 天,西瓜成熟,可采收上市。远销者也可根据需要,于西瓜八九成熟时采收。

41. 栽培无籽西瓜有哪些关键技术?

无籽西瓜,具有生长势强、抗病、抗逆性强、含糖量高且糖分在果实中分布较均匀、没有种子和食用方便等特点,深受人们欢迎。随着人们生活水平的不断提高,对无籽西瓜的市场需求量,也在逐步扩大。

但无籽西瓜具有不同于普通西瓜的特征和特性,栽培管理技术也有差异。因此,在其生产过程中,应在普通西瓜的栽培技术的基础上加以适当调整。

(1)栽培季节 多进行春季露地早熟栽培,于 1 月底育苗,3 月中下旬定植,采用地膜、小拱棚双膜覆盖的栽培方式。此外,无籽西瓜比普通西瓜耐高温。8 月份天气炎热,市场上普通西瓜少,西瓜价格高,因此,生产上也有许多瓜农进行无籽西瓜晚熟栽培,于 4 月下旬播种,5 月下旬定植,7 月底上市。

(2)品种选择 选用分枝性强、一株多瓜和优质高产的品种。如黑皮兴科 1 号、黑皮兴科 2 号、黑皮兴科 3 号、花皮兴科

4号、花皮兴科5号、黄皮无籽、无籽京欣1号、无籽京欣3号和无籽京欣4号等。

(3)浸种催芽　无籽西瓜的种子催芽,与普通西瓜的种子催芽基本相同。但是,由于无籽西瓜种子(专门制种)的种皮较厚,尤其种脐部分更厚,加之其种仁又不饱满,所以出芽较困难,必须先"破壳"才能顺利发芽。其方法是:用50%多菌灵500倍液或高锰酸钾1 000倍液,浸种6~8小时,用清水洗净,擦干种子表面的水,然后用牙轻轻嗑一下种脐,使其裂开一个小口即可。嗑时一定要轻,不要损伤种胚。

无籽西瓜的催芽温度比普通西瓜的要高,平均约高2℃~3℃,即为30℃~32℃。保证较高的催芽温度,对种子早发芽、提高发芽率作用很大。

(4)育　苗　无籽西瓜幼苗期生长缓慢,且耐热性较强,应比普通西瓜早播种,可采用温室和阳畦育苗。不经育苗而直接播种者,播种深度应浅一些,一般在1厘米左右。为防止根系过浅,可在出苗后再覆盖0.5厘米的细土。育苗温度也要比普通西瓜的高3℃~4℃。如用阳畦育苗,阳畦北部要设立风障,阳畦上要覆盖双层草苫。如用日光温室育苗,应在温室内的苗床上搭建小拱棚,必要时,小拱棚上还要覆盖草苫,进行多层覆盖。育苗过程中,要减少通风次数和通风量。

(5)肥水管理　无籽西瓜根系发达,生长旺盛,需水需肥量比普通西瓜多。定植前每666.7平方米(1亩)施5 000千克有机肥和100千克过磷酸钙作基肥,可沟施或穴施。在以后的生长过程中,每亩施50千克硫酸铵和22千克硫酸钾,可分为2~3次施入。

第一次追肥在西瓜开始伸蔓时进行。于株间开6~8厘米深、20厘米宽的追肥沟,每亩施硫酸铵25千克,硫酸钾10千克,追肥后覆土浇水。称为催蔓肥、催叶水。

第二次追肥在开始坐瓜时进行。方法同第一次,每亩用硫酸铵 15 千克,硫酸钾 5 千克,称坐瓜肥、催瓜水。

第三次追肥在果实迅速膨大时进行。在离西瓜根部 30 厘米左右处,沿栽培行方向开沟追肥,每亩施用硫酸铵 8 千克,硫酸钾 7 千克,方法同前,称为膨瓜肥。

无籽西瓜苗期生长缓慢,伸蔓以后生长加快,到开花前后生长更加旺盛。这时,如肥水供应不当,容易疯秧(徒长)而坐不住瓜。因此,从伸蔓后至坐瓜节位开花前,应适当减少浇水施肥量,结束蹲苗的时间也比普通西瓜晚 4～5 天。

(6)栽植授粉株 无籽西瓜的花粉无生殖能力,不能授粉,单独种植无籽西瓜坐不住瓜,必须间种普通西瓜作为授粉株。因此,应每隔 3～4 行种 1 行普通西瓜,以借助授粉株花粉的刺激作用,使无籽西瓜的子房膨大。授粉株所用品种的果皮,应与无籽西瓜果皮有明显区别,以便在采收时容易区分,不至于误收。

在种植授粉株的同时,可进行人工辅助授粉。这样无籽西瓜植株的座瓜率更高。其方法是:在开花期的每天清晨 8 时至 9 时,取授粉品种雄花,去掉花瓣,将花药涂抹到无籽西瓜雌花的柱头上。

(6)高节位留瓜 无籽西瓜种植应适当扩大行、株距,并实行多蔓整枝,还需注意坐瓜节位。坐瓜节位的高低对无籽西瓜产量和质量的影响比普通西瓜更明显。坐瓜节位低时,不仅果实小,果形不正,瓜皮厚,而且种壳多,并伴有着色硬种壳产生,易空心和裂瓜。而在高节位坐的果实,个头较大,形状美观,瓜皮较薄,秕籽少,不裂瓜,故在生产上多在主蔓第三雌花以后的节位留瓜。在人工授粉后的 10～15 天内,1 棵无籽西瓜植株坐瓜 7~8 个,选果形端正的留 3~4 个。

(7)适时采收 授粉后 18 天,果实体积不再增大,植株生长缓慢,30~35 天后相继成熟。无籽西瓜一般要比普通西瓜适当早收。如果采收过晚,则果实品质明显下降。主要表现为果实易空心,果肉变软,汁液减少,品味降低。一般以九成熟采收品质最好。

42. 如何进行日光温室香椿密植囤栽?

香椿的芽和嫩叶香气浓郁,风味鲜美,营养丰富,基本无病虫害,深受人们的青睐。在日光温室中囤栽香椿,平均每平方米可收获香椿 2.1 千克,在元旦和春节上市,经济效益可观。其温室囤栽技术如下:

(1)培育优质壮苗 温室囤栽香椿,用苗量大,宜采用种子育苗。优质壮苗是获得高产的关键,要求当年苗高 0.6~1.0 米,茎粗 1 厘米以上,多年生苗高 1.0~1.5 米,茎粗 1.5 厘米以上,组织充实,顶芽饱满,根系发达,无病虫害和冻害。

①浸种催芽:选用红油香椿等优良品种,宜采用上年收的新种子,用 30℃ 温水浸种 18~24 小时,然后捞出拌上细沙,装入布袋,放于 20℃~25℃ 环境中催芽。每天用清水冲洗 1~2 次,并翻动种子。一般 5~6 天后种子发芽,即可播种。

②播种及苗床管理:一般于 4 月下旬露地播种育苗,寒冷地区可用塑料薄膜棚育苗。提早播种,可延长苗木生长期,使其积累更多的养分。要求苗床土壤肥沃,结构疏松。播种可采用条播或撒播的方式。

条播者,在苗床上按 30 厘米的间距开沟,沟深 3~4 厘米,宽 4~6 厘米,用锄扒平沟底,然后浇透水。等水渗下后,将种子均匀撒入沟内,覆盖细土 1.5 厘米。然后在苗床上盖地膜保墒,以利于出苗。

撒播者,将苗床浇透水后播种,覆土1.5厘米,盖好地膜。当幼苗出土时,揭去地膜。出苗后,苗床干燥时每2～3天喷一次水,忌大水漫灌。雨后要及时排水。苗床土壤湿度过大,幼苗易感染根腐病而死亡。幼苗初期生长缓慢,2～3片真叶时,就要结合浇水追施少量尿素,促进生长。

③ 定植及定植后管理:香椿苗高10厘米时,要定植到大田中。定植前平均每666.7平方米(1亩)施有机肥2000千克和少量复合肥。定植密度为30厘米×30厘米。为便于起苗,定植前1～2天,苗床要浇透水,起苗时用平锨在地面下10厘米处铲苗,然后将苗带土掰下移栽,以利于定植后缓苗。

定植不宜过浅,要将土坨完全埋入土中。定植后浇透水,以后需连浇2～3次水,保持土壤湿润。6月中旬至9月上旬,要肥水齐攻,经常浇水,以见干见湿为度。9月中旬后,要控制浇水和追肥,避免"恋青",以减少"抽条"和降低枯枝率。

为了控制香椿苗高度,在苗高40～50厘米时喷施15%多效唑300倍液,每10～15天一次,连续喷2次,即可取得提早封顶和矮化的良好效果。

(2)通过休眠期 10月下旬至11月上旬,香椿开始落叶时起苗。起苗时,要尽量多保留粗壮根系,并将每100株左右捆成1捆。在背阴处挖沟,将香椿斜放在沟内,根部埋土,浇透水保湿,天气冷时,晚上在苗木上盖草苫防冻,经过15～20天,即可渡过休眠期。

若将苗木起出后,立即栽入温室,不经处理即给予适宜的温度和水分,苗木不能发芽。若将未完全通过休眠期的苗木栽入温室内,苗木发芽迟缓且不整齐,香椿芽香味淡,品质差。这两种现象都要加以避免。

(3)囤栽 栽培时要尽可能密植。当年生苗木,每平方米栽培 150 株;多年生苗木,每平方米栽培 120 株。栽培前,在温室内做南北向畦,畦宽 1～1.5 米,畦内按东西向开沟,沟深 20～25 厘米。栽时以埋土至原土痕处为好,苗木向北倾斜,与地面呈 70°左右的夹角,使其顶端优势受抑制,以利于侧芽萌发,增加收获量。栽植完毕,浇 1 次透水。为了减少深冬时的浇水量,此次水量要大,以浇透为度。

由于目前生产上应用的品种不一,所生产香椿苗木的封顶早晚和休眠期的长短,也很不一致,再加之苗木停止生长的早晚和苗木的质量差异很大,因而入棚后萌芽早晚也参差不齐。据观察,绿芽香椿萌芽较早,褐芽香椿萌芽较晚;封顶早的香椿萌芽较晚,封顶晚的香椿反而萌芽较早。

未经在温室外通过休眠期而直接进入温室者,需用药剂处理,打破休眠。一般采用喷赤霉素的方法,可促进萌芽,提高整齐度和前期产量,效果较明显。所用赤霉素浓度为 500～600 毫克/升。温室囤栽完成后喷雾,可使萌芽率达到 90% 以上。另外,还可喷施浓度为 1 000 毫克/升的三十烷醇,效果也很好。

(4)管理

①温度管理:为促进椿芽萌动,温室内白天温度应控制在 24℃～30℃,夜间应保持在 12℃～14℃,这样既有利于椿芽生长,又能降低夜间呼吸强度,减少消耗,促进养分积累,提高产量。晴天中午温度超过 25℃时应放风。温度过高,椿芽长得快,但不易上色。温度降至 20℃时应关闭风口。夜间温度最低不能低于 10℃。如果温度过低,不仅抑制椿芽正常生长,而且会造成叶片大量脱落,降低产量。

②湿度管理:出芽前,保持棚内有较高的湿度很重要。

在高温条件下,如果湿度小,植株蒸腾量大,很易失水,芽被抽干,萌芽率就会降低。适宜的湿度一般为80%～90%。除囤栽时要浇足底水外,出芽前每天中午还要向苗木上和空气中用喷雾器喷水,以促进椿芽萌发。

③施　　肥:囤栽香椿,主要依靠体内贮存的养分生长。但如囤栽时间长达5个多月,为补充椿芽生长所需养分,应适量施肥。一是在进入温室时,要施少量腐熟的有机肥作基肥。二是适当追肥。第一次追肥在椿芽萌动开始时,每亩追施尿素5～6千克;第二次在顶芽采摘之后,每亩追施复合肥8～10千克。追肥要结合浇水进行。还可用0.2%的磷酸二氢钾和尿素混合溶液进行叶面喷肥,每10～15天喷施一次。

④ 光照管理:保持2万～3万勒克斯的弱光照,晴天中午可用草苫遮荫。

(5)采　　收　香椿芽长到15～20厘米时,开始采收。顶芽萌发早,先采收顶芽。顶芽采收后,侧芽由上而下地陆续萌发,且生长迅速,可陆续采收,直至采收到植株基部为止。采顶芽时,用手小心地将整个顶芽掰下,以防把附近的侧芽抹掉。已采摘的椿芽,如不急于上市,可用小塑料袋装好,封好口,放于阴凉处,能存放10天以上。切不可集中堆放。

(6)苗木更新　香椿苗木在温室中经冬春生产,一般于4月中下旬采收结束,须挖出后栽于露地,进行恢复培养。挖出的苗木先平茬(也可移栽后平茬),1年生苗木从地面处起留10厘米,将以上部分剪除,2～3年生苗木留15～25厘米。然后,按40厘米×40厘米的距离规格栽植于露地,栽后立即浇水。发芽后保留1个强枝作主干培养,除去其他侧枝。要及时追肥浇水。冬季再次挖出,移入温室。

43. 日光温室草莓栽培有哪些关键技术？

河北省保定市满城县拥有全国最大的草莓生产基地,许多农民通过种植草莓走上了富裕道路。以下介绍的技术规程,是对该县日光温室草莓生产的经验总结。

(1)品种选择 所选品种应具备适应范围广、早熟性、丰产性、抗病性较强、果实品质优良和耐贮运等特点,并且生长发育对温度条件要求不高,休眠期短或无休眠期,在较低的温度条件下易完成花芽分化,花器抗寒性强,易形成正常肥大的果实,而且能连续结果。目前,采用的主要品种有丰香、保交早生、春香、秋香和静香等,从实际栽培生产来看,丰香的早熟性最好,保交早生的丰产性最佳,二者品质均属优良。这两个品种为当地的主栽品种。

(2)整地、施肥、做畦 草莓根系浅,主要分布在近地表层15～20厘米的土层中。草莓在其旺盛生长时,根系需要从土壤当中吸收大量的营养,表现出较强的喜肥性。一般要求土壤有机质含量在 1.5%～2.0%,如低于 1.5%,草莓的产量、品质将明显下降。因此,在日光温室中栽培草莓,应选用保水保肥,酸碱度呈中性(pH 值为 7 左右)的砂壤土。

定植前 20 天,要把地普遍翻耕一次,深度为 40 厘米左右。随即普遍撒施底肥。底肥应以充分腐熟过筛的堆肥、畜禽肥、饼肥或绿肥等有机肥为主。底肥用量,一般为每 666.7 平方米(1 亩)施堆肥 5～6 立方米,饼肥 100～200 千克,磷酸二氢铵 20 千克,氯化钾 8 千克。施入磷、钾肥很重要。磷、钾肥充足,不仅产量高,而且草莓的果实色泽鲜艳,口味浓甜,气味芬芳。普施底肥后,地块应反复浅翻,深度 20 厘米左右,以使肥土混合均匀,防止烧苗。

随后做畦。栽培畦多采用高畦,南北向,宽70厘米,高20厘米,两畦之间的垄沟宽20厘米,畦面要平整。

（3）**育苗与定植**　在无病菌苗圃中培育秧苗,时间一般为当年春季3月下旬。在露地定植母株,母株行距70厘米,株距45厘米。苗圃母株可采取去花蕾、压匍匐茎等系列措施,保证母株繁殖秧苗的数量及质量。8月10～15日,即可采收秧苗。采收时应减少伤根,一般每棵母株可产秧苗15～25株,亩产秧苗3万～5万株。

春露地草莓生产的地块,在草莓采收后,如及时疏苗间苗,浇水追肥,促进匍匐茎蔓的抽生,也同样可以繁育秧苗。

日光温室草莓定植的时间,直接与产量及品质密切相关。保定市最佳的定植时间,是8月15～25日。此期间定植的草莓,冬前秧苗长势中等,平均单株产量在220克左右,一级果率达70%。早于这个时间,例如在8月初定植,冬前秧苗过大,平均单株产量虽可高达240克左右,但一级果率仅48%,果实品质欠佳。定植过晚,例如在8月底以后定植的,冬前秧苗过小,平均单株产量仅180克左右。

定植应在阴天或晴天下午进行,以利于缓苗。定植时,首先选用4～5片叶的壮苗作为定植用秧苗,去除老弱残苗。每个畦面栽两行,畦内行距35厘米,畦间行距65厘米,株距15厘米,亩栽秧苗9 000～10 000株,定植深度以"上不埋心、下不露根"为原则,使秧苗的根茎与地面齐平,根茎顶端露出地面,根系全部埋入土中,并充分舒展。定植过深,茎、叶及生长点被埋住,易烂死;定植过浅,根系外露,易枯死。另外,定植时还应使草莓秧苗的弓背朝向垄沟,这样花序伸出后即可落在垄坡上,有利于通风透光和采收。而后,将所埋的土适当拍压,并且浇水。浇水的次数及数量,应视天气及土壤的干湿情况而定,总之,要保持土壤湿润,促进缓苗。经 7 天时间,缓苗结束,可适当控制浇水,结合除草中耕 2～3 次。

(4)扣 棚 在草莓植株的顶端花芽分化以后,而又未进入休眠期之前,应扣上温室薄膜。扣膜过早,营养生长过旺,不利于花芽分化;扣膜过迟,则植株进入休眠期,不易被打破,即使打破了将来植株也很弱小。在保定市,一般在 10 月 20 日前后霜冻来临之前,夜间最低气温降至 5℃～6℃时扣膜。如有条件,最好在畦面覆盖地膜。时间可在扣膜前后进行。覆膜时,按草莓植株的株行距破膜,随后覆盖。这样做对增加地温,保持土壤墒情,降低空气相对湿度,提高果实清洁度,十分有益。

(5)赤霉素处理 赤霉素处理可以打破植株休眠,恢复和促进植株的生长发育,进而达到早熟丰产的目的。赤霉素处理主要针对那些具有短时间的休眠期品种,如保交早生,而那些几乎无休眠期的草莓品种,如秋香,可不用赤霉素处理。处理的方法是:在扣膜后 7 天左右,选晴天露水干后的时间,用浓度 5～8 毫克 / 升的赤霉素溶液喷雾,平均每株喷施的溶液量为 4～5 毫升,重点喷心叶。7～10 天后,可再喷一次。

(6)环境调控 扣棚初期,为促进植株生长发育,温度可适当高些,白天为 25℃～30℃,夜间为 12℃～15℃。进入开花期至果实膨大期,温度应适当降低,白天为 20℃～25℃,夜间为 8℃～12℃。总之,草莓植株的生长发育对温度的要求不是很高,一般白天室内气温不低于 15℃,夜间不低于 6℃,就不会造成严重影响。在保证温度的前提下,应早揭晚盖草苫,尽量延长日照时间。不遇到灾害性天气,不必生火加温。

要结合放风,将室内的空气相对湿度控制在 70% 以下,以 20%～50% 为宜。较高的空气湿度不利于草莓的传粉和受精,直接影响坐果,同时也会加剧病害的发生。放风可根据天气情况及室内温度来确定,正常情况下在中午放风 2～3 小时。

(7)田间管理 草莓属喜肥作物,除在定植以前要施足底肥外,还需在扣棚以后植株的快速生长及花芽分化期、开花期及果实膨大期,结合浇水,进行追肥。此期间还可对叶面喷施 0.1%～0.2%的磷酸二氢钾溶液或其他叶面肥 2～3 次,以提高草莓的产量及品质。另外,在草莓的现蕾及初花期,还要及早疏花、疏果。依据植株长势,可每株保留 2～3 个侧花枝,留果 7～12 个。对 50 天以上的老叶及病叶,要及时摘除。侧芽过多的,除保留 1～2 个粗壮侧芽外,其他侧芽应及时清除,以减少不必要的养分消耗,提高平均单果重。

(8)适时采收 采收期一般从当年的 11 月下旬开始,到翌年 3 月上中旬结束。其中,以 1 月上旬至 2 月中下旬为采收盛期。采收标准是,果实发育完全,果面全部或绝大部分转成红色。一级果的单果重在 20～30 克,二级果在 15～20 克,三级果在 10～15 克。

(9)主要病虫害防治 草莓的病害主要有灰霉病、芽枯病和白粉病三种。防治方法是:加强栽培管理,及时通风,排除湿气,清除病老叶,同时配合药剂防治。对于灰霉病,可采用 50%速克灵可湿性粉剂 2 000 倍液,或 50%扑海因可湿性粉剂 500 倍液,隔 7～10 天喷一次,连续防治 2～3 次。芽枯病,可采用 50%多菌灵可湿性粉剂 800 倍液,或 70%甲基托布津可湿性粉剂 1 000 倍液喷雾,隔 7～10 天喷一次,连续防治 2～3 次。白粉病,可采用 50%硫悬浮剂 200～300 倍液,或 50%粉锈宁可湿性粉剂 2 000～3 000 倍液,隔 7～10 天喷一次,连续防治 2～3 次。

草莓的害虫主要有蚜虫、螨类和蛴螬等。对于蚜虫,可采用2.5%溴氰菊酯乳油2 000～3 000倍液,或50%抗蚜威可湿性粉剂2 000～3 000倍液防治。螨类,可采用20%三氯杀螨醇乳油1 000倍液或25%灭螨猛可湿性粉剂1 500倍液防治。蛴螬,可采用50%辛硫磷乳油1 000倍液灌根防治。

草莓用药应严格掌握喷洒浓度及喷药时期。浓度不可随意加大,喷药时应避开高温的中午,以防止药害,减少污染。这在草莓幼苗期和果实采收期尤为重要。

44. 如何进行软化菊苣栽培?

菊苣,为菊科菊苣属二年生或多年生草本植物,起源于地中海。菊苣有两种类型,一种是结球型,其中又分为绿色结球型与红色结球型两种;一种是供软化用的散叶型,即软化型菊苣,其中又分奶白色和红色两种。结球型菊苣栽培季节广,栽培方式多样,可以实现周年供应,容易栽培。而软化型菊苣需要经过两次栽培,才能形成产品(北京地区秋季栽培,冬季软化,供应期为冬春季)。软化型菊苣的产品,以其奶白的颜色、微苦带甜的口味和至脆至嫩的口感,而备受人们的青睐,因而种植也越来越广。

(1)软化型菊苣的特征 软化型菊苣为耐寒性蔬菜,喜冷凉,根株在北京地区可以露地越冬。秋季渐凉的气候有利于形成良好的根株。它喜充足的阳光和肥沃的砂壤土。

软化型菊苣的栽培分两个阶段,即田间根株培养阶段和软化栽培阶段。第一阶段要形成一个良好的根株。第二阶段是利用根株形成产品——芽球,又称菊苣头。

(2)田间栽培技术(培育根株)

① 品种选择:常用的国外杂交一代品种有图腾、佐姆等,常规品种有花叶大根和板叶大根。育苗移栽者每666.7平

方米(1亩)用种20～30克,直播者每亩用种200克。栽培者可根据栽培目的和栽培条件,选择适宜的品种。

②整地、施肥、做畦:选择耕层深厚的壤土或砂壤土地块,每亩施入腐熟的有机肥2 000～3 000千克,长效复合肥50千克。然后平整土地,做成80厘米宽、15厘米高的小高畦。

③播种与育苗:菊苣既可以育苗移栽,又可以直播。育苗移栽易产生杈根,但直播用种量大。在北京地区,于7月10～20日直播菊苣于露地;育苗移栽者可提前2～3天播种。应特别注意水分的管理,每天早晨浇一水。

④定植及留苗密度:育苗者可在8月中旬定植,在高畦定植两行,行距为30厘米,株距为10厘米。直播宜间苗2次,选优去劣,每亩保留1万株。

⑤定植及定苗后管理:前期(8月份)天气炎热,应加强水分管理,可施用2次氮肥。注意大雨过后应及时中耕除草。中期(9月份)阳光充足,是菊苣的最旺盛生长期,浇水以见干见湿为准。施复合肥1次,每亩20～30千克,浇足水,而后中耕。后期(10月份),天气渐凉,可控制浇水,除10月上旬可浇水1～2次外,中下旬不再浇水,但可叶面喷施磷酸二氢钾溶液两次,促使养分向根部运转,根内水分减少,以利于下阶段的贮藏和软化栽培。

⑥根株收获:北京地区在10月底至11月初收获根株。收获时,用铁锹尽量将根全部挖出。看天气情况稍加晾晒,然后在田间垛起来,使根在内,叶在外。整理根株时应注意,从根顶部向上留4～6厘米后将叶用刀切断,既不要留得太短而伤及生长点,也不要留得太长而使贮藏时容易腐烂。掰掉外部的黄叶和烂叶,放到0℃～1℃的冷库中或窖中贮存。

(3)软化栽培技术

① 土培法：在大棚中软化，需铺地热线。先挖宽 1.5 米、深 30 厘米的槽子，铺上地热线，地热线的上面覆土 3 厘米厚，并掰掉菊苣的烂叶，按长度 14～18 厘米将根切断，把根株放在槽子中码好，上面撒细土 6～8 厘米厚，然后浇水，使细土尽量随水流入根之间的缝隙中。水下渗后，上面再覆土 15 厘米厚。覆土上面留 20 厘米以上的空间，然后覆盖黑膜或用其他遮光物遮光。温度控制在 15℃～20℃，大约 20～30 天后收获芽球。单个芽球重量一般为 50～150 克，每平方米可收获芽球 50 千克左右。

这种方法设施简单，操作容易，长出的芽球比较紧实。但生长期较长，环境不易控制。土培法最大的缺点，在于生产的菊苣芽球不洁净，外观较差，净菜率低。

②水培法：水培法在温室、房间和厂房内均可进行，还可以立体栽培。栽培池或容器一般 40 厘米深。进行水培前，注意一定要把根株清洗干净，码根时要按大小顺序码好，但不要太紧。加水深度一般在根的 1/2 以下，1/3 以上，最好使用干净的活动水，温度一般控制在 15℃～18℃，不超过 20℃。大约经过 20 天，即可收获。

这种方法需要一定设施，操作也比较复杂。但环境条件容易整体控制，产品洁净而美观，更适合于大规模机械化生产。因此，水培法软化栽培，越来越多地被人们所采用。

45. 何谓山药窖式栽培？ 如何进行山药窖式栽培？

窖式栽培，是山药栽培的一种新方法，适宜土地少的地区采用或进行庭院栽培。采用此法，山药产量高，质量好，能省工，一次投资可多次收益。一般每 666.7 平方米（1 亩）产量为

4 000～5 000 千克,最高的达 6 000 千克。江苏省沛县孟庄乡自 1990 年开始大面积推广,取得了很好的经济效益。该乡农技站的黄文华对该项技术进行了总结,现简要介绍如下:

（1）建　窖　选择地势平坦、高燥、地下水位低和排水方便的田块,或庭院中通风向阳的位置建窖。先在地面上挖宽 100～120 厘米,深 130～150 厘米的坑,长度自定,一般为 20 米左右。坑为南北走向,各坑间隔 150 厘米。挖好坑以后,在表面每隔 60～80 厘米放一根长 150～170 厘米的水泥横梁,横梁上放混凝土预制的栅栏,放置方向与水泥横梁垂直。栅栏与地面相平。栅栏宽 50 厘米,长 120～160 厘米,栅栏条之间的空隙为 3 厘米。栅栏上放 1 层麦秸或其他作物秸秆,防止碎土落入窖内。然后,将腐熟的有机肥与无病菌的肥沃田园土,按 1∶4 的比例混合,每立方米混入硫酸钾 150～210 克,磷酸二铵 150 克,尿素 60～100 克,配制成营养土。然后将混合均匀的营养土铺盖在窖面上,厚 25～30 厘米。在窖顶的一端留一个 50 厘米×50 厘米的方形出入口,供入窖采收山药用。播种之前,出入口用水泥板盖好,用土封严,保持窖内黑暗状态。窖建好后在四周挖排水沟。一次种植,可收获 2～3 年（图 11）。

为降低成本,可将水泥横梁排列密些,上面改放玉米和高粱等作物的秸秆,顺着秸秆方向放一些细木棒,防止夏季秸秆腐烂后塌窖,这种窖一般只能使用 1 年。

（2）播　种　选择长柱型山药品种,块茎长度一般在 1 米以上。先选种,要求种薯色泽鲜艳,顶芽饱满,块茎粗壮,瘤稀,根少,无病虫害,不腐烂,未受冻,重 150 克左右。用山药段播种,要求其直径在 3 厘米以上,长度为 15～20 厘米。为促进种薯发芽和防止播种后腐烂,播前 15～20 天应晒薯。将种薯放

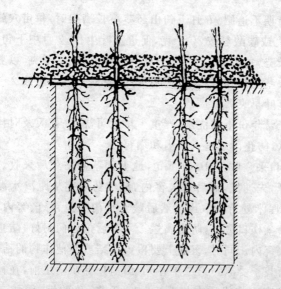

图 11　山药窖式栽培示意图

在太阳下晾晒,每天翻动 1~2 次,使其受热均匀。经晾晒后,种薯表皮呈灰绿色,有很多突起,切面的伤口向内萎缩,并从切面中间裂开。带顶芽的山药栽子,一般要晒 7~10 天,山药段要晾晒 15~20 天。

在 3 月底至 4 月初,地温稳定在 12℃以上时,在窖面上沿窖长方向播种。大行距为 50 厘米,小行距为 30 厘米。每个窖一般播种 4 行山药,大行放在中间,小行放在窖面两侧。播种时先开 8 厘米深的沟,将种薯按株距 20~25 厘米,顺着沟的方向平放在沟内,覆土后整平踩实。20 米长的窖,播种山药300 株左右。

(3)田间管理　出苗前,在小行上搭双行"人"字架。窖式栽培的山药密度较大,为增加光照,搭架较高,一般为 130~150 厘米。

苗期不追肥。6月下旬山药茎蔓长满架时,每亩穴施尿素10千克或碳酸氢铵30千克,促进茎叶生长。7月中下旬,根据山药长势,每亩施尿素10千克或碳酸氢铵30千克,以养根保叶。块茎生长期,结合防病治虫,喷磷酸二氢钾溶液2～3次,防止茎叶早衰。

正常年份不需浇水,严重干旱时可浇水。雨天及时排除田间积水,防止雨水进入窖内和塌窖。

(4)采 收 10月下旬,地上部茎叶枯死后采收。把窖门打开,先通风,而后进入窖内,把山药块茎从距离水泥栅栏3～5厘米处折断取出。然后敞开窖门放风,降低窖内温度,促进块茎伤口愈合,防止腐烂。入冬后把窖门封好,防止冷空气进入窖内。同时,窖面上要覆盖麦秸或其他作物的秸秆,防止山药栽子受冻。第二年春天,山药顶芽萌动之前,在行间每平方米窖面施优质有机肥5～10千克,硫酸钾、磷酸二铵各50克。以后的管理与上年相同。2年后,重新更换营养土和种薯,继续栽培。

(5)病虫害防治 山药的病害主要有炭疽病、叶斑病、茎腐病和根结线虫病。防治炭疽病和叶斑病时,可以使用70%的代森锰锌可湿性粉剂500～600倍液,或50%多菌灵胶悬剂800倍液喷雾。用75%的百菌清600倍液灌根防治茎腐病。防治山药根结线虫时,可以使用30%的克线丹,用量为每亩1千克,在播种前混入土中消毒。

山药的虫害主要有菜叶蜂和沟金针虫等。防治菜叶蜂时可以使用90%的敌百虫1 000～1 500倍液喷雾。防治沟金针虫时可使用辛硫磷800～1 000倍液灌根。

46. 何谓山药塑料套管栽培？ 如何进行山药塑料套管栽培？

采用普通种植方式，山药很容易出现多毛、表皮粗糙、弯曲和分杈等现象，严重影响商品质量。山东省临沂市菜农采用塑料套管种植方法，不但解决了上述问题，而且收获非常方便，山药伤损数量也大幅度下降。其主要栽培技术如下：

（1）品种选择 选用丰产抗病、形状和表皮特征优良的品种。常用的品种有细毛长山药、嘉祥长山药和沛县水山药等。

（2）栽培田准备 选择土层深厚、肥沃和地下水位在 1 米以下的砂壤土地块栽培山药。

先加工塑料套管。选用内径 6～7 厘米的硬塑料管，用手锯锯成长 1 米的小段，并纵剖一刀，将管分为两半，然后在塑料管的一端距端口 20 厘米处向端口斜切，将端口切成半圆形。再于塑料管的另一端至中间部位，用手钻或电钻打孔，孔径为 1 厘米，间距 3 厘米，每排 6 个孔，共 4 排。这样加工成的套管可以使用 6～8 年。

再挖沟埋套管。一般在 4 月份土壤解冻后挖山药沟，沟宽30～40 厘米，深 50～60 厘米，间距 60 厘米。挖时要分层取土，以便回填。整平沟底，将塑料套管按 30 厘米间距均匀摆放，使切口一端向上，再回填土层 15 厘米厚，边踏实，边把塑料套管按 60°角的斜度排成一排，上端平齐，高出地面 10 厘米。然后再回填土层 10～15 厘米，踏实后填入一半熟土（不要踏踩），之后每 666.7 平方米（1 亩）施入充分腐熟的优质有机肥 4 000 千克。在畦的两端、塑料套管的行线上做标记，以便播种时查找塑料套管。把施入的有机肥和土混匀后，再用熟土把山药沟填平。

每两行山药做一平畦,畦宽 1.4～1.5 米。做畦前,每亩施入充分腐熟的优质有机肥 2 000 千克,深翻后整平畦面。

(3)种薯制备 山药种薯制备方法有两种。其一,使用山药段子(山药块茎上端有芽的节)。山药段子是在收获山药时从块茎上截取的,长 20 厘米,重 50 克左右。播前晒晾 4～5 天,以便使伤口愈合,然后层积存放。存放时要注意防冻。具体做法可参照山药窖式栽培技术部分中的有关内容。

其二,使用秋季收获的山药豆(气生茎),按株距 3 厘米播种,第二年秋天可收获长 20～30 厘米的山药块茎,用整个块茎作种薯。

一般二者结合使用。首先使用山药豆制备一次种薯,然后连续 3 年左右使用山药段子作为种薯,这样可有效地防止山药的种薯退化。

(4)播 种 播种前的 15～20 天催芽。取出层积存放的山药段子,放在 25℃～28℃的环境中培沙 3～5 厘米催芽。催芽时可以使用阳畦或小拱棚,小拱棚或阳畦要始终密闭保温。当山药幼芽从沙中露出时即可播种。

播期宜早,越早产量越高。但山药不耐霜冻,因此播种时期以终霜后为宜。北京及周边地区一般在 4 月中下旬播种。

播种时先用锄头沿标记行开沟,沟深 8～10 厘米,找到塑料套管,再将种薯水平摆放在塑料套管切口的上方,然后浇水,水渗完后先把湿土覆盖在种薯上,再覆盖一层干土,等水浸润透干土后,再用干土把种植沟覆平。

(5)种植后的管理 要及时中耕 1～2 次。中耕不仅可以保墒,同时可以提高地温,促进山药出土。出土后为防止滋生杂草,仍要进行两三次浅中耕。中耕时,距离山药近的地方要浅,离山药远的地方要深。随着山药的长大,中耕时宜远离山药。

当山药茎蔓长到 1 米左右时浇第一次水。此次浇水不宜过早,否则会延缓根系生长。水量宜小,不宜大水漫灌。7~10天后浇第二次水,水量可大些。以后的浇水要保持土壤见干见湿。当主蔓长到架顶,植株底部开始产生侧枝时,要保持土壤湿润。

一般在第二次或第三次浇水时进行第一次追肥,亩施尿素 10 千克。在山药豆开始膨大时进行第二次追肥,亩施复合肥 30 千克。在山药豆长成,有的山药豆开始脱落时进行第三次追肥,亩施复合肥 20 千克。

要及时搭架,合理整枝。当山药茎蔓长至 30 厘米长时,要搭"人"字架,架高 1.5~2 米,并且要牢固,以防被风吹倒。要及时引蔓上架。一般不摘除侧枝,但要及时摘除不作留种用的气生茎,因为气生茎数量过高会影响山药块茎的膨大。

(6)收 获 山药块茎至 9 月份基本长成后,即可进行采收。此时收获,虽然市场价格高,但产量低。若希望获得高产,可于 10 月下旬采收。收获时,先清除支架和茎蔓,自山药沟的一侧挖土,直到塑料套管全部露出,把山药和塑料管一起取下,打开塑料管取出山药即可。

47. 露地菜花怎样才能一次种植,两次收获?

因品种特性不同,绿菜花一般为多次收获,每个植株可采收 3~4 个花球,甚至更多。而普通的白色花球菜花,只能一次性采收,每株只采收 1 个花球。内蒙古自治区赤峰市元宝山区建昌营村菜农大胆创新,利用春茬菜花采收后的母根,浇水施肥,促进叶片生长,形成新的花球。几年的栽培均获得了成功,经济效益明显提高。第一茬菜花平均单球重 0.9 千克。每

666.7平方米(1亩)栽植 2 700 株,亩产量为 2 430 千克。第二茬菜花花球比第一茬的个大色鲜,平均花球重 1.4 千克,最重的达 2.9 千克,亩产量达 3 780 千克。他们在栽培实践中,逐渐形成了完备的栽培技术体系。

(1)品种选择 宜选用中熟、抗病和适应性强的优良品种——日本雪山。也可选择瑞士雪球。

(2)育 苗 3 月中旬(其他地区可根据当地气候调整播期),在温室做苗床,用 6 份田园土与 4 份有机肥混合作床土,床土厚 10 厘米。浇透水后,按 5 厘米×5 厘米的密度划出方格,每格点播 1 粒种子,每亩用种 25~35 克。播后覆盖潮湿的过筛细土 1 厘米厚。

出苗前,温室不放风。出苗后至子叶展开时,根据天气冷暖适当放风。此时幼苗的胚轴对温度十分敏感,温度高易徒长。4 月初,开始适当加大通风,进行炼苗,以适应定植后的低温环境。苗期床土干旱时可喷水。

(3)定 植 上一年秋季作物收获后,深翻土地,土壤经过冻融交替,可减少病虫害,改善自身的结构。定植前精细整地,亩施优质有机肥 5 000 千克,磷酸二铵 15~20 千克,翻匀后做 1 米宽的小高畦,覆盖地膜。4 月 15 日前后定植。从苗床起苗时,要用铁铲切土坨,不可拔苗,以减少伤根,利于缓苗。按照株行距均为 0.5 米的规格,用打孔器在地膜上打孔,每亩定植 2 700~3 000 株。每穴植 1 株苗,按穴浇水,埋土。所埋的土要将定植孔封住,防止冷风将地膜吹起或滋生杂草。栽植后,应立即扣塑料小拱棚防霜冻。

(4)田间管理 浇足定植水后,一般不旱不浇水,以保温促生长为主。5 月上中旬,撤掉小拱棚。见花球后,每亩随水追施尿素 20~25 千克,以促进花球迅速膨大。6 月末至 7 月初采收第一批菜花。

（5）采收及采收后第二茬菜花的管理　第一茬菜花,要选择晴天及时采收。阴天不采收,防止采收后下雨造成茎叶腐烂。采收的母根茎留 3～4 片叶。如果收后 5 天内有雨,要用叶片将采收后在茎上留下的伤口盖住,避免遇雨后腐烂。

采收后 15 天左右,侧枝从母根茎基部长出若干个嫩芽。这时要及时选苗,拔掉弱芽或残芽,避免拥挤。同时,对新生的侧枝要进行选择。第一次先留 3 个发育较好的侧枝。5 天后再一次进行选择,打掉 1 个侧枝,留 2 个健壮侧枝继续生长。再过 5 天后,进行第三次选择,只留下 1 个健壮侧枝。

此期间一般不浇水,同时去掉母枝老叶。待所留侧枝开始结球时,每亩随水追施尿素 20～25 千克,促进花球迅速生长。10 月末,采收第二茬菜花。

万一这茬菜花遇到寒流或寒冷天气,可将根茎一起挖出,进行假植。将挖出的植株以适当密度摆放在 1 米深的假植沟中或棚室内,覆盖草苦遮光,使其利用茎叶贮存的养分供应花球生长,以供冬季上市。有条件的,可将植株移栽到温室,使之栽后继续生长,延长市场供应期,效益更高。

48. 如何进行菜花假植?

河北省秦皇岛市昌黎县刘李庄村,有 15 年的菜花(花椰菜)假植栽培历史,假植菜花可供应元旦、春节市场,远销东北三省,2 000 年 1～2 月份的批发价格,为每千克 1.6 元,菜农收益丰厚。该村的菜花假植技术以及由此形成的蔬菜栽培模式,获河北省科技进步三等奖。其关键技术如下:

（1）播　种　经多年实践,比较适宜假植的菜花品种为日本雪山和京雪 88。7 月 6～10 日播种育苗。做 1.0～1.5 米宽苗床,浇足底水,水渗下后,在苗床上划 5 厘米见方的方格,每格点播 1 粒种子,播后覆盖 0.5 厘米厚的潮湿过筛细土。苗床四周挖排水沟,苗床上插竹片作拱架,下雨时覆盖薄膜防雨,并及时排水。苗床积水,极易死苗。

(2)定　植　假植菜花苗龄为 30 天,于 8 月 10 前定植。为充分利用土地,常采取与玉米间套作的方式。玉米的行距为 0.9～1.2 米。行间定植 1～2 行菜花,株距 40 厘米,每 666.7 平方米(1 亩)1 500 株左右。不间套作者每亩 2 500 株以上。

(3)假植前处理　定植后的管理,与普通秋菜花的管理相同。假植前 1～2 天,约在 11 月 5～9 日,用浓度为 20 毫克/升的 2,4-D 溶液喷雾,可抑制呼吸作用,对假植有益(不喷也可)。喷药后 1～2 天,用铁锹将菜花植株带根挖出。此时花球重约 1.0～1.5 千克。先将大株挖出,过 1～2 天以后再挖小株。花球过小时可再晚几日。而后按花球大小将菜花分级,并进行以下不同处理:

① 大花球:将带大花球(花球重大于 1.5 千克)的植株,移至阴凉处(不见直射光),预冷 24 小时,散发热量,以防止田间热和呼吸热使假植期间温度过高。预冷后,叶片散失了部分水分,表现为轻度萎蔫。对于具有大花球的菜花,假植是以保鲜为目的,而不是为了增加花球的重量。因此,预冷后要将老叶片的先端去掉 1/3～1/2,并且在假植前叶片不可带露水。

② 中花球和小花球:中花球(重 0.5～1.5 千克)和小花球(重量在 0.5 千克以下)菜花,只预冷,不打叶。中花球菜花可假植 60～90 天,花球可长至 2.2～2.5 千克。小花球菜花假植时间最长,可延迟到春节时,甚至春节后采收,花球增重至 1.5～2.2 千克。

(4)假植设施　可用于菜花假植的设施种类较多,日光温室、废旧房舍、假植沟和大棚均可,其中以塑料大棚最经济。建造高 1.0～1.7 米的塑料大棚,对形状无特殊要求。假植后,在大棚上覆盖塑料薄膜,薄膜上覆盖草苫,温度高时放风降温,覆盖草苫要严密,不可使菜花见光。

(5)假 植 将分级后的菜花分别假植在不同的位置。在大棚出入口一端假植大花球菜花,里面为中花球菜花,最里面为小花球菜花。将带土坨的菜花植株一株挨一株地摆放在一起。土坨过小或散开者,可培一些土。每隔几行立两个半米高的小立柱,其上横向绑一道竹竿,以防止菜花倒伏。摆放 10～15 行后,留出 40 厘米宽的过道。假植后,在棚的四周做土埂,浇小水,而后覆盖薄膜和草苫。

(6)假植后的管理 假植初期,在棚的北侧开通风口降温。以后,白天要关闭所有通风口,而夜间却要打开通风口降温。在严冬季节,夜间一般不再通风。

菜花假植的适宜温度为 0℃～10℃,不可低于 −2℃。假植 14 天后,叶片直立起来,说明根系伤口已经愈合。此后,菜花叶片在早晨有受冻症状,这是正常现象,但如果早晨叶片表面有水珠,则说明温度过高,要加强通风,否则会散球。水滴落在花球表面,会使其变黑,降低品质。对于管理假植菜花来讲,降温和保温同样重要。

(7)采 收 菜花假植的时间一般为 30～100 天,一般在春节前采收完。春节后,管理较为困难,花球容易腐烂。

(8)栽培模式简介 假植菜花与玉米套作,栽培于玉米行间;1 月中下旬,假植菜花出售完毕后,利用假植棚育甘蓝苗。3 月中旬,露地做高畦覆盖地膜,定植甘蓝,定植后覆盖小拱棚。4 月下旬,在甘蓝行间播种玉米。7 月上旬,育假植菜花苗,8 月上旬将其定植于玉米行间。这样,一块地栽培蔬菜、粮食共三种作物,是一种高效益的"双千田"(千斤粮、千元钱)栽培模式。

49. 蔬菜植株调整有什么新方法？

进行蔬菜植株调整,主要有以下几种新方法:

(1)篱架番茄 选直径为 10 厘米、长 2 米的木桩,为番茄架篱。架时每行番茄植 1 排木桩,同一行番茄中,木桩间距 3 米,木桩栽入地下 30 厘米。在木桩距离地面 30 厘米处,绑一道,以后每隔 45 厘米绑一道铁丝。番茄采用单干整枝,及时摘除侧枝。随着植株的生长,用细绳将番茄主干绑在铁丝上。

(2)番茄连续摘心换头整枝法 用于日光温室全年一茬栽培,7 月中下旬播种,9 月上中旬定植,11 月份采收,第二年 7 月份拉秧。选用生长势强、抗逆性强的无限生长型品种,如毛粉 802 和鲁番茄 3 号等。

这种植株调整方式,能有效地控制营养生长,促进生殖生长。当主干长至 3～4 穗果时摘心,在顶部果穗下留一侧枝继续生长。再结果 3～4 穗后,同样摘心留侧枝继续生长,其他部位侧枝全部去掉。可连续换头 3～4 次,全年结果 14～16 穗。在生长过程中,每采收 1 茬果后,及时落蔓和去老叶,始终保持生长点高度一致。在整枝打杈的同时,要进行疏花疏果,每穗只留 3～4 个果。

(3)黄瓜侧枝诱引悬蔓整枝法 为解决冬春季黄瓜只高产而不优质的问题,日本农民摸索出一套侧枝诱引悬蔓整枝法。此法能最大限度地利用保护地的光照条件,减少生理性畸形瓜发生,使果形长期保持稳定,优品率保持在 83%～87% 以上,生长期大大延长,值得我们借鉴。

其方法是,当主枝(蔓)长至 15 节时摘心,并提前摘除第五节以下的子蔓和雌花,留下主蔓第五至第九节处发生的 4 条子蔓,然后从第九节以上至摘心处的每节子蔓,均留一节后摘心。再把留下的子蔓和最上位发生的孙蔓留 1～2 条诱引伸长,并随着先端伸长进行放蔓管理,使之悬垂向下生长,并用纸夹子夹住在第一节处摘心的子蔓。在果实收获后从主蔓处将其剪掉,目的是减少营养消耗,改善光照。

这种整枝法的前期产量,以主蔓以及在第一节处摘心的子蔓的产量为主;后期产量由基部第五至第九节所留子蔓及最上端所留 1～2 条孙蔓的产量所构成。因此,应选用生长势强,主侧蔓结瓜性好的品种。种植密度为每 666.7 平方米(1亩)1 000 余株,垄宽 1.5～2.0 米,株距 40 厘米。

(4)"卧架"樱桃番茄 樱桃番茄多为无限生长型,采用普通的搭架方式,会很快长至温室顶部。采用尼龙绳吊架和在植株下部盘蔓的方法,在盘蔓时如操作不当,也容易折断茎蔓。而搭"卧架"则无需盘蔓,也不受茎蔓长度的限制,而且由于植株平放,可抑制长势,促进坐果。具体方法是:在采用尼龙绳吊架的同时,用钢筋或竹竿在栽培行上搭 50 厘米左右高的"门"字形支架,植株生长到一定高度后,将其从尼龙绳上解下,沿栽培行的方向放平,底部茎蔓搭在"门"字形支架上,果实下垂而不接触地面,植株顶端还吊在相邻的尼龙绳上。随着植株的生长,大部分茎蔓横搭在支架上,植株前端总保持一定的长度吊在尼龙绳上(图 12)。

(5)黄瓜弯曲绑蔓 黄瓜弯曲绑蔓有两种。一种为斜形绑蔓(图 13),即将植株沿栽培行的方向倾斜绑蔓,绑蔓后植株与地面成 60°左右的夹角,一棵植株同时与多条尼龙绳相连。另一种为"S"形绑蔓(图 14),植株呈"S"形缠绕在栽培尼龙绳或架材上,随着植株的生长,将底部老叶打掉,而后落蔓,茎

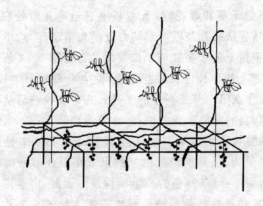

图 12　樱桃番茄"卧架"栽培示意图

蔓底部盘曲在地面上,称为"盘蔓"。与沿架材或尼龙绳直立绑蔓的普通绑蔓方法相比,这两种方法可降低植株高度,并且有利于新梢再生,延长生长期,提高产量。

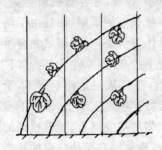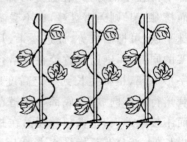

图 13　黄瓜斜形绑蔓示意图　　　**图 14　黄瓜"S"形绑蔓示意图**

50.如何进行棚室青蒜苗多层架床栽培?

棚室青蒜苗多层架床栽培,具有充分利用温室空间,节约燃料,降低成本的特点,经济效益显著。每年10月中旬即可开始栽培,11月中旬至翌年2月上旬收获,售价较高。具体栽培方法如下：

（1）**建造温室** 蒜苗为耐低温蔬菜，对温度要求较低，一般温室均可生产。为提高栽培效果，要求温室使用新的聚氯乙烯无滴膜，薄膜要一年换一次。在寒冷季节，覆盖一层纸被加一层草苫，或双层草苫保温。在异常寒冷年份或东北、西北地区，每个 200 平方米的温室，可设两个加温火炉，烟道用铁烟筒做成，也可修一道火墙。

（2）**搭设架床** 在温室的前部和后部较矮处，可搭 2 层架床，中部较高处可搭 3 层架床，每层架床之间距离 80 厘米。架床用木杆、秫秸、旧塑料膜、铁丝和少量红砖制作。

第一层床架距温室地面 10 厘米，用单块砖砌几道 6～7 厘米宽的隔墙，隔墙间距为 120～160 厘米，然后用木杆搭成 100～130 厘米宽（长度不限）的床架，木杆间距视木杆粗细而定，一般以 20～30 厘米间距为宜。第二层架床在距第一层床架 80～100 厘米高处，用木杆绑架框，床宽 100 厘米。第三层架床在第二层之上 60 厘米处，用木杆绑架框，床宽 80～90 厘米。架框绑好后，在每层架床上铺 1 层 6 厘米厚的秫秸，秫秸上铺 1 层旧塑料膜保水，膜上撒铺 6 厘米厚的细沙土，并将其拍实。

（3）**栽培管理**

① 蒜种的选择：选用头大、瓣多、休眠期较短的大白皮，该品种出苗快，产量高。

② 浸蒜种挖茎盘：将蒜种放在较大的容器中，加入 20℃左右的水浸泡 30 小时，使蒜头吸水膨胀，浸透后捞出，沥水，覆盖湿麻袋片闷一闷，再用刀挖掉茎盘（即蒜踵）。

③ 摆蒜压沙：将蒜头摆在架床上，每平方米约摆 15 千克，摆得越紧密越好。蒜头之间的空隙用散蒜瓣填充。摆完后

覆盖 3 厘米厚的细沙土,然后拍实。隔 3 天再拍一次,以免有的部位蒜头凸起(菜农称之为"起包")。

④ 水分管理:蒜苗生长主要靠自身营养。影响蒜苗生长的环境因素主要为温度和水分。浇水时,水温不得低于 15℃,最好在 20℃左右。一般生长前期(栽蒜后)浇大水,生长中期(苗高 15～16 厘米)浇中水,生长后期(收割前 4 天)浇小水。

⑤ 温度管理:如室内温度白天低于 16℃,夜间低于 12℃,就要生火加温。不同生育期,控制温度不同。栽蒜后,室温白天为 26℃～28℃,夜间为 24℃～26℃;苗齐后,白天为 22℃～24℃,夜间为 20℃～22℃;苗高 15 厘米时,白天为 20℃～22℃,夜间为 18℃～20℃;收获前,白天为 18℃～20℃,夜间为 14℃～16℃。

(4)收　割　当蒜苗长到 35 厘米高,苗叶稍有倾斜时,应及时收割。架床蒜苗从栽蒜到收割第一刀约 20 天。第一次割割后,割口处愈合并长出新苗再浇水,大约过 20～22 天,苗高 30 厘米时割第二刀。每千克蒜种可出苗 1.2～1.4 千克。200 平方米的温室,可生产蒜苗 1.6 万～2.0 万千克。

51. 在冬季如何利用酿热温床
快速生产蒜黄?

山东省诸城市菜农经过长期探索,创造在严冬季节采用酿热通气温床生产蒜黄的技术。所谓酿热通气温床,是在酿热温床的基础上改进而成,即在酿热物的下部,增设了通气道,由通气孔控制和调节床内温度。该温床具有节省能源、升温快、温度高且平稳、易控制、管理方便和简单易行的特点。在 1 月份,白天床内土壤温度可达 50℃,夜间最低温度在 10℃以上,为快速高效生产蒜黄创造了有利条件。冬季利用酿热温床快速生产蒜黄的具体方法如下：

(1)酿热通气温床的建造　床址要选择背风、向阳和有水源的地方。采用东西床向，以便接受光能和防御寒风。一般床宽为1.5米左右，床长可视生产规模而定。建床时取床内土堆在四周，夯实，建床的边框。北框宽30厘米，高40～50厘米；南框宽30厘米，高10～20厘米；东西框宽30厘米，与南北框自然连接。在框外挖一条深30厘米的风障沟，用玉米秸或芦苇扎制风障，在风障距地1米处扎制腰栏，以保证风障的坚固性，下部用土埋严培实，所培土以高出北框10厘米以上为好。风障略向南倾斜，与温床成75°的夹角。

温床下挖50～60厘米，底面要平整。在床底挖上口宽10厘米、深10厘米的"V"型通气道或通气沟。原则上床内的通气沟纵横沟通，分布均匀。床内四边通气沟布局要科学，通气道的间距一般为30～50厘米。温床东西两头各设通气口一个，引出床外，并砌成高0.5米的烟筒。

通气道挖好后，在床底铺一层玉米秸或棉花秸，并在上面铺一层废旧的编织袋。此时，床中间的两侧部位，用瓦向上砌通气口。通气口略高于温床土壤，一般10米左右1个。然后在床内填酿热物。酿热物的一般配比为70％的新鲜马粪，30％的麦秸或其他作物的秸秆粉碎物。按每米床长加25％的敌百虫粉5～8克，与酿热物充分混合均匀，用水拌湿填入床内踏实。填充酿热物的厚度，应视生产蒜黄茬数而定。若12月份建床，可铺30～33厘米厚；1月份建床，可铺20～25厘米厚。酿热物上部再铺7厘米左右厚的细土，每平方米洒水25～30升。

最后用黑色塑料膜盖严，早晚或阴冷天加盖草苫防寒。通气口要昼夜打开，以提高床温，准备播种。

（2）蒜种的选择与排列　生产蒜黄应选择红皮蒜,以莱芜大蒜或诸城马牙蒜为佳。要求蒜瓣饱满、无病害、无虫眼、无腐烂现象。将大蒜用编织袋装好,用1%的石灰水浸泡24小时,可起到灭菌、加速出苗的作用。待床土温度升高后,按每平方米15千克干蒜头的数量标准,将蒜头紧密地排列在床内。继而用细沙填灌蒜头缝隙,喷适量30℃左右的温水。然后在温床表面安装支撑架,要求坚固并且分布均匀。支撑架上覆盖黑色薄膜,要做到保温,保湿,不透光,膜要压严。

（3）温床管理　收割第一茬蒜黄前,一般无需浇水。若发现床内水分不足,可喷30℃左右的温水。床内温度可通过床外东西两端通气口开关的大小来调控。当床内温度过高或湿度过大时,也可及时打开预设在温床南框暴露在床面上的通气孔加以调节。第二茬蒜黄收获后,应清除废蒜头和蒜根,重新安排生产。但是,要用30℃左右的温水补足水分,以防床温急剧降低。

早晚或阴冷天应加盖草苫,防御风寒,以保证蒜黄的正常快速生产。

（4）收　获　蒜黄一般生长到35～40厘米时收获上市。在蒜头质量一定、水分满足的前提下,蒜黄生产周期的长短,主要取决于床内温度。如床温在16℃～18℃时,一般15天可收获上市。相对地讲,床温越高,蒜黄生长速度越快,上市的时间就越早。但是,蒜黄的单位面积经济效益,取决于生产茬数、生产速度和上市时间。因此,发展蒜黄生产,要统筹考虑整个经济效益,做到有计划地周密安排生产。

52. 如何在日光温室中栽培莲藕?

莲藕多为露地栽培,7月下旬开始收获。近年来,山东省鱼台县菜农摸索出利用日光温室、大棚进行冬春季莲藕栽培的技术,使莲藕的采收期提前到6月上旬,实现鲜藕淡季供应,提高了莲藕生产的经济效益。其具体方法如下:

(1)修建日光温室 选择避风向阳、排灌方便、大小适宜的藕田或水稻田修建温室。温室一般宽10米,长50米,地下50厘米深处铺薄膜,以便栽培过程中保水。温室后墙高1.8～2.5米,夯土制成,前屋面中部仰角为23°以上,竹木结构,必要时用炉火加温。

(2)整地、选种与栽植 要施足基肥,整好地。选择产量高、抗寒性强和生长旺盛的早熟品种。要求藕种肥大,藕芽粗壮,顶芽、侧芽和叶芽完整,藕头、藕腰和藕尾齐全。这样才能保证新的植株生长旺盛。如带有小藕,可保留。藕种要随挖,随运,随栽。栽植时间可在12月份至翌年2月份。栽时要选温度较高的晴天。栽种株距1米,行距1.5～2.0米。种藕前端顶芽入泥稍深,一般15厘米左右,防止栽得过浅浮起冻死顶芽。栽后要及时灌水保温。

(3)保水控温 栽种后,白天水层为3～5厘米,晚上或阴天水深5～10厘米,并覆盖草苫保温。如天气突变寒冷,应加深水防冻,同时加热。出现浮叶时,保持水深5～10厘米;出现2～3片真叶后,保持水深10～20厘米。3月中旬,荷叶盖顶后,室外气温也逐渐升高,应保持水深5～7厘米。中午当外界气温达到20℃左右时,棚内温度可能高达30℃以上,必须及时遮荫或通风降温。5月底,可揭去草苫和棚膜,保持10厘米左右水位。

(4)施肥和除草 莲藕需肥量大,且需氮、磷、钾配合,比例要适宜。应重施基肥,一般占全生育期需肥量的70%。追肥约占30%。基肥可在整地时施入,一般每666.7平方米(1

亩)施优质有机肥5 000千克,或人粪尿2 000～2 500千克,或大粪干1 000～1 500千克,并可配合施入草木灰100～200千克,磷酸二铵50千克,尿素20～30千克。

在2～3片真叶出现时和4月下旬至5月上旬揭去棚膜后,应各追施一次肥料,每次每亩追施人粪尿1 000千克或尿素10～15千克。4月下旬为结藕前期,可追施硫酸钾10千克,但氮肥施量不可过大.以防引起上部荷梗与荷叶疯长、贪青,推迟结藕期。

保护地栽培莲藕,由于温度低,因而生长慢。在荷叶封行前,易生杂草,要进行多次除草。除草是温室莲藕栽培成败的关键。追肥前,要先拔净杂草,或边追肥边拔草。肥料追施后,一定要保持有10厘米左右的水层,并严防肥水流失。

(5)**防治病虫害** 莲藕病害主要有腐败病。发病初期,应及时拔除病株,用50%多菌灵200倍液点穴或喷雾。害虫有蚜虫和潜叶摇蚊。对蚜虫,可用10%吡虫啉1 500倍液,或25%敌杀死2 000倍液喷雾防治。对莲藕潜叶摇蚊,可用35%卵虫净乳油1 500倍液或25%喹硫磷1 500倍液,喷雾防治。

(6)**采　收** 进入6月份,莲藕充实肥大,即可采收嫩藕上市。挖藕时,先将水放干,然后除去上层泥土,再仔细将藕刨出。

53. 早春甘蓝为什么会先
期抽薹? 如何防止?

早春甘蓝未熟抽薹现象屡有发生。在某些地区、某些年份,甚至会给菜农造成很大的经济损失。如1979年,长春市早春甘蓝未熟抽薹面积占播种面积的30%,约损失甘蓝300万千克。1991年,长春市南关区有30多万公顷早春甘蓝发生未熟抽薹,严重地块抽薹率达 90％,损失甘蓝 60 多万千克。因此,如何防止和尽量减轻早春甘蓝未熟抽薹,是当前生产上需要重视的问题。

(1)未熟抽薹的原因　甘蓝属绿体春化型蔬菜,只有生长到一定大小,才能感应低温,并且温度低,时间足,才能通过春化阶段。而后,还需要有较长的日照条件。但早熟品种对光照要求不严格。通过春化阶段后,在较短的日照条件下也可抽薹开花。

研究表明,甘蓝幼苗茎粗达到 6 毫米以上,有 7 片真叶(早熟品种具有 3 片叶)以后,遇到 1℃～12℃低温达 50～90 天的时间,就能完成春化阶段。如果是 4℃～5℃的温度,则通过春化阶段更快,以至发生"未熟抽薹",失掉商品价值。

根据生产实践,得知造成早春甘蓝未熟先抽薹的原因主要有以下几方面:

①低　温:低温是导致早春甘蓝未熟先抽薹的一个重要原因。1979 年和 1991 年,对长春市来说,都是倒春寒比较严重的年份,春季低温持续时间较长。1979 年 3 月份,平均气温为－2℃,4 月份的平均气温为 4.4℃,都低于历年同月的平均值。1991 年 3 月份,0℃以下低温有 25 天,月平均积温为－101.9℃(1990 年为－76.7℃)。3～4 月份正值甘蓝育苗和定植初期,植株具有 6～7 片叶,具备低温感应条件,因而导致严重抽薹。

②播种过早:苗期管理不当,幼苗生长快而大,易通过春化而抽薹。1979 年是倒春寒年份,长春市某地选用早熟品种,于 1 月 10 日播种,4 月 18 日定植,苗龄 98 天,抽薹率达 85％。而该地区多数菜农于 2 月上旬播种,抽薹率不到 20％。由此可见,播种越早,幼苗越大,接受低温影响时间越长,发生

未熟先抽薹率就越高。

③品种冬性弱：生产观察表明,在相同条件下,冬性强的品种不易抽薹,反之容易发生未熟抽薹。例如,中甘 11 号比北京早熟冬性强,8398 比中甘 11 号冬性还强。

(2)防止早春甘蓝未熟抽薹的措施

①选用冬性强的品种：实践表明,8398 品种冬性较强,未发生过大面积未熟抽薹现象。种子生产单位应搞好亲本提纯复壮工作,亲本经过提纯复壮后繁育的生产品种,未熟先抽薹现象少。

②适时播种：各地播种期不同。长春地区采用温室、塑料棚联合育苗,应在 2 月 10 日前后播种,温床育苗应在 3 月初播种,4 月中旬幼苗长到 6~7 片叶时定植。在倒春寒年份,定植期应适当延后。

③加强苗期管理：控制或减少出现春化所需的最适温度条件,培育健壮幼苗。播种后出苗前,白天温度应控制在 20℃~25℃,夜间为 15℃。幼苗出土后开始通风,降温降湿蹲苗,白天温度应控制在 12℃~15℃,夜间为 5℃~8℃,以利于幼苗苗壮生长。1 周以后,白天温度应掌握在 15℃~20℃,夜间为 8℃~10℃。幼苗出现第一片真叶时进行第一次移苗,行株距为 3.3 厘米×3.3 厘米,3 片真叶时进行第二次移苗。定植前 1 周进行低温锻炼,逐渐加大苗床通风量,适当降温控水,以适应定植环境。

在此期间,要注意两个问题:第一,倒春寒年份不能按通常时间定植。为防止幼苗过大,可通过移苗控制生长。第二,苗期温度管理要遵循"前控后促"的原则,因为小苗不存在春化问题,可给以低温;大苗易春化,应给以高温,特别是幼苗茎粗达 0.5 厘米以上时,应尽量保持温度在 15℃以上。

①适时定植:长春地区在4月中旬定植,扣小棚者要适当提前定植。缓苗后蹲苗,中耕松土2～3次。结球始期适当追肥。小拱棚的温度超过25℃要及时通风,防止烤苗。

54. 提高棚室栽培厚皮甜瓜含糖量的关键技术措施有哪些?

厚皮甜瓜,又称洋香瓜,是一种高档果菜,甘甜多汁,耐贮耐运。近几年,很多菜农利用日光温室和大棚等保护设施,栽培厚皮甜瓜。仅山东,厚皮甜瓜种植面积就有7万余亩(近4 670公顷)。厚皮甜瓜含糖量的高低,是影响其风味品质的重要指标。部分菜农片面追求产量,忽视了质量的提高,致使厚皮甜瓜含糖量低,价格下降。因此,如何提高厚皮甜瓜果实的含糖量,已经成为栽培中的关键技术。

(1)选用含糖量高的品种 山东省的引种试验表明,不同品种的厚皮甜瓜,含糖量差异较大。在选用品种时,除考虑品种要耐低温、耐弱光、抗病和高产外,不能忽视品种的含糖量指标。要求厚皮甜瓜品种的可溶性固形物含量应在13%以上,优质品种的含量可达16%以上。生产上表现较好的品种,有状元、蜜世界、伊丽莎白、元帅、西博洛托、白斯特、夏龙、翠蜜和鲁厚甜1号等。应当避免盲目引种,否则有时会造成严重损失。

(2)合理安排茬口 由于厚皮甜瓜果实的发育要求温度高,光照好。温度达到白天28℃～32℃,夜间15℃～18℃,光照在6万勒克斯左右,才有利于果实的膨大和糖分的积累。厚皮甜瓜果实的发育,对昼夜温差也有较严格的要求,在温差达13℃～15℃时,有利于糖分的转化和积累,其风味也提高。因此,厚皮甜瓜进行日光温室栽培时多安排为冬春茬和秋冬茬,使其果实膨大期分别在 3～6 月份和 10～11 月份。若将膨大期安排在春节前后,果实不易膨大,栽培技术难度大。若将果实膨大期安排在 7～8 月份,因昼夜温差小,含糖量明显变低,口感清淡不甜。

(3)科学调节温湿度　适宜的温度是果实正常膨大和增加含糖量的重要条件。在果实膨大期,昼夜温差大,有利于白天物质的积累和降低夜间消耗,可提高果实的含糖量。在晴天,白天温度应控制在 28℃～32℃,夜间温度应控制在 15℃～18℃,保持昼夜温差在 13℃以上。

厚皮甜瓜喜高温干旱环境,要降低棚室湿度。在果实膨大期要有充足的水分供应。果实膨大后期,要减少浇水。果实停止膨大后,不再浇水。降低土壤含水量,可抑制根系对氮素的吸收,从而有利于糖分的积累,增加甜度。

(4)人工辅助授粉　为取得高品质甜瓜,每株以留 1 个瓜为宜,最多不超过 2 个。早春气温低,几乎无昆虫传粉。为确保在理想位置结果,要进行人工授粉。其方法是在雌花开花的当天,摘取当日开放的雄花,去掉花冠,露出花药,将花粉抹到雌花的柱头上。授粉时间以早晨 8～9 时为好。有条件的地方,也可在棚内进行人工放蜂传粉。

(5)严格控制氮肥用量　在果实膨大期,特别是膨大后期,若植株从土壤中吸收过量的氮素,会使果实中含有过多的蛋白质,降低果实的含糖量,使风味下降。要提高甜瓜的含糖量,就必须注意增施有机肥和磷钾肥作基肥,重视氮、磷、钾肥的配合施用,不能单纯施用氮肥。果实膨大时,更要注意追施磷、钾肥。果实膨大后期,不再追肥。如出现缺氮现象,可进行叶面追肥。

(6)适时采收　要掌握好成熟的标准,在果实含糖量最高,果实尚未变软时采收为最佳。采收过早,含糖量低,品质差;采收过晚,果实变软,不耐贮运。一般要从以下几方面综合判断:第一,成熟时,果皮易变色的品种转变为黄色、淡黄色、黄绿色或乳白色等。第二,瓜蒂与果实连接处发生裂纹,即将脱落。第三,瓜蒂周围有黄化现象。无网纹品种在低温期收获一般有此特征。第四,结果蔓上的老叶,除叶脉周围以外的叶肉出现失绿斑块,甚至黄化。第五,结瓜节位的卷须干枯。第六,果实比重下降,果顶变软。

实践中,较为准确有效的方法,是根据品种开花到成熟的天数计算成熟期。如伊丽莎白从开花到成熟需 30～35 天,而状元品种则在开花后 40 天才能成熟。为此,在授粉时应挂牌标记,根据授粉日期,可推算果实的成熟程度。同时可配合采样,测定其含糖量。

55. 如何利用蜜蜂为棚室草莓授粉?

栽培温室大棚草莓,已日渐成为农民致富的手段之一。但是,棚室内温度高,湿度大,通风条件差,草莓授粉受精不良,果实发育不佳,产量低,而采用人工授粉,既费工,费时,劳动强度大,还容易损伤草莓,因此妨碍了草莓种植经济效益的进一步提高。我国最大的草莓产地——河北省满城县的科研工作者和棚室草莓栽培者,利用蜜蜂为大棚草莓授粉,取得了较好的效果,形成了较为完备的技术体系。

(1)蜂种选择 蜜蜂种类较多。不同蜂种的蜜蜂,其生物学特性、活动规律、适宜温度、采集能力、饲养方法、管理措施及所需要的环境条件均有不同。为草莓授粉的蜂种要求繁殖力(包括蜂王的产卵量,工蜂的育虫能力等)较强,寿命长,耐寒力强,有很好的采集力等。

目前,给大棚草莓授粉所用的蜂群,都是卖蜂者从各地调运而来的,蜜蜂品系多样,群体组配结构杂乱,蜂群健康程度不一,最终导致授粉效果各异,总的情况不理想,影响草莓的产量和质量。北方地区主要采用西方蜜蜂授粉,如意大利蜜蜂(*Apts melifera* L.),此蜂抗逆性强,繁殖力旺盛,适宜为冬季棚室草莓授粉。

1998年,河北省满城县草莓研究所与北京市农林科学院信息所养蜂室及河北省农垦局等单位,培育出了微型草莓专用授粉蜂,以意大利蜂王为母本,以本地蜜蜂、东北纯黑蜜蜂和卡尼阿兰蜂作父本杂交而成,且全部是当年培育的新蜂王,蜂群健壮,定向力强,善于采集散蜜源,工作效率高。

(2)蜂箱选择 目前常用的多数木质蜂箱体积较大,搬运不便,四面透风,箱内脾多蜂少,比例失调,蜂脾间隔距离大,保温隔热性差,蜂王不易产卵,直接影响出巢访花工蜂的数量,影响草莓花期授粉,不适合于冬春季节应用。为此,河北省满城县草莓研究所等单位在培育专用授粉蜂的同时,开发了微型授粉专用蜂箱,已获得专利。这种蜂箱便于携带,经济实用,且保温效果好,操作简单。据调查,使用该蜂箱,微型授粉蜂群在8时30分(棚温为10.0℃～10.5℃)左右出巢,16时30分左右回巢,每天工作8小时,每小时出巢69只蜂。而木质蜂箱内由于温度低,昼夜温差大,蜜蜂在10时出巢(棚温为17℃),15时回巢,每小时出蜂21只,日访花5小时。

另据调查,在河北省满城县应用微型专用授粉蜂及专用蜂箱后,草莓的畸形果率减少了9.4%,每666.7平方米(1亩)增产草莓约200千克。

(3)蜂群进棚时间 将培育好的授粉专用蜂群,运到授粉场地,轻轻放下。根据运蜂时间的不同,所放的位置也不相同。

如 12 月中旬运蜂,应把蜂放在室内保存。授粉蜂应在傍晚入棚,将蜂群轻轻放在授粉棚中央,把蜂箱两边巢门打开 1/3 即可,蜂群会在次日上午慢慢爬出试飞,熟悉棚内环境。在授粉蜂出巢之前,应在蜂箱周围植物花朵上喷洒些糖浆,以避免蜜蜂出巢乱飞。同时要注意在棚室内放一盘清水,每隔 3～4 天更换一次,保证饮用水清洁。蜂箱离地面应有一定高度,以防蜂群受潮,影响蜂群的采集力。

蜂群入棚 20 天左右以后,根据草莓花粉量的多少,应适当给蜂群喂些花粉,以保持蜂王的繁殖力和新蜂的培育。

(4)蜂源量组配 棚室面积多为 300 平方米,每棚栽植草莓约 10 000 株,有效花期约 20 天,开花总数在 15 万～20 万朵。为经济有效地利用蜜蜂授粉,微型蜂箱内的蜂源量组配要合理,一般为 3 张脾、2 框蜂(每箱含蜂 4 000～5 000 头),饲料 5 千克左右,授粉期超过 1 个月后,可适当补充花粉和糖浆,以保持蜂群数量不减。如蜂源数量过多,会造成浪费;数量过少,又会造成授粉不足。

(5)保持蜂箱内温度的稳定 最好采用专用的微型蜂箱。该蜂箱由高级泡沫塑料制成,隔热保湿性能好,蜂箱内的昼夜温度变化不大,蜂群稳定,有利于工蜂的活动和蜂王的产卵繁殖。

(6)保持环境卫生 蜂群入棚前,做好草莓病虫害防治工作,施足底肥,进行棚内通风换气,防止农药残毒引起蜜蜂中毒。蜜蜂入棚后,最好不要使用化学农药和烟熏剂,因为环境的好坏对蜜蜂的生存影响很大。如果必须使用农药,应先将蜂群移出,并在用药后通风。过渡 3～5 天后,才能将蜂群重新移入棚内。

56. 冷凉山区如何进行反季节蔬菜栽培？

冷凉山区反季节蔬菜栽培,主要指山区蔬菜越夏栽培,即利用山区特有的地势和夏季气候较凉爽的特点,进行跨越整个夏季的蔬菜栽培。这是一种补充夏淡季的蔬菜栽培新技术,已经获得了大面积的成功。特别是番茄,山区越夏栽培,对缓解8～9月份蔬菜淡季供应起了重要作用,并出现了666.7平方米(1亩)产番茄1万千克以上的高产记录,成为山区人民尽快脱贫致富的一条有效途径。

在冷凉山区进行蔬菜越夏栽培,其主要技术措施如下:

(1)选择海拔高度,注意轮作换茬 凡是海拔高度在150米以上的山区地块,只要肥水条件许可,均可进行蔬菜越夏栽培。为避免山区越夏菜区蔬菜病害的发生和蔓延,应搞好统一区划,合理地适时轮作倒茬。在进行种植的区划时,应由山下向山上推移。先在山下部海拔高度适宜的地块栽培,随着时间的延长和病害的逐年加重,逐步由山下部向山上转移,防止山上部的菜田病菌随雨水冲刷污染下面的菜田。

(2)选择适宜的蔬菜种类和品种 山区地块肥水条件较差,且蔬菜生长期正值高温多雨季节,有利于病害的发生。在蔬菜种类和品种选择上,以耐旱、抗病的蔬菜品种为佳。茄果类蔬菜最为适宜,其次为甘蓝类、豆类和瓜类蔬菜。品种应选用中、晚熟、抗病和生长势强的高产品种,如毛粉802、佳粉17号、强丰和鲁番茄2号等番茄品种;农大40、鲁椒1号、双丰、农发和农乐等甜椒品种;济南大长茄和冠县黑圆茄等茄子品种;夏丰1号、津研7号和津杂2号黄瓜品种;夏光和8398等甘蓝品种;日本雪山和荷兰雪球等菜花品种。

(3)适时播种和定植 山区越夏蔬菜播种、定植期的确定,应以 8～9 月份蔬菜产品采收上市为依据,因为越夏栽培的主要目的是弥补 8～9 月份蔬菜淡季的供应,应将蔬菜集中采收期安排在 8～9 月份。例如,番茄在 3 月中旬至 4 月上旬播种,4 月下旬至 5 月下旬定植;甜椒在 2 月上中旬播种,4 月下旬至 5 月下旬定植;茄子在 4 月中下旬播种,6 月中下旬定植;黄瓜在 6 月中、下旬直播;甘蓝在 6 月上、中旬播种,7 月上、中旬定植;菜花在 6 月上、中旬播种,7 月上、中旬定植;豆类蔬菜在 4 月下旬至 5 月中旬直播。

(4)种子和苗床的消毒 山区新开菜田,土壤含病菌量极少,严格控制种苗带菌是防止田间发病的基础。播种前用 55℃～60℃温水烫种 15 分钟,可起到杀菌作用,采用 10% 的磷酸三钠、5% 的菌毒清 200 倍液浸种 20 分钟,可起到杀灭病毒的作用。种子经过这样处理后,再进行浸种和催芽。育苗用的营养土,也要经过消毒处理。

冷凉山区蔬菜越夏栽培的田间管理方法,可参照露地蔬菜栽培技术。

57. 如何人工栽培野生苣荬菜?

苣荬菜是一种多年生的草本植物。别名为取麻菜、苦笑荣或苦麻子,是我国食用历史悠久的一种野菜。它不仅营养价值较高,可以作为蔬菜食用,而且具有一定的医疗保健作用,可以入药或加工成多种保健食品。苣荬菜主要是以其嫩叶为食用部分,洗净后蘸酱生吃,脆嫩可口,也可炒食,因而深受人们青睐。

苣荬菜喜湿耐寒,根芽在地温 10℃～15℃ 的条件下就可出土。它对土壤要求不严,但以向阳、疏松、肥沃的砂壤土或壤土为好。苣荬菜抗病能力强,易于栽培。其栽培技术如下:

（1）**整地施肥**　选择向阳、肥沃、疏松、排灌方便的地块，每 666.7 平方米（1 亩）施有机肥 2 000 千克，深翻 25 厘米，耙平，做成 1 米宽的平畦，四周挖好排水沟。

（2）**栽培方式**　苣荬菜的栽培方式有两种，一是移根入圃栽培，二是种子直播栽培。

①移根入圃栽培：4 月初，当野生的苣荬菜刚出土时，刨其根茎，按照根茎上菜芽的分布，截成 5～10 厘米长的短节。按行距 15 厘米、深 10 厘米的标准开沟，按株距 5 厘米的规格，将截成短节的根茎依次摆放在栽培沟内，使其舒展，菜芽向上。然后覆土、镇压、浇定植水。

采集的根茎要及时栽植。来不及栽植的，应放于湿土中假植。

②种子直播栽培：从初春 3 月份至深秋 10 月份，均可在露地播种。早春播种要覆盖地膜，夏季播种要遮光降温。冬季应在温室等保护设施内播种。

每亩用种 0.3～0.4 千克。播种时，先按 15 厘米的行距开深 2 厘米的浅沟，将种子掺 3 倍细沙或草木灰，均匀撒在沟内，覆土、镇压、浇水。2～3 片真叶时定苗，株距 3～5 厘米，去弱留强。

（3）**田间管理**　苣荬菜的抗病虫性很强，无需喷药。田间管理的重点为中耕除草和肥水管理。当移根栽培的菜芽出齐后，直播的幼苗 2 叶 1 心时，每亩追施人粪水 1 000 千克。在苣荬菜生长期，要经常保持土壤有足够水分，遇到天旱时要及时浇水。雨天要及时排水，防止烂根。

（4）**设施栽培**　华北一带的野生苣荬菜，一般在 4 月中旬收获。如在 3 月上旬土壤开始化冻时，在畦面上覆盖地膜或平铺废旧塑料农膜，收获期可提前 10～15 天。

冬季可在覆盖草苫的塑料大棚或日光温室中栽培，只要温度维持在10℃以上，苣荬菜就能正常生长。冬季收获的苣荬菜，将成为市场上的珍贵蔬菜，经济效益相当可观。

苣荬菜由于人工栽培肥水条件好，加之采用覆盖技术措施，因而质量好，产量高，上市早，平均亩产量约750千克，叶片鲜嫩多汁。

(5)种子采集　在秋季8月下旬至9月上旬，当野生或栽培的苣荬菜种子变成褐色时，即应及时采收。采后晾干，揉搓，除净杂质，装入布袋，置于阴凉干燥处备用。苣荬菜的种子有休眠期，春播用的种子要进行冬藏。

58. 如何进行黑豆芽菜无土栽培？

黑豆芽菜是继豌豆芽菜（豌豆苗）之后的一种新型芽菜，从种到收只需7天左右，可周年栽培，陆续上市。栽培场所广泛，室内、阳台、蔬菜保护地设施和露地均可。其产品鲜嫩洁白，无污染，含有丰富的维生素 B_1、维生素 B_2 以及多种氨基酸和蛋白质，营养丰富，风味独特。如进行立体栽培可大大节省土地，土地利用率可提高3～5倍。黑豆芽菜无土栽培的具体方法如下：

(1)品种选择　用作黑豆芽菜无土栽培的品种，要求种子发芽率、纯度、净度较高，整齐度好。常用的品种为中黑6号。播种前要剔除虫蛀、残破种子和杂质，这是防止烂种和保证生长整齐的关键环节。

(2)浸　种　种子精选后应用清水淘洗。洗净的种子再用20℃～30℃的温水浸种，水量应超过种子体积的2～3倍，浸泡18～24小时（冬季浸种时间稍长，夏季稍短），其间换水1～2次，并轻轻搓洗，去除种皮上的粘液。浸种结束后捞出种子，沥去多余水分备用。

(3)播　种　选用 62 厘米×24 厘米×5 厘米的平底塑料育苗盘,将其冲洗干净,铺一层干净、无毒、质轻、吸水力好的包装纸、报纸或无纺布,使底面平整,喷水后播种。播种要求均匀,种子紧密,稍有重叠。一般每盘用种 400～500 克。

(4)催　芽　播种后进行叠盘催芽。即把育苗盘摞起来,每 10 盘一摞,下铺上盖塑料膜保温保湿。育苗盘要码放平整,以免水分分布不匀。如有足够的栽培架,也可播种后直接把育苗盘放在架子上催芽。催芽期间要注意保湿,如发现基质发干,则要及时喷水,但水量不可过大。

(5)管　理　黑豆芽菜的生长适宜温度为 18℃～25℃。冬季要注意保温加温,夏季要通过覆盖遮阳网或其他覆盖物遮光降温,也可通过浇水喷雾降温。黑豆芽菜对光照要求不太严格。但对水分要求较高,冬春季节每天要喷水 2～3 次,夏季每天要喷水 3～5 次。每次喷水,以盘内湿润,不淹没种子,不大量滴水为宜。空气湿度应保持在 80% 左右。浇水,应基本掌握前期少浇水,中后期多浇水,阴、雨、雾天温度低时少浇水,高温空气湿度小时多浇水的原则。

(6)采　收　当黑豆芽苗长到 8～12 厘米,顶部子叶展开,心叶未出时即可采收。

59. 如何培育荞麦芽?

荞麦芽又称芦丁和苦荞麦苗,除了具有食用价值外,还有医疗和保健功能,是市场上深受人们喜爱的芽苗菜。

荞麦芽的生产材料是荞麦种子。一般的品种都可用于生产荞麦芽,其中最常用的是山西荞麦。为提高整齐度,应选用当年生产的饱满种子。

荞麦芽根系浅，不发达。幼苗生长细弱，顶土能力较差。但它的生育期短，适应性广，抗逆性强。荞麦芽生产的最低温度为 16℃，最适温度为 20℃～25℃，最高温度为 35℃。它对湿度要求不严，较耐旱，空气湿度保持在 60%～70% 即可。它对光照适应性强，但在强光照下易纤维化，故在生产中应避免强光。

荞麦芽的生产方法很多，可以用育苗盘进行立体培育，也可用珍珠岩和蛭石等作栽培基质，还可在育苗盘底部铺报纸来栽培。每盘播种量为 200 克左右，芽苗产量在 1.6 千克左右，生产周期为 8～10 天。荞麦芽也可采用土培法或沙培法生产，每平方米播种量在 800 克左右，产量为 4 千克左右。其具体生产方法如下：

（1）用育苗盘生产荞麦芽要点

①选种催芽：将选好的新种子放入水中淘洗，除去漂浮的杂质和瘪籽。用 25℃ 清水浸泡 24 小时，待种子充分吸水膨胀后，用清水淘洗干净。然后在育苗盆内铺 10 厘米厚的荞麦种子，覆盖麻袋或草帘等保湿物，在 25℃ 条件下催芽，每隔 8 小时用清水喷淋 1 次，同时翻动（倒盆）。

②上盘上架，摆盘培养：在育苗盘内铺 1 层报纸或珍珠岩、蛭石等基质，用温水喷湿后铺 1 层露白的种子，每 10 盘叠 1 摞，最上面一般盖湿麻袋保湿催芽，温度保持在 25℃，每隔 8 小时用温水喷淋 1 次，并上下倒盘。待芽长到 4 厘米，但未高出盘面时，即可摆盘上架，继续在 25℃ 温度条件下遮光培养，每天喷 1 次温水。5～6 天后，芽即长到 6 厘米以上，茎粗为 1.5 毫米。这时易出现戴帽长芽的现象，应及时喷雾，使空气湿度保持在 85% 左右，以利于促使长芽脱壳。

③采　收：在育苗盘内培养 8 天左右，种芽下胚轴长到

10 厘米以上后,即可见光栽培。当子叶展平,变为绿色,下胚轴呈紫红色,近根部为白色,且植株还幼嫩时,将荞麦苗拔起,将根部剪掉,用清水洗净扎把或装袋上市。也可带盘上市,进行活体销售。

(2)席地培育荞麦芽

①选地做苗床:选择平坦地块,用砖砌苗床,在苗床内铺10 厘米厚的细沙,用温水浇足底水,盖上塑料膜保温保湿,准备播种。

②播种育苗:当苗床温度升到 25℃左右时,揭开塑料膜,趁沙床潮湿时撒播 1 层种子,再覆盖 1.5 厘米厚的砂土,然后再盖上塑料膜保温保湿催苗。一般播后 1 周左右出苗,揭掉塑料膜,架设小拱棚遮阳培养。当苗长到 8~10 厘米时,即可在自然光照下栽培。当子叶展平,心叶刚露出,趁植株幼嫩时采收。

③采　收:将苗床一端的砖搬开,然后将荞麦苗连根拔出,将根部剪掉,用清水冲洗干净,扎把或装袋上市。扎把时应将根和叶分别对齐,扎把后随即呈现出绿叶、紫茎、白根的艳丽颜色,散发出荞麦的特有香味,很受欢迎。

60. 如何进行日光温室香椿种芽菜立体栽培?

香椿为木本蔬菜,枝条上抽生的嫩芽,多在早春采摘,芳香葱郁,营养丰富。由于采收季节性强,鲜食时间短,因而难以满足市场需要。采用基质无土栽培,利用香椿种子萌发出的种芽代替传统的枝芽,无需培养苗木,生产效率高,可排开播种,陆续上市。该产品无污染,品质比枝芽更为鲜嫩,风味与其相仿,尤其适宜冬季上市。利用日光温室立体生产香椿种芽菜的

具体方法如下:

(1)生产条件和设施 香椿种芽生长适温为 15℃~
25℃,要求温室满足这一温度,并有适宜的湿度,同时用遮阳
网等物适当遮荫,避免阳光直射。由于种芽生长周期短,基质
中的持水量,基本上能满足整个生长期间芽苗对水分的需要,
不需另外供水。

采用立体基质盘栽培。搁置基质盘的栽培架,可由角铁、
钢筋和竹木材料制成,架高 1.6 米左右。每架设 5 层,每层间
距 30~40 厘米。为减少栽培架负荷,宜选用轻质塑料盘,规格
以长 60 厘米、宽 25 厘米、高 5 厘米为宜。基质采用珍珠岩最
好,其重量轻,通透性好,使用前无需严格消毒,但价格昂贵,
可与高温消毒后的草炭、水洗砂混合使用。

(2)栽培技术

①种子处理:选当年采收的新香椿种子,剔除杂质,去掉
种翅,然后放在 55℃的温水中不停地搅拌至水温降为 30℃左
右。继续浸泡 12 小时,然后用清水冲洗干净,沥去水分,放到
22℃~24℃的环境下催芽。2~3 天后,当芽长 1~2 毫米时即
可播种。催芽期间,每天用 20℃~25℃的清水冲洗 1~2 遍,
冲后也要沥去多余的水分。

②播　种:预先将培养盘洗刷干净,将珍珠岩拌湿,珍珠
岩与水的体积比为 2:1,而后在苗盘上平铺 2.5 厘米厚。也
可装入适量的干珍珠岩,加水使其吃透水分。然后将已催好芽
的种子均匀撒播于基质上,播种量为每平方米 240 克。播后在
种子上覆盖约 1.5 厘米厚的湿珍珠岩。

③播后管理:播种后,温度控制在 20℃~25℃,5 天后
胚根即可深入基质层。出苗时会因珍珠岩表面结硬盖而出苗
困难,故要喷水把硬盖冲散。10 天后,种芽下胚轴长达 9~10

厘米,粗约1毫米,根长6厘米左右。在此期间应定时喷雾,保持空气相对湿度在80%左右,以保证其快速生长和品质柔嫩。

④采 收:香椿种芽以下胚轴长至10厘米以上,尚未木质化,子叶已完全展平时采收最佳。此时正值播后12~15天。采收时将种芽连根拔起,抖掉根上附着的珍珠岩等物,切不要用水冲洗,否则易腐烂。每50克捆成1小捆上市。一般每平方米可产香椿芽2.3~2.5千克。

61. 有哪些栽培蔬菜用的新产品?

目前,用来栽培蔬菜的新产品,主要有以下几类:

(1)蔬菜自动嫁接机 由中国农业大学机械工程学院农业机械化系张铁中副教授研制而成。该产品为北京市科委重大科技攻关课题成果,获得了国家专利。该机由计算机控制,实现了砧木、接穗取苗、切割、结合、固定和摆放等嫁接过程的自动化操作,在体积、重量、嫁接速度和性能等方面的指标,达到了国际先进水平。它克服了手工嫁接效率低、费工费时和嫁接成活率低的缺点,可用于保护地黄瓜嫁接,也适用于茄子等其他蔬菜的嫁接。

此外,长春自动化技术有限公司与韩国合作,同样研制出了蔬菜自动嫁接机。该机主要用于黄瓜苗、西葫芦苗和西瓜苗的嫁接上,也可用于番茄苗和茄子苗的嫁接。该机使用220伏交流电,功率为4瓦,体积为20厘米×20厘米×19厘米,重量为3.8千克。它采用的方法是靠接法。以嫁接黄瓜苗为例,嫁接时,先取出南瓜苗,置于嫁接机左侧的压苗片中。然后再从苗盘中取出黄瓜苗,置于嫁接机右侧的压苗片中。机器启动后,自动执行夹苗、切口、插入等动作,用嫁接夹从右侧夹住已接好的苗子。最后,取出嫁接苗,栽植在预先备好的苗床中即可。如果有4~5个人相互配合,嫁接速度可大大提高,最快时每小时可嫁接540株。

(2)Cocopress椰绒基质 系彼得·范·鲁伊克公司的在华独资企业荷丽兰(天津)新技术开发有限公司生产并经销的新型栽培基质。该基质用于栽培蔬菜,呈条状或块状,由椰子壳外层纤维间的粉末状有机物质加工而成。这些粉末状物质是在加工椰子纤维时脱落下来的,称为椰绒。这种基质为天然有机物,使用后不污染环境,而且可作为肥料改善大田的土壤结构。栽培蔬菜时,可反复使用3年。可将其压缩至很小的体积,运输方便,使用时加水,体积可膨胀4~5倍。制品有多种规格,最大长度为1.1米,宽10~40厘米,高7~14厘米。

(3)立体育苗设备 由宁夏圣宝工贸有限公司(宁夏物勘院,电话:0951-8068058)生产。其结构类似于中国古代灌溉用的水车,中间有轴,"辐条"上放育苗盘,在自动控制的电机带动下旋转,使育苗盘受光均匀。该设备适宜工厂化育苗,可大大提高温室空间利用率。

(4)新型二氧化碳发生器 由辽宁省大连市金州子金高新农业技术有限公司(大连市西岗区新开路99号珠江国际大厦,电话:0411-3609711转1007)生产。该器体积小(为60厘米×40厘米×20厘米),重量轻。一般将反应器放在棚室中部,按大棚或温室的长度安装塑料管,每隔2米在塑料管上打一个小孔,也可每隔2米安装一个专用的可调放气头。该发生器由两个桶组成,使用时将清水和碳酸氢铵分别放到两个桶中,而后在反应器中加入浓硫酸,打开反应器开关,即可放出二氧化碳气体。

(5)LJG-1型螺旋挤压式固液分离机 由农业部规划设

计研究院北京西达农业工程科技集团(北京市朝阳区东三环北路 16 号,电话:010—64193007)生产。该机可对规模化畜禽养殖场粪水进行固液分离,经处理的固态物含水量可降到70%,再经发酵并掺入氮、磷、钾肥料,可成为复合有机肥,用于蔬菜生产;粪稀可在发酵后施用,是理想的有机液体肥料。

(6)滤网式地下滴灌管　由河南省济源市大地节水灌溉有限公司(电话 0391—6682155)生产。它与普通滴灌管不同的是,管壁上没有滴水小孔,水从网状管壁渗出,有效地解决了地下环境中泥沙及作物毛细须根对滴水孔的堵塞问题。

62. 有哪些蔬菜栽培小窍门?

在蔬菜栽培中,行之有效的小窍门,主要有以下几种:

(1)菜田地面覆盖秸秆增产显著　菜田地面覆盖秸秆(稻草、麦秸),具有明显的保墒、肥田、防病和增产效果,有些作用是地膜覆盖所不可替代的。此技术可广泛用于青椒、茄子、番茄及瓜类蔬菜。它操作简单,容易掌握,可就地取材,投资少,效果好。

①覆盖方法:做高 10 厘米的高畦,畦与畦的间距依据蔬菜种类和品种而定,畦宽一般为 70 厘米,每畦栽培 2 行。畦面略平,以利覆盖秸秆。定植后,即可把稻草或麦秸顺垄平铺于畦面,以秧苗为中心,左右两边不少于 15 厘米。覆盖厚度一般以 2 厘米左右为宜,要求分布均匀,不留空地。其他管理与普通栽培相同。

②作用与效果:秸秆覆盖的作用和效果可归纳为以下五个方面:

第一,减少水分蒸发,提高土壤的保墒能力。尤其是在高温干燥季节,覆盖秸秆后能降低地表温度,减少土壤水分蒸发量,防止地面干燥,保证土壤水分和营养正常供应,使植株正常生长。

第二,增加土壤有机质含量,培肥地力,改良土壤。试验表明,覆盖秸秆后,表层土壤结构良好,疏松,不板结,通透性好。覆盖秸秆1年后,将其翻入土内,土壤有机质含量提高1.8%左右;土壤容重下降0.10～0.13克/厘米^3。

第三,调节地温,抑制杂草,促进生长发育。在春季,秸秆白天可吸收空间热量,夜间再释放于空间和地面,对冷害有一定的预防作用。一般春季覆盖田比对照田地温高1.0℃～1.5℃。在夏季,秸秆覆盖地要比露地栽培田地温低2.0℃～3.0℃,可防止因地温过高而抑制蔬菜生长发育。同时,对一年生杂草的发芽有抑制作用。

第四,预防病害。在夏季,秸秆覆盖可降低地面温度,促进根系生长,增强抵御土传病害的能力。另外,还能防止下雨时雨水反溅,阻止病原菌通过雨水感染植株。还能避免植株下部的环境温度过高,减少病害发生的机会。

第五,节水,省工,增产。覆盖秸秆后,由于土壤保水性增强,可减少浇水次数,同时也不用除草和松土,因此可节水省工。据试验,还可使蔬菜增产20%以上。

(2)培育"香椿蛋" 平时吃鸡蛋或鸭蛋时,不要把蛋壳整个打碎,而是从尖端磕一个小口,让蛋清和蛋黄慢慢流出,晾干蛋壳备用。

在香椿开始冒芽时,把蛋壳轻轻套在香椿芽上,然后用草泥(麦秸或碎草与土和成的泥)将蛋壳糊起来,防止香椿芽长壮后将蛋壳撑碎。当草泥露出香椿芽时,"香椿蛋"便长成了,用剪刀将其剪下即可。

由于香椿芽在密闭的环境下生长,只能形成球形,而且不见阳光,所以形状美观,色泽鲜嫩。

(3)丝瓜疏雄可增产　丝瓜为异花授粉蔬菜,雄花为无限生长的总状花序,每个花序可开放 20～25 朵小花。每个植株上的雄花花序数,往往多于雌花花序数,雄花的授粉能力远远超过需要量。而雄花整个花序的花期达 30 天以上,比雌花结果期长 2～3 倍,在此期间要消耗大量的养分。将多余的雄花序尽早除去,可节省大量养分供果实生长发育。据报道,如果疏除雄花的同时,结合除去卷须,效果更好,座瓜率可提高17.9％,产量增加 36％。

(4)韭菜田分块间隔好处多　用于深冬生产的韭菜畦一般为南北走向,长 5～6 米。在韭菜田的南侧,东西向栽培 2～3 行高大的玉米或架菜豆,可以像防护林一样将韭菜田分块间隔开来,具有良好的防病和增产效果。这是河北省秦皇岛市菜农发明的一种栽培方式。此法具有以下优点:

① 防倒伏:为获得高产,目前生产上采用的多为株高40～50 厘米的高大韭菜品种,尤其是一些用于深冬季节生产的韭菜田,夏季不收割,植株高大拥挤,遇到大风,极易成片倒伏,在高温高湿环境下,容易腐烂或引发病害。分块间隔后,风速明显减小,基本无倒伏现象。

② 防病害:大面积栽培韭菜的地区,一块地的韭菜发病,往往迅速蔓延,波及其他地块。分块间隔后,可在一定程度上阻挡病原菌传播,为防病赢得时间。

③ 防异花传粉:有的菜农在多年的栽培过程中,经过不断的选择培育,逐渐形成了自己的优良品种,自己留种,自己使用。分块间隔后,可在一定程度上避免因其他韭菜田的花粉传入而降低种子纯度。

④ 遮光降温:韭菜喜冷凉,耐弱光,怕高温强光。分块间

隔后,可对部分韭菜起到一定的遮光降温作用。

(5)温室后墙栽韭菜 这是河北省遵化市菜农为提高温室利用率而发明的一种栽培方式。他们利用温室的土后墙,进行韭菜立体栽培,每年元旦、春节和元宵节前后各收获一茬韭菜,一个 300 平方米的温室,其后墙可产韭菜 600 千克。其方法是:在秋末,用尖铲在后墙上按 10 厘米间距开穴,将露地栽培的韭菜挖出,剪去叶片和过长的根,摆入穴中,用水壶浇小水,抹泥,将韭菜植株固定在墙上。干旱时可用喷壶喷水,每 10 天结合补充水分,叶面喷施 0.2%的尿素。分期采收,下部韭菜生长快,早采收,上部生长慢,晚采收。

(6)正确区分黄瓜"花打顶" 黄瓜"花打顶"现象,是由于苗期的不利环境,所导致的黄瓜幼苗顶端只有雌花而生长点消失的异常现象。补救的方法是,在定植后摘心,促使其萌发侧枝,利用侧枝的生长点继续生长。但栽培中,由于温室保温性差,温度低,或乙烯利处理不当等原因,使黄瓜花芽分化旺盛,形成大量雌花,而幼苗则生长缓慢。这样,就表现为幼苗顶端密集着生大量雌花。有的菜农误将其认为是"花打顶",进行摘心处理,结果延误结瓜,损失惨重。因此,在鉴别时要特别注意,只有确实见不到生长点时才可认为是"花打顶"。只要有生长点,哪怕很小,就不能认为是"花打顶"。这类幼苗只要在定植后增加浇水施肥量,促其生长发育,15~20 天后植株便能逐渐伸展开,恢复正常。

第三部分 关于栽培模式

63. 什么是温室黄瓜和番茄的主副行种植周年栽培模式？

温室黄瓜和番茄的主副行周年栽培，是一种高效栽培模式。河北省邯郸市已将这种栽培模式推广至100公顷(1 500亩)，在基本不增加投入的情况下，每666.7平方米(1亩)两茬副行增收黄瓜、番茄3 500千克，经济效益增加4 000元以上。这种栽培模式的具体内容如下：

(1)播　种

① 黄瓜播种：选用长春密刺黄瓜品种。12月下旬播种，苗龄45天，定植行距为100厘米，主行株距17厘米，每亩栽4 000株，副行株距35厘米，亩栽2 000株。

②番茄播种：主行选用中蔬4号、佳粉14号、毛粉802等中晚熟品种，副行选用早丰等早熟品种。7月下旬播种，苗期40天。定植行距为55厘米，主行株距为35厘米，亩栽3 500株，副行株距60厘米，亩栽2 000株。

(2)冬春茬黄瓜主副行栽培

① 培育壮苗：在温室中部做苗床，宽1～2米，东西走向，下铺地热线，种子用55℃温水烫种10分钟，而后浸种催芽，用营养钵育苗。播种后扣小拱棚，加强温室内温湿度管理并注意炼苗。

②定　植：定植前亩施腐熟优质农家肥5 000千克，磷酸二铵40千克，与土壤混匀，温室内气温达12℃时即可定植。

③管　理：定植后温室保持 25℃～30℃的温度,以促进缓苗。5 天后浇缓苗水,浅中耕。根瓜坐住前适当蹲苗,而后结合浇水,亩施硝酸铵 25 千克,甩蔓后及时吊蔓,龙头方向和高度要一致。自采收开始,每 10 天浇一次水,结合浇水亩施腐熟粪稀 500 千克,硝酸铵 15 千克。25 片叶后打尖。温室保持在 30℃～32℃,超过 35℃要及时通风。后期注意补充水肥,促进形成回头瓜,并注意随着外界温度的升高而放风。副行瓜蔓 10 片叶时摘心,采收 2～3 条瓜后拔秧。

④防治病虫害：病虫害主要有霜霉病、炭疽病、白粉病、蚜虫及白粉虱等,均要及时对症防治。

(3)秋冬茬番茄栽培

①培育壮苗：晒种 5～6 小时后,用 1‰高锰酸钾溶液浸泡 20 分钟,再进行高畦(15 厘米高)育苗。播后遮荫,降温防雨。幼苗长到 2～3 片真叶时,按株行距 8 厘米×10 厘米分苗。

②施　肥：定植前亩施优质农家肥 5 000 千克、磷酸二铵 60 千克,翻耕,与土壤混匀,按预定行距开沟,每亩再沟施腐熟饼肥 100 千克。

③定　植：在日平均气温为 20℃～25℃,10 厘米深处土温为 20℃～25℃时定植。河北省中南部地区定植期一般在 9 月上、中旬,按株距挖穴,将苗顺栽培行方向卧在穴中,以第一片真叶露出地面为度。全部定植完成后,统一浇一次大水。

④管　理：定植 5 天后浇缓苗水。以后每隔 10 天浇一水。果实膨大期,结合浇水每亩追施尿素 15 千克,并每隔 10 天随水追施粪稀 500 千克。主行植株第一穗果坐住前吊蔓或搭架,采用单干整枝,随时打杈,每株留 3～4 穗果,最后一穗果上方留 2 片叶摘心。绑蔓时果穗留于外侧,以利受光着色。

副行每株视长相留 1～2 穗果,不插架。

一般在 10 月上旬夜间气温降至 15℃时,开始覆盖温室薄膜。具体时间视番茄长相而定,长势旺、结果早的,可适当晚扣。扣棚后通风量由大变小。10 月下旬,覆盖草苫保温。冬季如遇雨雪天气,夜间可用炭火加温。每穗花开放时用 15～20 毫克/升的 2,4-D 蘸花。

副行果采收完即拔秧,为延长主行采收期,可不采收,在植株上保鲜。经试验,效果较好的方法是,将温室控制在白天为 6℃ ,夜间为 2℃,湿度控制在 65%～75%,可使着色后的番茄保鲜 20 天以上。

⑤防治病虫害:主要有病毒病、叶霉病、早疫病、立枯病、棉铃虫及蚜虫等,可及时对症防治。

64. 如何在日光温室草莓中套种西瓜或甜瓜?

河北省固安县是著名的西瓜产区,在赵大年的长篇小说《黄城根》中有对该县西瓜丰收盛况的描写。自 1993 年开始,该县菜农在温室草莓中套种西瓜或甜瓜,取得了很好的经济效益,每 666.7 平方米(1 亩)年产值均在 5 万元左右。现将其栽培管理方法及经验介绍如下:

(1)**日光温室建造**　要求温室采光、增温与保温性能良好,抗灾能力强。室内极端最低气温高于 8℃。寒冷季节,在晴天不加温的情况下,室内气温能够达到或超过 30℃。

(2)**草莓的栽培管理**

① 品种选择:宜选用丰香、春香与静香等早熟品种。这些品种,在 12 月初可采收草莓上市。近年来,在 12 月份至翌年 2 月份草莓的上市量少,因而售价较高。

②繁育壮苗：采用匍匐茎繁殖法。选无病壮苗为母株，每亩温室需 5 000 株。于 3 月底 4 月初种植，株行距为 1 米×1 米。5 月上旬，摘除母株花蕾后，喷浓度为 100 毫克/升的赤霉素药液。加强田园追肥、灌水、中耕及除虫等管理。

　③适期定植：在草莓匍匐茎苗花芽分化以后，即 8 月上中旬定植。定植前，要重施底肥，精细做畦。草莓套种西瓜或甜瓜，生育期长（9 个多月），追肥中有机肥的施用量又受到限制，因此应重施底肥。每亩温室使用腐熟鸡粪 10 立方米，腐熟土杂肥 5 立方米，磷酸二氢铵 100 千克，硫酸钾 50 千克。将底肥均匀地撒在温室地表面，深翻细耙，按 90 厘米畦距做小高畦，畦高 15 厘米。浇透水，使小高畦沉实。水渗后将小高畦整平，以免定植草莓后浇水时出现秧苗被冲或淤心现象。

　小高畦做好以后，选阴天或晴天下午光照弱时定植。每个小高畦定植 2 行，株距 12 厘米，亩栽 12 000 株。栽植时注意弓背向外，并做到"深不埋心，浅不露根"。

　④管　理：定植后要及时浇水，保持地表湿润。缓苗后中耕，摘除老叶、病叶，每 10～15 天喷一次甲基托布津或代森锌等杀菌剂溶液，预防褐斑病和白粉病等病害。要少浇水，不追肥或少追肥，以免造成秧苗徒长，影响花芽分化。10 月中旬，夜温降至 10℃时扣棚。扣棚过早，花芽分化少；扣棚过晚，草莓进入休眠状态，果实上市推迟。扣棚两周后盖地膜，提高地温，促进草莓根系生长。扣棚至开花，气温应控制在白天为 25℃～30℃，夜间为 10℃～15℃的范围。开花以后，气温应控制在白天为 20℃～25℃，夜间为 8℃～12℃的范围。及时摘除病、老叶片及匍匐茎，每株每次留果 7～10 个。

　11 月中旬，草莓果实长至拇指大小时，要浇催果水，并随水每亩追施尿素、磷酸二氢钾各 20 千克。以后一般不浇水。至

2月上旬,结合西瓜或甜瓜定植,浇第二次催果水。西瓜或甜瓜定植以后,温度、水肥管理依据西瓜或甜瓜生长发育的需要进行。

灰霉病是温室草莓栽培中危害最为严重的一种病害,从扣棚直至采收结束,始终不能放松对该病的防治。应采用加强通风换气,用地膜覆盖畦面,降低室内湿度,定期喷施速克灵、扑海因等杀菌剂的措施来防治。

(3)西瓜、甜瓜的栽培管理

①培育壮苗:西瓜选用金冠1号或京欣1号等早熟品种,甜瓜选用伊丽莎白或蜜世界等厚皮品种。12月中旬播种,两者亩用种量都是100克。在温室中部建苗床,苗床底部铺电热线,功率为每平方米100瓦。营养土由4份腐熟马粪与6份肥沃田园土混合配成。采用口径为9～10厘米的塑料营养钵育苗。

苗期保持营养土湿润。西瓜与甜瓜的温度管理相同,播后至出苗,营养土温度在昼夜应保持25℃～32℃。出齐苗至第一片真叶显露,气温控制范围为白天20℃～25℃,夜间10℃～13℃。第一片真叶显露至3～4片真叶,气温控制范围为白天25℃～30℃,夜间15℃～18℃。

②定 植:定植前,土壤中应补充有机肥,亩追腐熟鸡粪100千克,于小高畦腰部施入。西瓜或甜瓜苗,在苗龄40～45天,3～4片真叶时定植。选晴天上午进行。在小高畦畦面中部挖穴,穴浇30℃～35℃温水栽苗,水渗后封穴,每一小高畦定植一行。西瓜株距45厘米,亩栽1600～1700株。甜瓜株距38厘米,亩栽1900～2000株。

③定植后管理:西瓜或甜瓜定植以后,在温度和水肥管理上,既要满足西瓜、甜瓜各生长发育阶段的需要,又要尽可

能兼顾草莓的生长需要。因此,在西瓜、甜瓜温度管理上,应较其正常温度低些。花前温度白天为 25℃～28℃,夜间为 10℃～15℃。花后温度白天为 25℃～30℃,夜间为 13℃～17℃。

在水肥管理上,要浇透"三水",施足"两肥"。定植后浇透定植水,10 片真叶时浇伸蔓水,亩追尿素、磷酸二氢钾各 20 千克。西瓜、甜瓜坐稳后(甜瓜核桃大小,西瓜鸭梨大小),浇膨瓜水,追肥种类和数量同上。西瓜采用篱式架,双蔓整枝,主蔓留瓜,每株留一瓜。

开花期进行人工辅助授粉。甜瓜要插篱架或用聚酯纤维丝吊蔓。单蔓整枝,子蔓结瓜。主蔓 25 片叶时打顶,12～18 节留 4 条子蔓。每条子蔓留一瓜,瓜前留 3 片叶后摘心。为提高座瓜率,花期可进行人工授粉。瓜坐稳后每株留 2 个瓜。在西瓜或甜瓜花期,用 100 倍液的坐瓜灵涂抹雌花子房,可明显提高座瓜率。在花期要注意加强对灰霉病的防治。

65. 如何在温室黄瓜中间作平菇?

温室的高湿环境,十分适宜平菇生长,温室黄瓜间作平菇,可充分利用空间,经济效益远高于单纯种植黄瓜。其具体方法如下:

(1)茬口安排 第一批平菇可在 8 月下旬至 10 月上旬配料装袋,选用广温型品种,或前期选用中温型,后期选用低温型品种。12 月份至翌年 2 月中旬,播种第二批,前期选用低温型,后期选用中温型或广温型品种。

保温性能好的温室,黄瓜一年栽培一大茬(冬茬),在 9 月播种,10 月份定植。保温性能较差的温室,一年栽培两茬黄瓜。秋冬茬黄瓜于 8 月中旬在温室中直接播种,不育苗。冬春茬黄瓜于 12 月中旬,在温室内搭小拱棚播种育苗,翌年 2 月上旬定植,行距 1 米,株距 30 厘米。

(2)平菇栽培技术

① 品种选择:温室栽植黄瓜主要在冬、春较寒冷季节,故平菇品种应选择中、低温类型或广温型品种。早春或秋季可供选择的品种,有少孢侧耳或华丽侧耳等;严冬时节应选低温类型,如 117,539,上海平菇及南平平菇等品种。

②配　料:用新鲜的玉米芯(或稻草、棉籽壳)作培养料,粉碎成颗粒(粒径为 5 毫米以下),并加入 8％米糠、1％石膏、2％石灰、0.2％多菌灵,加水搅拌,使含水量达到 65％,pH 值调整到 9,再建堆发酵。此后要注意定时翻堆。当 pH 值变为7,含水量为 60％时,即可装袋。

③播种后的管理:发菌期是平菇栽培的重要时期,搞好这一时期的管理很重要。播种后 3～4 天内,应特别注意通风换气和湿度调节,使料温控制在 24℃～28℃。要定期检查培养料内的温度变化,如温度过高,则应倒袋。正常情况下,播种后 1～2 天菌丝恢复生长,10 天左右菌种块周围布满菌丝,整齐地向四周扩散,39 天后,菌丝布满整个培养袋。

平菇栽培的管理工作,主要是保温、保湿和通风换气。如发现杂菌污染,应及时用注射器注入 75％酒精或 0.1％的高锰酸钾,而后将针孔用胶布粘住。此法可有效地防治早期杂菌污染。整个发菌期间,空气相对湿度应控制在 70％左右。每天至少要通风半小时。菌丝布满培养料后,10 天左右即可形成子实体原基,而后进入子实体形成期。

在子实体形成期,要创造较大的昼夜温差,白天温度在24℃左右,夜间在 10℃左右,昼夜温差在 10℃以上,有利于出菇。要增大棚室湿度,在子实体分化形成期,温室内的空气湿

168

度应保持在 85%～90%。在子实体的菌盖长至直径 2～3 厘米时,可用喷雾器向子实体喷水。切不可喷在黄瓜叶片上,防止引发病害。

④采 收:平菇播种后 30～40 天可开始采收,以后每 20～40 天采收 1 茬,共采收 3 茬。采收时期要得当。子实体的菌盖边缘由弯曲变伸展,孢子尚未释放前,是平菇的最佳采收期。栽培结束后,平菇栽培废料可翻入大田作肥料。

(3)黄瓜栽培技术

①品种选择:依据市场需求和消费习惯等因素,选择黄瓜品种。在棚室栽培中表现较好的黄瓜品种,有长春密刺、津杂 1 号和 2 号、鲁黄瓜 4 号、秋棚 2 号、唐山秋瓜、碧春、中农 1101、中农 5 号、北京 101 号和北京 102 号等品种。

②栽培方式:黄瓜采用大小行定植方式。大行距为 1.2 米,小行距为 0.5～0.7 米,株距 20～25 厘米,每 666.7 平方米(1 亩)确保 3 500～4 000 株。每 2 行覆盖 90 厘米宽的地膜。为便于田间操作,菌袋放置在小行上,依据黄瓜长势,可放 1 层,也可叠放 3～5 层。湿度低时,上盖塑料薄膜保湿。

③管 理:黄瓜的栽培管理方法,与普通棚室黄瓜的管理基本相同,需要注意的是黄瓜病虫害防治的喷药、熏蒸时期和方法。必须注意在菇蕾形成至收获的 10 余天内,勿喷药或熏蒸,尤其忌讳熏蒸。如病虫严重,必须喷药,要用塑料薄膜将平菇覆盖严密,并且不能使用剧毒农药,以防污染平菇。

要注意温室内二氧化碳施肥的用量。平菇的呼吸作用及培养料的发酵作用,可放出大量二氧化碳,基本上可满足黄瓜光合作用的需要。若阳光不强,可不施或少施二氧化碳,以免造成黄瓜及平菇的二氧化碳中毒。

66. 什么是日光温室厚皮甜瓜、菜豆和生菜复种栽培模式？

日光温室厚皮甜瓜、菜豆和生菜复种栽培模式，第一茬为早春厚皮甜瓜，收获后栽培耐热性较强的菜豆，气温降低时，在菜豆行间种植生菜。对于保温性较差的日光温室，可于菜豆拉秧后，在低温季节整个温室栽培生菜。吉林省桦甸市榆木桥子镇太平村农民陈一平利用这一模式，在 300 平方米的温室内年创收近 2 万元。在她的带动下，全市新建日光温室近千栋，她也成为当地小有名气的致富示范户。其具体做法如下：

(1)厚皮甜瓜栽培技术

①品种选择：可供选择的品种较多，如伊丽莎白、网密、京玉 1 号、京玉 2 号和网纹 99—50 等。陈一平选用的是韩国进口品种金满地。该品种早熟，高糖，含糖 15%，生育期为 75 天，果皮深黄色，果肉银白色，肉质致密且脆，鲜明且深，不裂果。每平方米栽 4 株，单瓜重 400 克，每株留瓜 4 个。

②嫁接育苗：采用黑籽南瓜作砧木与厚皮甜瓜嫁接育苗，能预防枯萎病，同时可增产 25%。1 月 23 日前后，将黑籽南瓜种子播于塑料营养钵中，每钵播种 1 粒。厚皮甜瓜于 2 月 18 日撒播在塑料育苗盘中。所用营养土由田园土 5 份、优质腐熟有机肥 4 份和用水冲洗过的炉渣 1 份，混配而成，每立方米营养土加复合肥 1 千克。

当黑籽南瓜苗第一片真叶充分展开，厚皮甜瓜苗两片子叶平展时，采用插接法进行嫁接。嫁接前保持苗床湿润，先去掉黑籽南瓜苗的生长点和第一片真叶，用左手拇指和中指夹住砧木茎上部，拇指和食指捏住黑籽南瓜苗内侧一片子叶，左手握竹签，从内侧子叶的主叶脉基部插入。楔形面朝下呈 45°

角,向对面插入约 5～6 毫米,以竹签刚透出茎外为宜。同时,另一个人用左手拇指和食指托住厚皮甜瓜苗的基部偏上部位,右手用刀片距子叶 1 厘米处斜切断基,使切口长度与黑籽南瓜苗的插孔深度相等。拔出竹签,将厚皮甜瓜苗切口朝下迅速插入,尖端透出砧木茎外为宜,每天每人可嫁接 800 棵,成活率在 80％以上。

嫁接后 3 天内,白天温度保持 28℃～32℃,夜间为 17℃～20℃,相对湿度达到 95％,并适当遮光。3 天以后,逐渐通风,降低湿度,增加光照时间。7 天以后,白天温度保持为 25℃～28℃,夜间为 10℃～16℃。当厚皮甜瓜苗长到 3 叶 1 心时定植。

③定 植:每 666.7 平方米(1 亩)施优质有机肥 4 000 千克,饼肥 100 千克,硫酸钾 15 千克,尿素 10 千克,复合肥 10 千克。然后深翻,使肥料与土壤混匀后做畦。畦宽 1 米,畦面覆盖地膜,每畦定植两行,株距为 50 厘米。

3 月初,用打孔器在地膜上打孔定植,摆苗后按穴浇水,定植深度不能超过嫁接口。

④管 理:定植后注意保温,白天保持 25℃～30℃,夜间为 12℃～15℃。定植时浇足水,当第一、二、三、四个瓜长至核桃大小时分别追肥,每次每亩追施尿素 20 千克,硫酸钾 20 千克,复合肥 10 千克。在追肥的同时,要灌水,此外可适当喷些叶面肥。

采用双蔓整枝。当主茎长出 4 片叶时摘心,促进侧蔓生长。用绳子吊蔓上架,每个侧蔓留 3 个瓜。当瓜长到鸡蛋黄大小时,去掉其中 1 个瓜。除了所留的双蔓以外,其余侧蔓和瓜全部去掉,并在所留蔓最后一个瓜的上方,留 10 片叶后摘心。开花期,晴天上午 8～9 时进行人工授粉。授粉时,摘下雄花,去掉花瓣,将花药放在雌花的柱头上蹭一下即可。1朵雄花授2~3朵雌花,5月中下旬采收上市,6月中旬拉秧后栽培菜豆。

(2)菜豆栽培技术

①品种选择:可选用江东宽等品种。

②播种与管理:于7月初在温室内直接播种,株距30厘米,行距60厘米,每穴2粒,穴深3~4厘米。保持土壤湿润,白天保持室温18℃~25℃,夜间为14℃~15℃,只在温室顶部覆盖薄膜,起降温作用。出苗后每隔10~15天喷1次1%蔬菜灵,开花结果中期适当追肥浇水,并用防落素喷花,提高结荚率。

③ 病虫害防治:对炭疽病,可用70%甲基托布津1500倍液喷雾防治;对疫病,可用75%百菌清500倍液喷雾防治;对蚜虫,可用万灵1500倍液喷雾防治。

④采 收:尽量往后推延采收期,在10月中、下旬开始采收,并注意保温以延长采收期。每300平方米可收获菜豆荚1300千克。

(3)生菜栽培技术

①品种选择:可选择玻璃生菜、翠花、红火花、微型迷你生菜、绿王、美国速生和汉城绿等品种。其中美国速生植株较大,最大单株重350克。

②播种育苗:在9月中旬至11月上旬播种。播种后25~30天定植。生菜可多次采收,一直采收到来年2月末。

整个温室均栽培生菜,每亩用种0.8~1.0千克,需苗床8~10平方米。与菜豆间作,每亩用种量为0.3~0.4千克。生菜种子发芽要求较低温度,高温反而不利于发芽。因此播种前可用冷水浸种5~6小时,在15℃~18℃下催芽,每天用清水冲洗1～2次,待种子萌芽后再播种。播种后用草苫覆盖,保持土壤湿润,早晚浇小水,出苗后撤去草苫。在出苗后至定植前可施入少量尿素。苗期要少浇水。

幼苗长到2片真叶时开始间苗,共间2～3次,最后苗距为3厘米。当幼苗长到4～5片真叶时定植。

③定　植:整个温室栽培生菜时,亩施有机肥2 000千克,过磷酸钙20千克,草木灰100千克,做1米宽平畦。定植的株行距为14厘米×18厘米。与菜豆间作的,按25～30厘米株距定植。

④田间管理:分3次追肥。定植4～5天缓苗后,亩施10千克尿素,促进叶片增长。定植后20天,亩施尿素7～8千克,氯化钾3千克,也可施入三元复合肥15千克。定植后30天,再追肥一次,每亩施入尿素10千克,氯化钾5千克。

缓苗后,以中耕为主,土壤保持见干见湿。进入叶片旺盛生长期,要加大浇水量,勤浇水,保持土壤湿润,但湿度过大会引起叶片腐烂。生菜上几乎没有虫害,病害也较少。由于生菜的食用部分为叶片,所以即使发生病害,也要尽量避免或减少用药。

⑤采　收:确定生菜采收期弹性较大,一般不采用整株采收的方法,而是从下往上掰叶采收。定植后15～20天即可采收,亩产量约为1 500千克。

生菜的含水量高,常温下仅能保鲜1～2天。在0℃～3℃的低温,相对湿度90%～95%的条件下,可保鲜14天以上。

67.什么是暖棚草莓、西瓜和夏白菜
周年反季节栽培模式?

暖棚,即覆盖草苫的塑料薄膜大棚。因它不设墙体和后屋面,故造价比日光温室低。利用暖棚,通过巧妙的茬口安排,可进行草莓、西瓜和夏白菜的反季节栽培,生产出的草莓、西瓜和夏白菜,皆在其淡季上市,价格较高。山东省平邑县菜农采用这种模式,每 666.7 平方米(1 亩)棚地年收益在 15 000 元左右。他们的做法如下:

(1)建造暖棚 暖棚为竹木结构,东西走向,南北跨度为 6.5 米,东西长度不限。设三排立柱,北高南低,前、中、后立柱高分别为 1.2 米、1.6 米和 1.8 米。前立柱距前沿 2 米,并向南倾斜 20°角,后立柱距离后沿 1.1 米,并向后倾斜 20°角。同排相邻两柱间,东西向间隔 0.8～1.0 米,在距离立柱顶端 20 厘米处东西向绑一横梁(拉杆),使各排立柱连为一体。前、中、后立柱上端,南北向压一道竹片作拱杆,竹片宽 4 厘米,向后伸长超出后立柱 40～60 厘米。前沿后沿用硬竹片弯成拱形,扣膜后用压膜线压紧,其上覆盖草苫。后坡及两头皆用双膜双苫墙(东山墙留小门供出入用),北侧还可以堆放玉米秸保温。早晨拉草苫的方法与日光温室相同。傍晚放草苫时,由于暖棚坡度小,要用长竹竿向南顶推草苫。

(2)越冬草莓栽培

①品种选择:应选择早熟、休眠期短、高产、抗病、耐低温、品质好和增产潜力大的品种,如新明星、新星 2 号、土特拉、早丰、章姬、红丰、美国全明星、美 13、梯旦、巨星、弗吉尼亚和宝交早生等,均为暖棚栽培的理想品种。

②整　　地:棚架扎好后,于 9 月初每亩施有机肥 4 000 千克,饼肥 50 千克,磷酸二氢铵 20 千克,深翻整平,做成高 15 厘米、畦面宽 55～60 厘米、间距 25～30 厘米、两边带小土坡的东西向高畦。

③定　　植:9 月上旬,草莓花芽分化前,选用茎粗 1 厘米

以上、有 3～5 片真叶、根系齐全和无病虫危害的当年生壮苗，每畦栽两行，小行距为 30 厘米，株距为 15～20 厘米，每亩栽 6 000～8 000 株。定植时草莓茎弓背向畦外，有利于将来向两侧抽穗结果，通风透光，既可减少病虫危害，又可提高草莓的产量和质量。定植后要浇大水。

④定植后的管理：草莓定植 1 个多月顶花芽分化后，即应覆盖薄膜，再过 15 天后覆盖黑色地膜，温度急剧降低时应覆盖草苫。这是大棚越冬草莓全促成栽培的关键环节。覆盖薄膜的时期，是日平均温度在 16℃左右的时期，北方寒冷地区约为 10 月 15～20 日，南方约为 10 月下旬至 11 月初。

为防止草莓休眠和促进花芽分化，前期应给予较高的温度，白天为 28℃～30℃，不超过 35℃，夜间为 12℃～15℃，不低于 8℃。在现蕾期，白天为 25℃～28℃，夜间为 10℃左右。在开花期，对温度反应敏感，白天应保持 23℃～25℃，夜间为 8℃～10℃。在果实膨大期，白天温度应保持在 20℃～25℃，夜间为 6℃～8℃。

棚内温度高，水分蒸发量大，植株生长旺盛，要保证充足的水肥供应。但棚内湿度过大，易诱发病害，并影响授粉，却又不能随便放风排湿。对这一矛盾必须恰当处理，其方法一是晴天上午膜下浇水，并随水追肥，保证肥水供应；二是根据天气状况放顶风排湿，不放侧风；三是湿度过大时，在行间撒吸湿性强的物质（如草木灰等）。

为防止草莓进入休眠期，在植株第二片新叶展开时，可喷施浓度为 5～10 毫克/升的赤霉素溶液，每株 5 毫升，喷到植株心部，而后室温应保持在 30℃左右，以使其充分发挥作用。休眠浅的品种（如弗吉尼亚）喷 1 次即可，休眠较深的品种（如宝交早生）可连喷两次。

由于大棚密封性强,空气湿度大,草莓难以靠风力传粉。因此,可在棚内养蜂,让蜜蜂传粉。也可进行人工辅助授粉,即在上午开花时,将开放花朵用细软毛笔蘸花粉逐花涂抹。

要及时整枝。除主芽外,可保留 2～3 个侧枝,其余侧枝全部摘除,并随时摘除有病虫的老叶和匍匐茎。还应及时疏花疏果,每株保留 20 个果左右。

要适时采收。12 月中旬,当果实由青变红时,应及时采摘,以利于其他果实生长。

(3)西瓜早熟栽培

①品种选择:要选用早熟、抗病和优质高产品种,如抗病苏蜜、西农 3 号、金钟冠龙和郑杂 5 号等。

②育　　苗:一般在 1 月底用火炕育苗,或在温室内建苗床铺地热线育苗。将 6 份未种过瓜类蔬菜的田园土与 4 份腐熟有机肥混合,然后过筛,每立方米土加入 0.5 千克尿素,2 千克硫酸钾,再装入营养钵。将经浸种催芽后已露白的西瓜种,点播于营养钵上,进行变温管理,出苗前保持 28℃～30℃,出苗后适当降温,移栽前进行低温炼苗,使其在 35～40 天达到壮苗标准。

③整地、定植:当 2 月中下旬大棚草莓顶花序果采摘完以后,铲除每一空当北边的一畦(立柱北一整畦)草莓,亩施三元复合肥 50 千克,平整后做成高垄,覆盖地膜。3 月初,当西瓜苗龄达 35～40 天,有 3 片真叶展开时,将瓜苗带土移栽于高垄上,按每垄双行(后立柱北一畦为单行)三点式移栽,小行距为 50 厘米,株距为 45～50 厘米,每亩栽 1 600～1 800 株。定植后加盖小拱棚保温。

④定植后的管理:西瓜定植后,草莓腋花芽又开花结果,在管理上应当尽量满足它们各自的需求。到 3 月底或 4 月初

草莓腋花芽结果采收后,清除草莓。

草莓不需要高温,白天保持 20℃～25℃,夜间保持 6℃～8℃,就可满足其果实膨大的需要。而西瓜缓苗期需要白天为 30℃～32℃,夜间为 16℃的温度。要将小拱棚盖严,必要时可在小拱棚上覆盖草苫保温。西瓜缓苗前后,特别是坐瓜后,随着外界气温的升高,应加强通风,降低棚内温度,加大昼夜温差。

草莓腋花芽结果后需水量较大,应及时浇水。在西瓜缓苗期,应浇水保湿,促进缓苗,团棵期控制浇水,促进根系下扎;伸蔓期适量浇水,满足需要;开花坐果期控制浇水,防止徒长,促进坐果;瓜果膨大期多浇水,促进果实膨大。

草莓需适当追肥。西瓜团棵期,应亩施 100 千克腐熟饼肥,10～20 千克三元复合肥;坐瓜后亩施 5～10 千克尿素,20～30 千克三元复合肥;后期还可喷施 5 次 0.3%的磷酸二氢钾,以保护叶片,增强光合能力。

西瓜甩蔓后,应撤掉小拱棚,清除草莓,给西瓜吊蔓。采用双蔓整枝,先将茎蔓第一、二节上侧蔓留 3～5 叶摘心后埋入土中,只露出叶柄,以固定植株。在主蔓第三至第五节上留 1 条健壮侧蔓,其余侧蔓全部摘除。然后将双蔓用塑料绳吊在上端顺瓜行已拉好的铁丝上。坐瓜后将瓜放到地面上,瓜以上的蔓仍吊起来。

大棚西瓜以留主蔓第二朵雌花坐瓜为宜。需进行人工辅助授粉,授粉时间在上午 8～9 时。授粉时摘下雄花,去掉花瓣,将花药对准雌花柱头涂抹即可。

需要防治的危害西瓜的病虫害主要有西瓜枯萎病、炭疽病、霜霉病和白粉病等,还有蚜虫及其传播的病毒病。其防治方法是,除播种时进行种子消毒,用黑籽南瓜苗、葫芦苗等嫁接苗防治土传病害外,应定期喷施多菌灵、甲基托布津和百菌清等药液。发现蚜虫,应及时喷施氧化乐果、蚜虱净等农药。

要适时采收。西瓜授粉应做好时间标记,根据不同品种授粉至成熟所需的天数,来确定采收时期。有经验者也可根据植株和瓜的表现来决定采收时间。

(4)越夏大白菜栽培

5月中下旬西瓜收获后,清除瓜秧及杂草,亩施3 000千克有机肥,10千克复合肥,20千克尿素。然后深翻,做成高15厘米、宽60厘米的高畦,按大行距50厘米、小行距35厘米、株距40厘米的规格,点播日本夏阳大白菜,每亩约4 000株。将大棚四周棚膜全部收起,以通风降温降湿。用顶部棚膜防雨遮阳。当温度过高时,在棚上可加盖部分草苫提高遮光效果,还可以在上午浇井水降温。

越夏白菜生育期短,生长速度快,因此需多次追肥浇水,特别是团棵期后生长量加大,需每10～15天浇水一次,并随水每亩追施5～10千克尿素,促其快速生长。

越夏白菜易发生多种病虫害,要定期喷施多菌灵、百菌清等防治腐烂病,喷施氧化乐果等防治蚜虫,用灭幼脲防治菜青虫。

白菜包心紧实,每棵产净菜达1.0～1.5千克时,应及时收获上市。

68. 日光温室内甘蓝如何与果、豆类蔬菜套种?

保温性能一般的日光温室,多进行秋冬茬和冬春茬两茬果、豆类蔬菜栽培。在秋冬茬果菜拉秧后,正值严冬低温季节。此时冬春茬蔬菜正处于育苗阶段,温室大部分土地闲置。此时,可在这部分土地上种植喜冷凉的甘蓝。而后在甘蓝行间定植果、豆类蔬菜,并与之共同生长。当果、豆类蔬菜植株长大时,收获甘蓝。这种套种方式,可充分利用温室的时间和空间,增加收益。同时,由于栽培期间气温较低,有利于甘蓝结球,可避免甘蓝因温度高而不结球的现象。

可与甘蓝套作的有黄瓜、番茄、甜椒和菜豆等。具体的套种方法如下:

(1)甘蓝栽培技术

① 品种选择:栽培普通甘蓝,可选耐寒、早熟品种,如中甘 11 号、8398、山农 56 号、中甘 9 号、西园 3 号和中甘 8 号等。也可栽培经济效益更高的紫甘蓝。可供选择的紫甘蓝品种有红亩、紫甘 1 号、巨石红、早红、宝石红、露比波早生(F1)、德国紫甘蓝、奇红、中生鲁比紫球、鲁比紫球和特红 1 号等。

② 育　苗:在秋冬茬果菜拉秧前 45 天左右(约 11 月中上旬)播种育苗。苗床要进行土壤消毒,每 666.7 平方米(1 亩)用 2 千克 40%五氯硝基苯与 50%福美双或 50%多菌灵混合,拌细土 40～100 千克,混入土壤。每亩栽培田用种量为 50 克左右,实行精细播种,按 5 厘米见方的规格点播。种子发芽适温为 18℃～22℃。出土后,白天温度应控制在 20℃～25℃,夜间温度为 15℃。苗出齐后,温度应降到白天为 20℃,夜间为 10℃。此时,幼苗的胚轴对温度,尤其对夜温非常敏感,降低温度有利于抑制胚轴伸长,防止徒长。3～7 片真叶期间,白天温度可保持为 25℃,夜间为 15℃。此时,幼苗已经过了温度敏感期,提高温度可促使幼苗健壮生长,而不发生徒长。

幼苗期浇水要依据其生长情况而定。一般播种前要浇足底水,定植起苗前要浇一次水,以防伤根。除此之外,苗期不可经常浇水,浇水过多会引起徒长。

③定 植:秋冬茬果菜拉秧后定植。定植前要深翻土地,每亩施入优质有机肥 5 000 千克,磷肥 25～30 千克,尿素 30～40 千克,钾肥 20～30 千克。然后将地整平耙碎,做成 1.0～1.2 米宽弓背形高畦。然后在两高畦之间的畦沟里定植甘蓝,株距 40～50 厘米,每亩栽培 1 300～1 500 株。将来在高畦上面定植辣椒、番茄等果菜。

为避免降低地温和促进缓苗,定植可采用"水稳苗"的方式,按株距开穴,摆苗,按穴浇水,待水渗下后,填土。

④田间管理:甘蓝喜湿,忌涝。定植后 7 天浇 1 次缓苗水,并追施速效氮肥,亩施硫酸铵 10 千克,可加速缓苗和提高幼苗的抗寒能力。以后要控制浇水,进行蹲苗,早熟品种蹲苗 10～15 天,中、晚熟品种蹲苗 1 个月,蹲苗期要少浇水,以中耕为主。既要保持一定的土壤湿度,使莲座叶有一定的同化面积,又要控制水分,迫使短缩茎节间变短,结球紧实。但切忌过分蹲苗,否则结球小,影响产量。

到莲座期末开始结球时,浇一次大水,施一次重肥,亩施人粪尿 2 000 千克 。进入结球期,为促进叶球迅速增大,要保证充足的水肥供应,这是获得高产的关键。一般在地面见干时就要浇水,直到叶球完全紧实开始采收时为止。在整个结球期,早熟品种要施肥 1～2 次,中、晚熟品种施肥 2～3 次,每次每亩追施硫酸铵 15～20 千克,或尿素 10～15 千克。同时,还可叶面喷施 0.2%～0.3%的磷酸二氢钾,每隔 7 天 1 次,连喷 2～3 次,可促进养分运输和叶球发育。

⑤收 获:当叶球抱合紧实时即可收获。为了提早上市,只要叶球有一定大小和紧实度,就可开始分期收获。采收过

晚,叶球易开裂或腐烂。一般单球重 0.7～1.5 千克。

⑥病害防治：甘蓝的病害主要有猝倒病 、软腐病 、褐腐病和黑腐病。为了防病,播种前要用种子重量 0.3% 的多菌灵或 70% 代森锰锌拌种。发病初期,可用 50% 多菌灵 600 倍液,或 50% 加瑞农可湿性粉剂 800 倍液,或 60% 抑霉灵 500 倍液,或 30% 绿得保悬浮剂 350 倍液,或 35% 瑞毒霉 500 倍液,或 50% 福美双 500 倍液,或 30% 可杀得 500 倍液,或农用链霉素 200 毫克/千克或新植霉素 200 毫克/千克,或 25% 瑞毒霉加 50% 福美双等量混合 500 倍液喷雾,每 7 天 1 次,连喷 2～3 次。

另外,甘蓝常发生一种生理性病害—— 心腐病,又称“烧边”、“烧心”。这主要是植株缺钙所致。有时虽然土壤中有大量的钙,但因浇水不足,或某些品种吸收钙的能力弱,致使钙很少输送到叶球中,也会发生心腐病。因此,要注意保持适宜的土壤湿度,也可从叶面喷施绿丰威等钙肥,以防止心腐病的发生。

（2）果、豆类蔬菜栽培技术

① 黄瓜栽培技术：秋冬茬黄瓜,于 8 月中旬直接播种,10 月上旬给温室覆盖塑料薄膜。12 月底,黄瓜因温度低,停止生长而拉秧,然后整地施肥定植甘蓝。从 12 月初开始,冬春茬黄瓜即可播种育苗,一般在温室中部,先拔除部分秋冬茬黄瓜植株,东西向做苗床,用营养钵育苗,苗床上扣小拱棚,小拱棚上覆盖草苫保温。2 月初,黄瓜苗定植在做好的高畦上,每畦一行,株距 25 厘米。其他技术可参考普通冬春茬黄瓜的栽培技术。

② 番茄栽培技术：茬口安排与黄瓜相似。所选品种为佳粉 10 号、佳粉 15 号、毛粉 802、佳红 3 号、佳红 4 号、中蔬 5

号、鲁番茄 1 号和鲁粉 3 号等。栽培过程中,注意保持薄膜较高的透光率,防止因光照弱而使植株徒长,座果率降低。开花期用 2,4-D、番茄灵(防落素)处理,以提高座果率。

③ 甜椒栽培技术:茬口安排与黄瓜相似。可供选择的品种有农大 40、茄门、农发、农乐、双丰、中椒 2 号、中椒 3 号、甜杂 1 号、甜杂 2 号、甜杂 3 号、津椒 2 号、津椒 3 号、辽椒 4 号和鲁椒 1 号等。甜椒耐低温和弱光的能力较差,目前尚无温室专用品种。栽培过程中因光照弱,易出现分枝与主干夹角变小,叶片不平展且上举,座果率低等徒长现象,要注意保持温室良好的透光性。

④ 菜豆栽培技术:茬口安排与黄瓜相似,多采用直播的方式,不育苗。常用的优良品种有福三长丰、春丰 2 号、新秀 2 号、齐菜豆 1 号、春丰 4 号和秋抗 6 号等。菜豆栽培过程中,最关键的问题是栽培密度。栽植过密,植株相互遮光,结荚率会显著降低,造成减产。栽培经验表明,适宜的栽培密度为每亩 2 000 穴以下,每穴 2～3 株。

第四部分　关于新优品种

69. 豇豆有哪些新优品种？

在蔬菜生产中,目前所使用的豇豆优良新品种,主要有以下几种:

(1)之豇特早 30　系一代杂种,极早熟,丰产,优质,是目前早春棚室及露地早熟栽培的理想品种。该品种植株蔓生,生长势偏弱,分枝少,叶片小,以主蔓结荚为主,始花节位为第二三节。荚长 60～70 厘米,嫩绿色,肉质鲜嫩,粗细均匀。在早春,从播种至采收约需 50～60 天,全生育期为 80～100 天。始花期和采收期比之豇 28-2 提前 2～5 天,早期产量高 152%,总产量高 80%。抗病毒病和疫病,但不抗锈病。较耐寒,喜肥水。

(2)白粒矮豇　为从美国引进的红花红粒无架矮豇豆在我国栽培的突变种,经多年系统选育而成。白花白粒,与一般豇豆不同的是,栽培白粒矮豇无需搭架,省时省工,投资较小,便于规模种植。而且该品种适应性广,抗逆性强,上市早,产量高,品质好。一般荚长 50～60 厘米,荚粗 1.2～1.3 厘米,豆荚美观,荚肉肥厚。666.7 平方米(1 亩)产量为 2 000～3 000 千克,比原美国无架矮豇豆增产 30%。

(3)扬豇 40 号　扬州市蔬菜研究所针对普遍栽培品种之豇 28-2 退化严重现象,选育成的中晚熟、优质、耐热和高产的新品种。主蔓长 3.5 米,在主蔓的中上部有 1～2 个分枝,主侧蔓均可结荚,主蔓第七八节开始结荚。春季单株结荚 20 个以上，荚长 65～75 厘米，整齐，肉质厚而紧密。从出苗到采收约60 天。产量比之豇 28-2 高 15%，早上市 3～5 天。

70．瓜类蔬菜有哪些新优品种？

在瓜类蔬菜生产中的优良新品种，主要有以下的种类：

（1）冬瓜新优品种

①一串铃冬瓜 4 号：由中国农业科学院蔬菜花卉研究所从地方品种中选育而成。为早熟品种，生长势中等，叶片掌状，节间较短。第一雌花出现节位为第六至第九节，有连续出现雌花现象。瓜面有白粉。单瓜重 1～2 千克，每 666.7 平方米（1亩）产量可达 2 000～3 000 千克。

②金水 2 号：江西省金溪县浒湾镇菜农黄富民培育的超大型冬瓜新品种。其生育期为 120 天，从播种到初瓜成熟约90 天，结瓜多，一般每株结瓜 3～4 个，瓜长 1.5 米，肉质极厚，平均单瓜重 80 千克以上。幼瓜青色，成熟瓜乳白色。每亩定植 150 株，需搭 0.5 米高棚架，任瓜蔓在架上蔓延，所结冬瓜自然下垂至地面即可。

（2）普通西瓜新优品种

①暑　　宝：北京市北农西瓜甜瓜育种中心育成的无籽西瓜品种。中熟，全生育期为 105 天左右。植株长势较强，易坐果，适应性广，抗病性好。果实高圆形，果皮深绿色，果肉红色，肉质沙脆，品质优，汁多味甜，含糖量在 12% 以上。耐运输。单瓜重 7～10 千克，亩产 4 000～5 000 千克。该品种的突出特点，是易坐果，皮薄。

②少籽巨宝：中国科学院郑州果树研究所培育的早中熟品种。全生育期为 90～100 天，植株生长健壮，易坐果，从坐果至果实成熟需 30 天。果实椭圆形，表皮青绿色，有细网纹，

单瓜重 8～10 千克。果肉鲜红色,汁多味甜,少籽,单瓜种子数为 70～130 粒,含糖量为 12%。每亩产量为 4 000～5 000 千克,耐旱,耐涝,耐热,抗病性强。

③ 花　蜜:北京市北农西瓜甜瓜育种中心育成的无籽西瓜。中早熟,生育期为 100 天左右。植株长势中等,易坐果,适应性广,高抗枯萎病。果实高圆形,花皮,肉红色,肉质细腻、脆嫩,口感好,含糖量在 12% 以上。耐运输。单瓜重 6～8 千克,大者可达 10 千克以上,一般亩产 4 000 千克。该品种的最大特点是早熟,高抗枯萎病。

④ 重茬绿霸王:抗西瓜重茬病,特大新红宝改良品种,宜在各种土壤及恶劣环境种植。中熟,开花后 30 天采收。苗期苗壮,生长旺盛,座瓜率高,高抗枯萎病、病毒病及炭疽病。大果型,果实椭圆形,果皮深绿色,有细花纹,皮薄坚韧,耐运输。果肉鲜红,沙脆少籽,不空心,含糖量为 13%,果重 25 千克,亩产 12 000 千克。适宜大棚及露地栽培。

⑤ 美国绿帝王:抗西瓜重茬病,由美国引进,是高产、优质、抗病和耐重茬杂交一代新品种。长势强,抗枯萎病能力特强。易坐瓜,中熟,开花后 30 天可采收。果实椭圆形,有深绿色条带。肉质细软,汁多味甜。口感好,含糖量为 13%,皮薄坚韧,耐贮运,亩产量为 6 000～8 000 千克。

⑥ 京抗 3 号:北京市农林科学院蔬菜研究中心培育的一代杂种。早熟,生育期为 85～90 天。果实椭圆形,含糖量高,果肉桃红色,肉质脆嫩多汁。抗病性强,高抗枯萎病,耐炭疽病。耐重茬。亩产量为 5 000 千克。

⑦ 京欣 2 号:北京市农林科学院蔬菜研究中心培育的一代杂种。中早熟,低温弱光下坐果性好,单瓜重 5～7 千克。红瓤,含糖量在 11%～12%。肉质脆嫩,口感好,风味佳。皮薄,

耐贮运。高抗枯萎病,耐炭疽病。适宜保护地和露地早熟栽培。

(3)小西瓜新优品种 随着人们生活水平的不断提高,对西瓜消费也有了新的追求,小果型、外观漂亮、品质优良的小型礼品西瓜,越来越受到人们的喜爱。

①秀 丽:小西瓜品种。熟性极早,果实发育期仅为25天,耐低温弱光。椭圆形,花皮,瓜瓤大红色,肉质脆嫩,口感好,甜度高,中心含糖量为13%,边缘含糖量为11%。单瓜重2千克左右。瓜皮薄,但有韧性。最适宜保护地春秋季栽培。栽培时采用4~5蔓整枝,每株可留瓜4~5个。

②小 兰:小型西瓜品种,原产于台湾。瓜瓤金黄色,味甘甜,可像苹果一样削皮食用。果实圆球形,单瓜重1千克左右,小的只有0.5千克,含糖量为16%,属超高糖型。极早熟,春播全生育期为70天,秋播全生育期为78天,高抗各种病虫害。

③红小玉:日本品种。长势强,可连续坐果,单株结瓜3~5个,单瓜重2千克左右。具漂亮条纹,皮薄,果肉红色,可溶性固形物含量在13%以上,籽少,为高档礼品瓜。该品种1999年在北京大兴县第十二届西瓜节上荣获新品种奖。

④小玉红无籽:湖南省瓜类研究所培育的早熟小果型品种。生长势中等,抗病耐湿。皮青绿色,有细条带,果皮极薄。果心可溶性固形物含量为13%,品质极佳,无籽。单瓜重1.5~2.0千克,单株结瓜2~3个,亩产量为2 000~2 500千克,全生育期85天左右。

⑤99314:北京市农林科学院蔬菜研究中心培育的一代杂种。早熟,生长势强,果实椭圆形,果形美观,果皮淡绿色,有深绿色条纹。瓜瓤红色,口感好,易坐瓜,单瓜重2千克。

(4)黄皮西瓜新优品种 黄皮西瓜是近年流行的新西瓜

类型,多作为礼品瓜。

①金冠1号(9216):中国农业科学院蔬菜花卉研究所育成的黄皮红肉西瓜一代杂种。早熟,授粉后,在夏天约25天成熟,在早春保护地约32～35天成熟。春夏季栽培的生育期约90天,夏秋季栽培的约65天,冬春保护地栽培的约100天。苗期叶柄基部略呈黄色,可作为苗期鉴别真假杂种的标记性状。成株的叶柄、叶脉及幼果呈黄色。植株生长势较弱,结果能力强,一株可结多果。小型果,单重2.5千克左右,大者可达4.0千克,高圆至短圆形,果皮深金黄色,红肉,肉质细腻多汁,含糖量为12%左右。果皮薄,韧性强,不易破裂,耐贮运。适应性强,可进行冬春保护地栽培、春夏及夏秋栽培。一般进行插架或吊架栽培,亩产量为3 000～6 000千克。

②金蜜1号:中国农业科学院蔬菜花卉研究所选育的黄皮红肉三倍体无籽西瓜。中熟,果实授粉后约35天成熟,生育期100天左右。幼果绿色,随着果实长大,果色逐渐转黄。植株生长势强,结果力强,可连续结果。单瓜重5.0千克左右,高圆形,瓜皮深金黄色,艳丽夺目。肉深红色,细腻,味甜多汁,略带香味,含糖量为12%。果形、果色美观,宜作礼品瓜。耐贮运。亩产量为4 000～6 000千克。

③金　福:湖南省瓜类研究所培育的小果型极早熟品种。单瓜重2.5千克左右,果皮黄色,瓜瓤红色,可溶性固形物含量在12%以上。口感好,果形漂亮,商品价值高,为高档礼品西瓜。

④黄小玉:日本品种。果实高圆形,单瓜重2千克左右,皮厚3毫米,不易裂果。果皮深金黄色,可溶性固形物含量在12%～13%,纤维少,籽少。抗病性强,易坐果,极早熟,授粉后26天左右成熟。

⑤黄皮京欣 1 号：由北京市农林科学院蔬菜研究中心培育而成。早熟,抗病,耐高湿。果皮金黄色,瓜为圆球形,果肉红色,肉质脆嫩,甜度为 11 度,坐瓜性能好。

(5)厚皮甜瓜新优品种

① 网　蜜：中熟,果实发育期 50 天左右,果皮覆有一层奇特的网状花纹。果实圆球形,灰绿色。单果重 1.5 千克左右。含糖量为 18%,极耐贮运。最适宜春秋温室、大棚吊蔓栽培。

② 兰　丰：河北农业大学园艺系与河北省武邑县蔬菜技术推广站合作培育的厚皮甜瓜一代杂种。植株生长势强,分枝性强,茎蔓多棱带刺。第一雌花着生在主蔓第八节左右。果实椭圆形,果面有细密的网纹,外观美丽。未成熟果为绿色,成熟果乳黄色。果肉橙红色,初熟时果肉酥脆,充分成熟后细软多汁,甘甜芳香。果皮韧性好,耐贮运。单瓜重 1.2～1.5 千克,开花后 43 天成熟,亩产量为 4 500 千克。

③ 天蜜、秋蜜：天蜜生长健壮,较低温度下生长良好,结果力强。果实近球形,瓜皮淡黄白色,着色均匀,网纹细致美观。单瓜重 1.0～1.5 千克,开花后 45～50 天成熟,含糖量为14%～18%。果肉纯白色,肉厚汁多,香味浓厚,余味深长,最适宜设施栽培。有人认为,这个品种是目前厚皮甜瓜中最高级的品种。

秋蜜为天蜜的姊妹品种,适宜秋季栽培。植株生长旺盛,病害少,秋季开花后 40 天成熟。果实近球形,成熟时果实淡黄绿色,网纹比天蜜细。单瓜重 1.3 千克左右,瓜肉白色,采收后软化后熟,瓜肉略带橙色。含糖量在 13%～16%之间。瓜肉细致无渣,风味鲜美。

④ 甘　露：由甘肃农业科学院蔬菜研究所育成,系优良杂种一代。果实略呈椭圆形,果皮乳白色,外观光洁美观。果

肉绿色,特别厚,细嫩多汁,甘甜爽口,清香浓郁,具有 20 世纪 50 年代和 60 年代时的白兰瓜风味。含糖量为 15%,最高的可达 17%。为孙蔓结瓜,单瓜重 2 千克左右,全生育期为 110～120 天。抗病力和适应性强,稳产,高产,较耐贮运。

⑤黄河蜜:由甘肃农业大学瓜类研究室培育而成。果皮坚韧,呈金黄色,果肉脆嫩,呈绿色,具有白兰瓜的风味,含糖量高,极耐贮藏运输。植株生长势强健,抗病力强,适应性广。果实圆球形,瓜皮上密布网纹,含糖量为 14% 左右,单果重约 1.5 千克,亩产量可达 2 500～3 000 千克。

⑥状　元:果大,皮黄,橄榄形,特早熟,易结瓜,单瓜重 1.5 千克,开花后 40 天可采收。成熟时果皮金黄色,肉白色,含糖量在 14%～16% 之间,肉质细嫩,果皮坚硬,不易裂果,耐贮运。植株小,适宜密植。

⑦蜜世界:国际著名的蜜露型厚皮甜瓜。果实长圆形,果皮淡白绿色,果面光滑,但在湿度高或低节位结果时,果皮略有网纹。单瓜重 1.4～2.0 千克,果肉淡绿色,细嫩多汁,从开花至结果约 45～55 天,低温结实能力强,果肉不易发酵,瓜蒂不易脱落,耐贮运,适宜外销。果肉软化后食用风味更好。

⑧天　女:台湾农友种苗公司育成的白皮厚皮甜瓜,在东南亚市场获得很高的评价。早熟,易栽培,结果性良好,果实长圆形,单瓜重 1～2 千克,果皮乳白色,光滑无网纹。果肉含糖量为 14%～16%,肉质细嫩,气味芬芳。果皮硬,耐贮运。

⑨新世纪:肉质脆嫩,无与伦比,耐贮运,是台湾及南方栽培的"哈密瓜"。植株生长旺盛,在较低温度下生长良好,结果力强,适宜露地栽培。播种至收获需 85 天,果实为椭圆形,成熟时果皮淡黄绿色,有稀疏的网纹,单瓜重 1.5 千克左右。果肉厚,淡橙色,风味鲜美。果皮较硬,瓜蒂不易脱落,品质不

易变劣,耐贮运。

⑩京玉2号:北京市农林科学院蔬菜研究中心培育的早熟一代杂种。瓜皮乳白色,有透明感。果肉橙红色,肉质疏松,风味淡雅。单瓜重1.2千克左右。耐低温弱光,耐白粉病,特别适宜春季温室及大棚早熟栽培。

此外,还有玉露、日本王子、甜优1号、娜依鲁网纹甜瓜、劳朗网纹甜瓜、蓝海、橘红、菊香和大利等新优品种。

(6)黄瓜新优品种

①津绿4号:天津市黄瓜研究所培育的露地黄瓜新品种,属国家"八五"攻关成果。植株生长势强,叶色深绿,以主蔓结瓜为主,第一雌花着生在第六七节。回头瓜多,侧蔓结瓜后自封顶,适宜密植。瓜条顺直,长35厘米,深绿色,有明显光泽,瘤显著,密生白刺,瓜肉浅绿色。单瓜重250克,亩产量为5 500千克。抗枯萎病、霜霉病和白粉病。

②早青2号:广东省农业科学院蔬菜研究所等单位培育的黄瓜一代杂种。生长势强,分枝少。瓜短圆筒形,头尾匀称,单瓜重200克。瓜长20~21厘米,横径为4厘米。瓜肉脆嫩,味甜。早熟,从播种至初收需50~55天,采收期可延续35天。亩产量为2 500~3 000千克。抗枯萎病、疫病和炭疽病,耐霜霉病和白粉病。

③中农13号:中国农业科学院蔬菜花卉研究所育成的日光温室专用品种,获国家发明专利。植株生长势强,以主蔓结瓜为主,回头瓜多。始花节位为第二至第四节,雌花率为50%~80%。单性结果能力强,连续结果性好,可多条瓜蔓同时生长。耐低温,在夜间10℃~12℃的条件下,植株能正常生长发育。早熟,从播种到始收只需62~70天。瓜长棒状,深绿色,有光泽,无花纹,瘤小刺密,无棱,瓜长25~35厘米,瓜粗

3厘米左右,单瓜重100～150克。高抗黑星病,抗枯萎病、疫病及细菌性角斑病,耐霜霉病。亩产量为6 000～7 000千克。

④ 中农202：中国农业科学院蔬菜花卉研究所最新育成的春大棚、小拱棚、日光温室等保护地专用型黄瓜一代杂交种,是极早熟、优质、丰产和抗病的全雌型黄瓜。植株生长健壮,从第三四节起,每节都有雌花,主蔓连续结瓜。瓜为棒形,把短条直,无黄色条纹。瓜长35厘米左右,横径4厘米。皮色深绿,有光泽,白刺,瘤刺稀密中等,肉厚。品质脆嫩,商品性好。耐低温,抗枯萎病、霜霉病和白粉病。从播种到第一次采收仅55天左右。试验表明,早期产量和总产量均显著高于长春密刺和中农5号。此品种不需嫁接。

⑤中农203：中国农业科学院蔬菜花卉研究所最新育成的保护地专用型黄瓜强雌系一代杂种。前期有少量雄花出现,其熟性略晚于中农202,从播种到第一次采收约60天。与中农202相比,瓜面瘤刺小而密,其他方面则与中农202相同。此品种不需嫁接。

⑥津春3号：天津市黄瓜研究所培育的一代杂种。植株生长势强,茎粗壮,叶片肥大,分枝性中等,较适宜密植栽培。以主蔓结瓜为主,单株结实能力强。瓜长30厘米左右,棒状,单瓜重200克左右。无黄色条纹,刺瘤适中,白刺,亩产量为6 000千克。抗病,耐低温弱光能力突出,短期5℃低温对生长无明显影响。适宜日光温室越冬栽培。

⑦北京黄瓜202：北京市农林科学院蔬菜研究中心培育的早熟一代杂种,适宜春秋大棚及温室栽培。瓜墨绿色,棒状,刺瘤较密,连续结瓜性好。抗病,高产,品质好,适应性强。

⑧北京黄瓜301：北京市农林科学院蔬菜研究中心培育的一代杂种,适于大棚秋延后栽培和日光温室冬春茬栽培。瓜

条顺直,墨绿色,刺瘤较密,瓜顶端无黄色条纹。植株生长速度快,产量高。抗霜霉病、白粉病、细菌性角斑病及枯萎病。

(7)南瓜新优品种

①寿　星:由安徽省合肥市现代农业科学研究所培育而成,是安徽省科委重点农业科研项目成果。植株长势强,叶色浓绿,全生育期为88天,雌花开放至果实成熟仅需30天,坐果后10天嫩果即可食用。果实扁圆形,果面光滑,墨绿色,相间浅绿斑点,有不明显放射状条带。果肉深橘黄色,肉厚4厘米左右,肉质致密、品质好,纤维极少,口感好,生食有板栗的清香,熟食粉甜,老熟果极耐贮藏,一般可贮藏数月。易坐瓜,单株坐瓜2～4个,平均单瓜重2.0千克左右,亩产量为3500千克。

②栗　晶:安徽省合肥市现代农业科学研究所培育。种子棕黄色。全生育期为92天,坐果后33天可食,45天可达到完全成熟。植株长势强,株型紧凑,分枝性强。主侧蔓均可结瓜,主蔓第六七节出生第一朵雌花,以后每隔1～2节出现雌花,子房浅绿色,球形。老熟果扁球形,横径20.5厘米,纵径11.2厘米,果面有10条从脐部产生的灰白色有规则的放射状条纹。果肉深黄色,肉厚3.8厘米左右,肉质粉甜,风味好。单瓜重2.2千克,平均亩产量为2500千克。该品种适作老熟瓜食用和加工瓜用。

③白美西葫芦:从美国引进的一代杂种。早熟,定植至收获仅44天。高产抗病,坐果能力强,口感好。半蔓生,平均株高90厘米,叶片开展度为95～100厘米,皮乳白色,有浅色网纹。平均瓜长25厘米,直径9厘米,单瓜重0.56千克,最大瓜长可达30.3厘米,直径11厘米。每株平均结瓜6～8个,亩产量为3000千克。

①橘　红：由泰国引进,适宜鲜食及加工。植株蔓性,叶淡绿,无蜡粉,生长势中等。第十至十二节开始出现雄花,第二十二节开始出现雌花,以后每隔3～5节出现1朵雌花。基部侧蔓第七至第九节出现雌花。主、侧蔓同时结瓜,具有连续结瓜习性。果实表皮光滑,扁圆球形。嫩瓜表皮浅橘黄色,成熟瓜橘红色。瓜高9.5厘米,横径13.5厘米。单瓜重1千克左右。肉橘红色,肉厚3厘米。表皮有10条白色纹,将果实分为10多份,果实美观。单株结瓜5～6个,雌花受精后15天可采收。

71. 马铃薯和茄果类蔬菜
有哪些新优品种?

在马铃薯和茄果类蔬菜生产中,当前所选用的新优品种如下:

(1)马铃薯新优品种

①黄麻子：1968年由黑龙江省望奎县东郊乡正白前二村一农民从自家马铃薯田中选择的优良单株,经连续繁殖而保留下来的农家品种,具有较高推广价值。植株直立,株高45～50厘米,花多且花期长。块茎长椭圆形,薯皮黄色有网纹,薯肉浅黄色,芽眼较多,顶部芽眼较深。早熟,从出苗至成熟仅70天左右。结薯集中,单株结薯7～8个,大、中薯占80%以上,单株产量为500～800克,一般666.7平方米(1亩)产量为1 500～1 700千克,高产者可达2 500～3 000千克。块茎品质好,干物质含量为21.67%(鲜),淀粉含量为14.42%(鲜)。味道好,耐贮藏,抗晚疫病和病毒病。近年通过组织培养脱毒,种薯纯度和质量又有明显提高。

②双丰4号：山东省农业科学院蔬菜研究所最新培育成

的马铃薯良种。早熟,从出苗至收获约65天。植株生长势强,平均株高50厘米,分枝性中等。单株结薯3～4块。薯块扁椭圆形,黄皮黄肉,芽眼浅。亩产量在2300千克以上。高抗花叶病毒病,中抗卷叶病毒病,抗疮痂病。

(2)普通番茄新优品种

①桃太郎:由上海市农科院1996年从日本引进。果实椭圆形,大小均匀,色泽鲜桃红色,平均单果重231克。果肉厚实,不易腐烂,皮薄籽少,可溶性固形物含量为5%。成熟期早,生长旺盛,平均株高144厘米,抗病毒病。

②齐研矮黄:黄果番茄,自封顶型,株高55～65厘米,茎直立、较粗壮,主枝3穗花自封顶,节间短。果实圆形,橘黄色,果肉厚,果脐小,单果重150～170克,最大可达280克。酸甜适口,可溶性固形物含量为6%,适宜鲜食,亩产量达3800余千克。抗病毒病和疫病。

③皖粉1号:安徽省农业科学院园艺所培育的大果型番茄。矮架自封顶类型,株高60～65厘米。极早熟,始花节位第五六节,主茎2～4花序封顶。抗病毒病、叶霉病和早疫病。果实粉红色,扁圆,无绿肩或极少绿肩,果脐小,畸形果极少。可溶性固形物含量在5%以上,甜酸适度,口感好,风味佳。一般单果重200～260克,亩产量在5000千克以上。最适宜大棚极早熟密植栽培。栽培时注意每穗留果3个。

①皖粉2号:由安徽省农业科学院园艺所培育而成。中架自封顶类型,株高80～100厘米。熟性早,始花节位为第六节,主茎3～5花序封顶。抗病毒病、灰霉病和疫病。早期产量集中,口感好,可溶性固形物含量为5.3%。果实高圆形,粉红色,无绿肩,果脐小,无畸形果和裂果,平均单果重300克左右,最大可达800克,果皮厚有韧性,耐贮运。亩产量为

6 500～7 000 千克。最适宜春秋大棚及露地栽培。

⑤美国 1 号：世界公认的耐贮运、品质好、产量高、抗病的番茄品种，在山东省寿光市、黑龙江省哈尔滨市等地已经大面积推广。最大的特点是果实大，单果重 400～600 克，最大单果重达 1 240 克。为无限生长型，中熟，株高 1.1～1.3 米，第一花序 8～10 片叶，心室多且小，果实扁圆形，皮厚。常温下可贮藏 40 天。

⑥中杂 9 号：中国农业科学院蔬菜花卉研究所选配的番茄一代杂种。植株无限生长型，长势强，平均株高 83 厘米，叶色深绿。座果率高，平均为 90.7%，每序花坐果 4～6 个。果实圆形，果面光滑，果脐小，未成熟果实有深绿色果肩，成熟果实粉红色，大小均匀，单果重 180～200 克。抗病性强，高抗烟草花叶病毒病及枯萎病，中抗黄瓜花叶病毒病，兼抗番茄叶霉病。从定植到始收需 55 天左右。保护地栽培亩产量为 6 000～7 000 千克，露地栽培亩产量为 5 000～7 000 千克。

⑦佳粉 17 号：北京市农林科学院蔬菜研究中心培育的一代杂种。中熟，无限生长型。植株生长势强，适应性广，品质优良，产量高。植株表面有绒毛，能驱避蚜虫、白粉虱和斑潜蝇。高抗叶霉病和病毒病。

⑧佳红 4 号：北京市农林科学院蔬菜研究中心培育的一代杂种，是最新的抗裂果的耐贮运型品种，无限生长型。中熟，果形圆正，成熟果为红色。果肉硬，裂果少，适合长途运输。保护地和露地栽培均可。

(3)樱桃番茄新品种

① CT-1：适应性强，尤其适宜在高温、多阴雨的华东地区栽培。植株生长健壮，为无限生长型。双干整枝时每株可结果 400 个以上，单果重 15 克左右。果实椭圆形，亮红色，果肉

多,种子少,糖度在 8 度以上,极耐贮运。

②红太阳:北京市农业技术推广站培育的樱桃番茄一代杂种,无限生长型,中早熟。果实红色,圆形果,果肉较多,口感酸甜适中,风味好,品质佳。抗病性强。单干或双干整枝,每穗坐果最高可达 60 多个,平均单果重 15 克左右。适宜于保护地冬、春、秋季栽培,每亩栽培 3 000 株左右。

③丘比特:一代杂种,无限生长型,中早熟。果实成熟后黄色,圆形果,果皮薄,果肉多,味甜,品质佳,抗病性强。单干或双干整枝,每穗坐果最高可达 75 个,平均单果重 14 克。该品种适宜于保护地冬、春、秋季栽培,每亩栽培 3 000 株左右。

④维纳斯:一代杂种,无限生长型,中早熟。果实成熟后果色变为橙黄色,圆球形,果皮较薄,果肉较多,口感甜酸适中,风味好,品质佳。抗病性较强。单干或双干整枝。每穗坐果最高可达 60 个,平均单果重 17 克。适宜于保护地冬、春、秋季栽培,每亩栽培 3 000 株左右。

⑤京丹 3 号:北京市农林科学院蔬菜研究中心培育的一代杂种,无限生长型。生长势强,节间稍长,有利于通风透光。8～9 片叶时着生第一花序,成熟果鲜红色,十分亮丽。单果重 8～12 克。果实含糖量高,酸甜适中,味道浓郁,品质极佳,产量及品质均达到国际同类品种的水平。

(4)茄子新优品种

①辽茄 4 号:辽宁省农业科学院园艺研究所育成。植株矮壮,株高 52 厘米,开展度为 66 厘米,不易倒伏,适宜密植。茎黑紫色,分枝多,再生能力强。果实长 30 厘米,棒槌形,黑紫色,有光泽,果皮薄,果肉软,单果重 250 克。生育期为 100 天,亩产量为 3 700 千克左右。

②辽茄 3 号:辽宁省农业科学院园艺研究所育成的紫长

茄新品种,高产,优质,抗病。株高84.5厘米,开展度为52.5厘米。叶脉、花冠和果皮均为紫色。果实椭圆形,纵径18厘米,横径9.5厘米,有光泽,平均单果重250克。糖分含量为4.9%,品质优良,商品性好。对黄萎病、棉疫病和褐纹病有较强的抗性。从播种到采收约需112天,亩产量为3500千克左右。

③亚蔬S117:亚洲蔬菜研究发展中心1994年提供给我国的茄子品种。植株极为强健,耐热,抗寒,抗病,适应性广,尤其适宜高纬度地区栽培。株高90厘米,茎叶紫色,紫花。果长形,紫色,油亮,果肉白色,皮薄肉细,味道清香,适口性强。果长28厘米,单果重200克。前期产量高,上市早,亩产量为5000千克。

(5)普通甜(辣)椒新优品种　这里主要介绍中国农业科学院蔬菜花卉研究所近期育成的中椒系列品种。

①中椒5号:果实为灯笼形,果色绿,皮薄,味甜,单果重90克左右,连续结果性强。抗病毒病,适于露地早熟栽培或保护地栽培。京津地区12月下旬至翌年1月上旬播种,4月底露地定植,定植后40天左右开始采收,亩产量为4000～5000千克。

②中椒6号:早熟微辣型粗牛角椒,果色绿,表面光滑。果长12厘米,粗4厘米,果肉厚0.4厘米,抗病毒病和疫病。单果重45～62克。主要适于在河北、辽宁、内蒙、河南、山东、陕西、江苏、湖南、四川、广东、广西和云南等地进行露地栽培。定植后32天左右开始采收,亩产量为3500～4500千克。

③中椒7号:早熟甜椒,长势强,结果率高。果实灯笼形,绿色,味甜质脆,耐病毒病和疫病。单果重100克左右。适于露地或保护地早熟栽培。定植后28～30天开始采收。亩产量

为 4 000 千克左右。

④ 中椒 8 号：果实灯笼形，深绿色，果肉厚 0.54 厘米，耐贮运。对病毒病抗性强，耐疫病。单果重 90～150 克。

⑤ 中椒 10 号：早熟微辣型羊角椒，果色深绿，表面光滑。果长 12 厘米，粗 2.6 厘米，肉厚 0.26 厘米，单果重 20 克左右。抗病毒病，耐疫病。适于在保护地早熟栽培，定植后 30 天左右开始采收，亩产量为 2 500～3 000 千克。适宜北京、天津、河北、黑龙江、江西、四川、广西、湖南、湖北、安徽、江苏、云南和贵州等地栽培。

⑥ 中椒 11 号：中早熟甜椒，生长势强，连续结果性强。果实长灯笼形，果色绿，果长 11 厘米，粗 6 厘米，果肉厚 0.5 厘米。采收期果实整齐度好，品质佳，商品性突出。抗病毒病。亩产量为 4 200～5 500 千克。

⑦ 中椒 12 号：中早熟甜椒，果实方灯笼形，果面光滑，果色绿，果肉厚 0.46 厘米。高抗病毒病，中抗疫病。适于露地和保护地栽培。京津地区 12 月下旬至翌年 1 月上旬播种，4 月底定植露地，定植至始收约 40 天，亩产量为 5 000 千克左右。

⑧ 中椒 13 号：中熟羊角形辣椒，生长势强，果面光滑，腔小，果色绿。抗逆性强，高抗病毒病，中抗疫病。单果重约 32 克。京津地区 1 月上旬播种，4 月下旬露地定植，定植后 45 天开始收获。亩产量为 3 000～5 000 千克。

⑨ 931：中国农业科学院蔬菜花卉研究所选育的微辣型羊角椒一代杂种。早熟、丰产。植株生长旺盛，株高 90 厘米左右，单株结果 40 个以上。果实浅绿色，直或稍弯，果面光滑，单果重 36 克，长 23 厘米，宽 2.7 厘米，肉厚 0.25 厘米。

⑩ 皖椒 3 号：安徽省农业科学院园艺所育成。早熟，株高 60 厘米左右，开展度为 70 厘米。果实耙齿形，青熟果深绿色，

老熟果红色。果长 12～15 厘米,单果重 45～50 克。辣味较浓,品质、口感及商品性均较好。高抗病毒病、疫病和炭疽病,耐低温弱光。一般亩产量为 3 500～4 000 千克。最适宜于春秋大棚及南菜北运基地种植。

⑪新丰 3 号:安徽省萧县新丰辣椒研究所 1994 年育成的一代杂种。早熟,果大,丰产,多抗,耐弱光和低温,适宜保护地栽培。株高 51 厘米,开展度为 53 厘米,株型紧凑,第八九片叶后开始分枝,果实牛角形。果实色泽深绿,果面光亮,辣味适中。平均果重 60 克,果长 15 厘米左右,红果鲜红色,商品性好。抗寒能力强,早期结果集中,前期产量高,抗病性强,亩产量为 4 500～5 000 千克。

(6)彩色甜椒新优品种

①黄玛瑙:北京市农业技术推广站培育的一代杂种。果实成熟时颜色由绿转黄,为方灯笼形(8～10 厘米×8～10 厘米),果肉较厚,平均单果重 150～200 克。适于露地和保护地栽培。开花坐果期遇低温或高温季节,要用适宜浓度的保花保果剂处理。

②橙水晶:一代杂种。果实成熟时颜色由绿色转为橙黄色,果实为方灯笼形(8～10 厘米×8～10 厘米),果肉较厚,平均单果重 150～200 克。适于大(中)棚和日光温室栽培。

③白　　玉:一代杂种。成熟过程中果实颜色由奶白转为浅黄色,果实为长灯笼形(10 厘米×8 厘米左右),平均单果重 150 克,结果数多且集中。适于露地和保护地栽培。较抗病毒病,对疫病抗性弱。

④紫　　晶:一代杂种。果实紫色,为方灯笼形(8～10 厘米×8～10 厘米)。果肉较厚,平均单果重 150～200 克。适于露地和保护地栽培。

⑤红水晶：一代杂种。果实成熟时颜色由绿色转为红色，为灯笼形（8～10厘米×8～10厘米）。果肉较厚，平均单果重150～200克。适于露地和保护地栽培。

⑥绿水晶：一代杂种。果实为灯笼形，果肉较厚，平均单果重150～200克，适于露地和保护地栽培。栽培过程中应及早采收门椒，要坚持整枝打杈，切忌任其自然生长。适于生食（沙拉）和熟食。

⑦白星1号：北京市农林科学院蔬菜研究中心培育的一代杂种。中早熟。嫩果白色，单果重120克以上。转色快，抗病能力强，适宜科技示范园栽培。

⑧黄星1号：北京市农林科学院蔬菜研究中心培育的一代杂种。中早熟。嫩果绿色，成熟果金黄色，单果重150克以上，含糖量高，抗病能力强。

⑨紫星1号：北京市农林科学院蔬菜研究中心培育的一代杂种。中早熟。生长势强，嫩果紫色，单果重150克以上，坐果多，抗病毒病能力较强。

⑩巧克力甜椒：北京市农林科学院蔬菜研究中心培育的一代杂种。中早熟。嫩果绿色，成熟果为巧克力色，单果重120克以上，含糖量高，座果率高，抗病能力强。

72. 葱蒜类蔬菜有哪些新优品种？

当前，在葱蒜类蔬菜生产中所选用的新优品种如下：

（1）韭菜新优品种

①赛　青：植株直立，生长迅速，分蘖力强，粗纤维少，味道辛辣，叶片宽厚，嫩绿色，宽1.2厘米，最宽可达2.5厘米。单株重40克，株高50厘米，露地栽培每年可收割10茬。抗寒性强，冬季枯萎时间晚，休眠期短，春季恢复生长早，可比普通

韭菜提前上市15天。

②多抗2号：株高60厘米,株丛舒展,叶色深绿,叶片宽大肥厚,叶鞘粗壮,单株重8克左右。叶长35厘米,宽1.5厘米,生长迅速,产量高。耐贮藏,在平均温度为11℃,相对湿度为74％时,贮藏期为96小时,比791雪韭长36小时,适于短期内进行远距离运输。

③四季薹韭：河南省郑州市郊区菜农从栽培的韭菜中分离出来的农家品种。具有粗壮、长而嫩的韭薹。在保护地栽培的,春节前后可收割两茬鲜嫩的韭菜。抽薹早,抽薹期长,自3月底开始即可连续收割粗嫩的韭薹,一直可收获到10月份,而不像其他薹韭只能在秋季收获韭薹,因此称为四季薹韭。每666.7平方米(1亩)年产韭薹1500千克,春节前两茬韭菜亩产1000千克。

(2)大蒜新优品种

①日本巨型大蒜：由河北省远大总公司1994年从日本引进。株高76～83厘米,叶片长30厘米,叶片宽5厘米,成株有8片叶,叶色浓绿。蒜头周长26～30厘米,每头有2～4瓣,单株蒜头重300～500克,亩产3000～4000千克。品质好,生食后口中无异味,适宜高档宾馆、饭店使用。易加工,是出口的优良品种。一般于9月下旬播种,越冬前长出4～5片叶。在河北中南部地区可自然越冬,北部地区要加覆盖,第二年6月下旬收获。

②苍山蒲棵大蒜：山东省苍山县地方品种。株高80～90厘米,假茎粗1.4厘米,属中晚熟品种。生长势强,适应性强,较耐寒。中部叶片宽2厘米以上,长30～50厘米。蒜薹绿色,长60～80厘米,粗0.5厘米,重20～30克。蒜头白色,直径为3.5～4.2厘米,重28～34克。亩产蒜头750千克,蒜薹400

千克。

(3)大葱新优品种

① 901 鸡腿大葱：该品种是用隆尧鸡腿大葱和山东章丘大葱进行杂交后,经过近 8 年的选育而成的一个鸡腿大葱新品种。葱头大,葱白长,较辣,香味浓郁,产量高、品质好。植株高 80～90 厘米,葱白长 28～33 厘米,基部横径为 6～8 厘米。亩产量为 4 000～5 000 千克,比原鸡腿大葱增产 24%～32%,种植面积已经发展到 20 万亩(约 1.3 万多公顷)。

② 掖选 1 号：以章丘大葱为基础材料,用辐射诱变的方法处理后选育而成。生长速度快,植株高大,株高 130 厘米以上,最高可达到 160 厘米。叶色鲜绿,叶肉厚嫩,抗风。葱白长 70 厘米左右,粗 4 厘米,鲜嫩洁白,辣味适中,单株重 500 克。抗病性强。一般亩产 6 000 千克以上,最高可达 8 000 千克。

③中华巨葱：由山东省曹县与中国农业大学联合培育而成。植株高大,最大单株重可达 1.5 千克。可当年种当年收,也可当年种隔年收。曹县有 180 亩(12 公顷)中华巨葱示范基地,亩产量高达 10 000 千克。

73. 根菜类蔬菜有哪些新优品种？

在根菜类蔬菜生产中,当前选用的新优品种如下:

(1)萝卜新优品种

①鲁萝卜 6 号：山东省农业科学院蔬菜研究所新育成的萝卜一代杂种,适于作水果生食。666.7 平方米(1 亩)产量为 3 000～4 000 千克。生长期为 80 天。植株生长旺盛,肉质根短圆柱形,表皮绿色,入土部分为黄白色,肉鲜紫红色,质脆,味甜,多汁,生食风味极佳。单重 500～600 克。抗病,丰产,适于秋季露地栽培。

②金红2号：内蒙古自治区农业科学院蔬菜研究所历经10多年选育而成的优良品种。它长势强，产量高，品质好，适宜于鲜食和加工。肉质根红皮，红肉，红心，圆柱形，表面光滑，黄心率极低，抽薹率也比一般品种低。平均单根重可达180～260克，亩产量为4 000～5 000千克。实验表明，该品种可比普通品种增产15.87％～54.67％。

（2）胡萝卜新优品种

① 红芯1号：北京市农林科学院蔬菜研究中心培育的一代杂种。中早熟。糖分适中，口感脆甜，根形整齐，肉质根表面光滑，适于华北地区春保护地栽培及夏秋露地栽培。长势良好，产量高，亩产量可达4 500千克。

②红芯4号：北京市农林科学院蔬菜研究中心培育的一代杂种。冬性强，不易抽薹。外观光滑，皮肉及中心柱均为橙红色。耐低温，抗逆性强。亩产量为5 000～6 000千克，适宜于华北地区春露地及保护地栽培，也可进行夏秋栽培。

74. 甘蓝类蔬菜有哪些最新良种？

在甘蓝类蔬菜栽培中，所选用的最新良种如下：

（1）甘蓝最新良种：

①8398：中国农业科学院蔬菜花卉研究所育成的早熟春甘蓝一代杂种。开展度为40～50厘米，有12～16片外叶，叶色绿，叶片倒卵圆形，叶质脆嫩。冬性较强，不易先期抽薹，不易发生干烧心。从定植到成熟约50天，666.7平方米（1亩）产量为3 300～3 800千克，比中甘11号增产10％。亩用种量为50克，12月份至翌年1月份育苗，3月底至4月初露地定植。

②中甘15号：中国农业科学院蔬菜花卉研究所育成的早熟春甘蓝一代杂种。植株开展度为42～45厘米，有14～16

片外叶。叶球紧实,圆球形,不易发生先期抽薹。春季从定植到成熟需 55 天左右。单球重 1.3 千克,亩产量为 4 000～5 000 千克。适宜于北方春季栽培,也可用于秋季栽培。

③京甘 1 号:北京市种子公司选育的甘蓝一代杂种。早熟,耐抽薹,开展度为 48～53 厘米。叶色深绿,蜡粉较多。叶球单重 1.3 千克左右,冬季保护地栽培叶球近圆球形。叶球内的中心柱短,冬性强,可比普通早熟甘蓝提前 20 天播种,是解决目前早熟甘蓝易抽薹问题的理想品种。

④北农早生:北京市农业技术推广站最新选育而成的新型早熟春秋甘蓝。外叶少,早熟性突出,从定植到采收仅需 46～50 天。外叶长至 11～15 片时开始包心。叶球在包心开始时就很紧,而且随着生长越包越紧。菜农可根据市场行情,自由确定菜球的陆续采收时间,而不必集中采收。叶片颜色较深,不易裂球,即使叶球长至 1.0～1.5 千克也不易裂开。每亩栽培 4 500 株,产量可达 4 000 千克以上。

⑤津甘 8 号:天津市蔬菜研究所育成的早熟甘蓝一代杂种。植株开展度为 45 厘米,株型紧凑,有 14～15 片外叶。叶色深绿,叶球圆形,球内中心柱短。品质优良,质地脆嫩,味甜,无异味,冬性强,不易抽薹。单球重 0.8～1.3 千克,最高亩产量达 4 000 千克。

(2)菜花最新良种

①秋　玉:由天津市蔬菜研究所培育而成的高产、早熟及抗热菜花新品种。株高 65～70 厘米,开展度为 55～60 厘米,生长势强。叶片深绿,内叶合抱,自行护花力强,25 片叶时出现花球。花球柔嫩,洁白坚实,花茎短缩,品质优良,商品性极佳。亩产量为 1 800～2 000 千克,最高可达 2 250 千克。一般于 6 月 20～25 日育苗,25 天苗龄定植,55 天成熟,9 月

10～15 日即可上市。

②**津雪 88**：天津市蔬菜研究所培育的秋季中熟品种。株高 70 厘米，株幅 75 厘米，25～28 片叶时出现花球，内叶合抱力强。花球洁白紧实，花茎短缩，品质优良，平均单球重 1.3 千克，最大可达 2.25 千克，商品性极佳。亩产量为 3 750 千克，最高达 4 000 千克。于 6 月 25 日前后育苗，25～28 天苗龄时定植，定植后 75 天成熟。

③**云　　山**：天津市蔬菜研究所培育的秋季晚熟品种，定植后 85 天成熟。株高 85 厘米，株幅 90 厘米。30 片叶时出现花球，花球洁白紧实，呈半圆形，平均单球重 1.8 千克，最大者达 2.5 千克，亩产量为 4 000～5 000 千克，比日本雪山菜花增产 15%～20%。

④**京研 45**：北京市农林科学院蔬菜研究中心培育的一代杂种。极早熟，抗病，耐热，适于秋季栽培，从定植到收获需 45 天。花球扁圆形，洁白，单球重 500 克，亩产量为 1 600 千克左右。

第五部分　关于灌水与施肥技术

75. 如何在棚室蔬菜种植中
应用植物生长调节剂？

植物生长调节剂,是人们根据天然植物激素的生理特性模拟合成的具有生理活性的化学物质。它种类繁多,性质复杂,按照其生理作用可分为生长素类(如萘乙酸、2,4-D、番茄灵),赤霉素类(如 GA_3,又名 920),细胞分裂素类〔如激动素,苄基腺嘌呤(6-BA)〕,乙烯类(如乙烯利),以及生长延缓剂(如青鲜素、B_9、缩节胺、多效唑)等。植物生长调节剂的合成和应用,给农业生产带来了深刻的技术变革,它们在各种蔬菜的种植、管护、产品运输和贮藏保鲜等方面,也发挥着越来越重要的作用。植物生长调节剂在棚室蔬菜栽培中的应用,主要有如下几个方面:

(1)抑制萌动,延长休眠　洋葱、大蒜收获前叶片开始枯萎时,喷洒浓度为 2 500 毫克/升的青鲜素后再收获,晾干后贮存,能延长休眠至 6 个月。马铃薯收获前 20 天喷洒浓度为 2 500 毫克/升的青鲜素溶液,或收获前 7 天喷洒浓度为 100 毫克/升的 2,4-D 溶液、或浓度为 150 毫克/升的萘乙酸溶液、或每 500 千克薯块用萘乙酸甲酯 10～15 克密闭熏蒸,都有延长贮期、抑制发芽的效果。

(2)打破休眠,促进萌发　一些喜冷凉蔬菜,如芹菜和莴苣等,夏秋茬播种前催芽比较困难。若用浓度为 1 000 毫克/升苄基腺嘌呤溶液浸泡莴苣种子 3 分钟,在 30℃条件下 10

小时后可萌发;若用 1 000 毫克/升浓度的赤霉素溶液浸种
2～4 小时,发芽率可提高到 70%。用 1%硫脲处理芹菜、菠菜
种子,发芽率也明显提高。秋播马铃薯,播种前必须用赤霉素
解除休眠。

(3)促进生长,增加产量 绿叶蔬菜使用赤霉素,可加速
茎叶生长,增加产量。在芹菜收获前 14～21 天,用 10～20 毫
克/升浓度的赤霉素溶液喷雾,同时加强肥水管理,可使芹菜
增加高度,叶柄变粗,叶片数量增加,产量可提高 30%左右。
韭菜收获前 10～15 天,用 20 毫克/升浓度的赤霉素溶液处
理,产量可增加 20%以上;抽薹初期用 70 毫克/升浓度的赤
霉素溶液处理,则抽薹整齐、长且柔嫩。大蒜抽薹前 3～5 天喷
洒 40 毫克/升浓度的赤霉素溶液,蒜薹可增产 20%以上。

(4)刺激生根,提高扦插成活率 用浓度为 2 000 毫克/
升的萘乙酸溶液快速(2～3 秒)浸泡甘蓝、大白菜的腋芽(带
少量茎的周皮和叶柄),然后置于温度为 20℃～25℃、相对湿
度为 85%～95%的环境中扦插培养,成活率达 90%,大大提
高了繁殖系数。秋番茄常规育苗,正值高温多雨季节,幼苗易
徒长和感染病毒病等,用侧枝扦插的方法育苗,可有效地避免
这些弊病,并可早成苗,早结果。具体方法是在扦插前 15～20
天,选择健壮无病春番茄植株,不打杈,待侧枝长到 7～8 厘米
时采下,用浓度为 50 毫克/升的萘乙酸溶液和浓度为 100 毫
克/升的吲哚乙酸溶液等量混合,浸泡插条下部 10 分钟,捞出
后用清水冲洗插入水中,促其发根成活,15 天左右,将生根的
侧枝栽入苗床,培育壮苗。

(5)防止脱落,保花保果 防止落花落果,是果菜类蔬菜
早熟栽培中的关键。低温季节棚室栽培时,番茄授粉不良,座
果率低。在开花初期,用浓度为 10～30 毫克/升的 2,4-D 溶液

涂抹花梗,或在每穗花序半数花开放时,分别用浓度为 20～30 毫克/升的番茄灵溶液喷花,可有效地提高座果率。在其他蔬菜上,药剂种类和用量略有不同。对茄子,可用 15～30 毫克/升浓度的 2,4-D 溶液蘸花。对辣椒,可用浓度为 5 毫克/升的萘乙酸溶液喷花,或浓度为 20 毫克/升的 2,4-D 溶液蘸花。对黄瓜,可在雌花开放后 2～3 天,用浓度为 500～1 000 毫克/升的苄基腺嘌呤溶液,或浓度为 100～500 毫克/升的赤霉素溶液喷小瓜,防止化瓜。对于西葫芦,可在开花初期用浓度为 15～25 毫克/升的 2,4-D 溶液蘸花。对于菜豆,可在开花时用浓度为 15～25 毫克/升的萘乙酸溶液,或浓度为 5 毫克/升的番茄灵溶液喷花等。

（6）抑制徒长,培育壮苗　番茄育苗期间易徒长,可用浓度为 250～500 毫克/升的矮壮素溶液浇灌土壤,用药液量为每平方米 1 千克药液,也可用浓度为 1 000～4 000 毫克/升的 B_9 溶液,或浓度为 30～50 毫克/升的多效唑溶液喷幼苗,促进花芽分化,抑制茎叶生长。

（7）控制花器性别　在花芽分化期,用植物生长调节剂可控制瓜类蔬菜花芽的雌雄性别分化。2～4 叶期,用 100～200 毫克/升浓度的乙烯利溶液处理黄瓜和南瓜,可降低雌花着生节位,提高雌花比率,从而提高早期产量。处理后,要增加浇水施肥量。相反,当由于低温、土壤干旱,以及使用乙烯利浓度过高而形成"花打顶"时,可用浓度为 50～100 毫克/升的赤霉素溶液加以缓解,增加雄花数量,恢复正常生长发育。

（8）促进果实成熟　早春番茄果实进入转色期后,用浓度为 2 000～4 000 毫克/升的乙烯利溶液擦抹果面,果实能提早 6～8 天红熟;或者将充分发育的处于绿熟期的番茄果实采下,进行远距离运输或长时间贮存,出售前用浓度为 1 000～

4 000 毫克/升的乙烯利浸果 1 分钟,晾干装筐,置于温度为
22℃~25℃的温暖处,3 天后可转红。这种处理方法对温度要
求严格,温度低于 15℃时果实转红程度差,高于 35℃时则果
色发黄,不鲜艳。

(9)采后保鲜 大白菜收获前 7 天,喷洒浓度为 25~50
毫克/升的 2,4-D 溶液,甘蓝收获前 5 天,喷洒浓度为 100~
250 毫克/升的 2,4-D 溶液,能减轻贮藏期脱帮。花椰菜(菜
花)收获后,与用萘乙酸甲酯浸过的纸屑混堆,每 1 000 个花
球用药 50~200 克,能减少贮藏期落叶,并延长贮藏期 2~3
个月。另外,对花椰菜、芹菜和莴苣分别用浓度为 10~50 毫
克/升、10 毫克/升、5 毫克/升的苄基腺嘌呤溶液喷洒,然后采
收,可在较长时间内保持鲜嫩的品质和美观的色泽。

76. 什么是地下自动暗渗浇水追肥装置? 如何使用? 有何优点?

日光温室地下暗渗浇水施肥装置,是辽宁省铁岭市蔬菜
局设计的。这种装置解决了温室地表浇水引起空气湿度增大,
容易引发蔬菜病害的问题,实践证明效果良好。

(1)地下自动暗渗装置的结构和使用方法 地下自动暗
渗浇水、追肥设备,由贮水、送水和供水三部分组成。贮水池设
在温室中部后墙内侧,用红砖、水泥砖砌底,东西长 2 米,南北
宽 1 米,高 1.2 米。贮水池底部高出地面 0.2 米。在距贮水池
底 0.1 米的南侧砌入一根长约 0.3 米、直径为 6 厘米的铁管,
管头外端连接阀门和三通,三通两端各接直径为 6 厘米的塑
料管,长度为温室长度的一半,称为主管。主管上每隔 1 米接
1 支管,支管为直径 1 厘米的塑料管,长度应与栽培畦长度相
等。在支管上,按蔬菜定植株距打渗水孔。主、支管的顶端封

死后,主管道埋入栽培畦(垄)北端地下 10 厘米处,支管按栽培畦(垄)的走向,埋入畦下 10～15 厘米处,在支管道上方的畦(垄)上栽植蔬菜。

平时用水泵将水抽满贮水池,需浇水时,打开阀门,水就会沿管道渗进每一株蔬菜的根部土壤。需追肥时,将化肥溶解在贮水池中,肥液会随水缓慢、均匀地送到每棵蔬菜的根际土壤中,满足蔬菜生长需要。有些内吸性的防治根部病虫害的农药,也可随水同时施入。这样在棚内看不到管道,其设备简单,成本低廉,铺设 666.7 平方米(1 亩)的管道只需 600 元,一般可连续使用 8～10 年。

(2)地下自动暗渗装置的优点

①省时省工,省水省肥:只需打开阀门即可浇水。未采用此装置浇水时,每亩需水 8 立方米。而采用这套装置浇水则只需 2 立方米水,可节水 75%。采用随水施肥的方法,肥料利用率高。据测算,可节肥 25%～30%。

② 施肥均匀,减少肥害:肥料溶解到水中,渗入土壤,分到每株的量基本一致,不易造成人为施肥不均或发生"烧根"等肥害。

③减轻病害:由于是地下灌溉,空气湿度大大降低,不利于病害发生,棚室内病害较轻,因而减少了农药的使用量,降低了农药污染。

④提高地温:贮水池建在温室内,水温与室温基本一致,不会发生因浇水而降低地温的现象。这一点在低温季节十分重要。

⑤节支增收:由于以上原因,采用地下自动暗渗装置浇水追肥,栽培成本大大降低,每亩每年可降低成本 100 元以上。同时因为温度高,湿度低,病害轻,土壤理化性质好,蔬菜

每亩可增产 20%～30%,冬春茬黄瓜每亩可增收 1 000～
1 500元。

(3)注意事项

①建好管好贮水池:贮水池要建在温室中部,水池容积
以每亩温室 2 立方米为好。修建时,要用水泥多抹几次,以防
漏水。贮水池的出水铁管与塑料主管,要连接紧密,在管中部
横缠 17 厘米长的钢筋,防止在使用中因经常扭动阀门而引起
水管松动漏水。

经常保持贮水池内水质清洁。贮水池上用塑料薄膜盖好。
贮水池内的出水管口用双层纱布包好,防止泥沙异物进入管
内堵塞渗水孔。

② 防止堵塞:渗水管必须在定植前埋入,经一个生产周
期后取出,而后施肥,翻地,做畦。清洗、检查渗水管后,在下一
茬定植前再埋入。

77. 双上孔微灌带及其配套设备性能如何? 怎样安装和使用?

双上孔微灌带及配套设备,由农业部规划设计研究院研
制开发,该产品填补了国内空白,性能达到国际先进水平。现
已通过农业部组织的专家鉴定,并由北京市双翼环能公司生
产,面向全国推广。

(1)性　能　双上孔微灌带,是在可压成平带盘卷的薄壁
塑料管上,加工出布局合理的出水小孔而制成。所用的薄壁塑
料管壁厚 0.3 毫米,额定工作压力为 19.61～58.84 千帕,喷
洒半径为 1～3 米,额定流量为 30～80 升/米·小时。由于采
用了独特的配方,这种喷灌带具有良好的耐压、耐老化、耐磨
和耐穿刺的优良性能,爆破压力达到 196.13 千帕。微喷带上

的出水小孔,采用专用设备加工而成,孔径为 0.6 毫米,每组由 2 个不同喷洒方向的出水小孔组成。

(2)优 点

①工作压力低:一般微喷头的工作压力在 196.13 千帕左右,而这种微灌带的工作压力不超过 58.84 千帕,因此,对水源的要求不严,可直接用普通农用水泵或自来水作为水源。另外,由于工作压力低,微喷带的喷水对作物冲击力小,避免了作物的损伤。

②使用效果好:这种微灌带的水流呈细雨状,不仅增加了水中含氧量,而且能保证洒落到地面上的水均匀分布,并保持土壤疏松透气,为作物生长提供了良好的环境。通过文丘里施肥器施肥,肥料利用率也大大提高。

③投资低廉:这种微喷带用料省,喷洒范围大,投资小,加上文丘里施肥器、过滤器等附属设备,每 666.7 平方米(1亩)投资只要 400~600 元,其中微喷带可使用 3 年左右。

④安装使用简单:这种微喷带配有专用接头,与各种水源设备连接都很简单。同时,由于微喷带可压成平带盘卷,移动或收藏十分方便。

⑤节水省工:采用这一设备,可节水 50%,增产 20%,省工 50%以上。

(3)安 装 把水源引入棚室内的一端或中间,用水罐、贮水池等作水源时,要架高,使其高出地面 1 米。安置上输水管道的阀门、水表,在温室北侧靠近后墙位置的地面上铺设主管道,按畦的间距需要装上三通或旁通,再接上微灌带,每畦铺一条微灌带,微灌带的末端要扎牢,避免漏水。微灌带铺设在两行栽培作物的中间。如在水表与第一道塑料微灌带之间并联施肥器,可实现浇水、施肥半自动化,既省工,又省力。

在使用施肥器时须注意,文丘里施肥器安装时必须使箭头方向与水流方向一致,倒装不能吸入肥料。阀门在浇水时要尽量开大,施肥时调节其大小,达到能吸入肥料,并且所吸入肥料比例合适时再固定。农药、肥料一起施用时,过滤器应分别放入肥料、农药溶液槽中。

(4)使 用

① 做高畦:采用双上孔微灌带时,应做高畦栽培,以提高地温和加厚作物根系活动的熟土层,有利于蔬菜生长。

②覆盖地膜:采用高畦地膜覆盖栽培,可减少土壤水分蒸发,使棚室内的空气相对湿度下降 7%～14%,形成不利于发病的小气候,从而使发病时间推迟,病情指数降低,减轻病害造成的产量、经济损失。当然,覆盖地膜还有增温、保墒、保持土壤疏松和护根等多种作用。

③ 施 肥:如果不用文丘里施肥器,追肥只能在膜上打孔施入,或在根际揭膜施肥,而后再把施肥孔盖严,这些方法都费工、费事,还容易引起断根和烧根等。

使用文丘里施肥器十分方便。施肥时,先将肥料溶解在10 升左右的水中,将施肥器的吸管放入盛放肥料溶液的桶中或罐中,接通水源后先浇清水 10 分钟,再打开施肥器阀门,同时调节水的流速,至施肥器吸管正常吸入肥料溶液为止。施肥完毕后关闭阀门,继续浇清水 10 分钟。可根据底肥和蔬菜生长情况施肥,适当调整氮、磷、钾比例,每次每亩施肥量不超过8 千克。

④稀 植:合理密植是普通栽培的原则,既能充分利用阳光,又不过于遮荫,可取得最高产量。而采用双上孔微灌带,配合采用高畦、盖地膜栽培、使用文丘里施肥器等技术,栽培环境大大改善,作物健壮,根系发达,寿命延长,为了使作物不

出现因长势好而互相遮荫,一般要比常规栽培的密度低些。如棚室内黄瓜,常规栽培每亩为 4 000 株。如采用双上孔微灌带,可减少 10% 左右,即每亩为 3 600 株。

78. 如何进行肥料的科学组配?

科学组配肥料,对种植好蔬菜意义很大。进行肥料科学组配的方法如下:

(1)过磷酸钙与有机肥混合 过磷酸钙与有机肥料混合,可以提高磷肥的肥效。因为有机肥能包围在过磷酸钙外面,减少磷与土壤的接触,防止土壤对磷的固定。同时有机肥分解产生的有机酸又能溶解难溶性磷,有利于作物的吸收和利用。二者混合堆沤,还可以减少有机肥中氮素的损失,起到以磷保氮的作用。

(2)人粪尿中加过磷酸钙 人粪尿中若加入 5%~10% 的过磷酸钙,不仅可以减少人粪尿中氨的挥发,而且能补充磷素营养,二者相得益彰。

(3)过磷酸钙与硫酸铵混合 过磷酸钙与硫酸铵混合,会形成部分磷酸一铵和硫酸钙,既能同时供给作物氮、磷两种主要营养元素,又可以部分改善这两种肥料的理化性质。

(4)过磷酸钙与磷矿粉混合 二者混合施用,过磷酸钙能保证作物前期对磷的需要,磷矿粉可满足作物旺盛生长期的需要,使作物的整个生育期都不至于缺磷。

(5)有机肥料与氨水混沤 每 100 千克有机肥,加氨水 3~4 千克混合堆沤,既可以减少氨的挥发,又能调节有机肥的碳氮比例,从而加快堆肥的腐熟速度。

(6)磷矿粉与硫酸铵混合 磷矿粉与硫酸铵混合施用,既能消除硫酸铵的生理酸性,又能增强磷矿粉的肥效,对作物生长发育大有好处。

（7）**碳酸氢铵与尿素不能混用** 尿素中的酰胺态氮不能被作物吸收，只有在土壤中酶的作用下，转化为铵态氮后才能被作物利用。碳酸氢铵施入土壤后，造成土壤溶液短期内呈酸性，会加速尿素中氨的挥发损失，故不能混合施用。

（8）**碳酸氢铵不可与菌肥混用** 碳酸氢铵会散发一定浓度的氨气，对菌肥中的活性菌有毒害作用，若混合施用，会使菌肥丧失肥效。

（9）**酸性化肥不可与碱性肥料混用** 草木灰、石灰等碱性肥料若与铵态氮、硝态氮等酸性化肥混合施用，会发生中和反应，造成氮素损失，降低肥效。

（10）**过磷酸钙不可与碱性肥料混用** 过磷酸钙含有游离酸，呈酸性，而草木灰和石灰等碱性肥料含钙质较多，若二者混合施用，会引起酸碱中和，降低肥效，其中的钙会固定磷素，导致"两败俱伤"。

（11）**碱性肥料不可与人粪尿混合** 人粪尿中的氨遇到草木灰和石灰等碱性肥料，会加速挥发，使肥效大减。

79. 什么是包膜化肥？

所谓包膜化肥，就是将水渗透性能不同的包膜材料包裹在水溶性肥料表面，使肥料养分能持续缓慢地释放，从而提高肥效。美国、日本和德国等发达国家，已开发出不同功能的包膜肥料，其产品分为 C 型、CK 型、U 型和 N 型，适用于不同的作物及土壤。在我国化肥市场上，也相继出现了热固型树脂包膜化肥、包裹肥料型包膜化肥等产品。

大多数化肥都是水溶性的，施入土壤后，容易流失、分解或被固定，使养分利用率降低。如采用包膜技术，可使化肥利用率提高 15％，大大降低栽培成本，而且不易发生"烧根"等肥害。

（1）包膜化肥的特点 包膜材料在土壤中可以降解。目前，包膜材料主要是以醇类和邻苯二甲酸的缩合物为骨架，经植物油改性而得。肥料养分释放后，包膜材料全部在土壤中降解，不会对环境造成污染。肥料通过包膜释放，水分先从包膜材料的孔隙向内部渗透，使化肥溶解成饱和溶液，由于内外浓度差的存在，养分又从孔隙向外扩散。养分的释放速度是可控制的，养分释放速度与包膜的厚度、层数有关，可以用包膜层厚度及层数来调节。

（2）包膜化肥的作用 包膜化肥，可协调作物养分的供给；避免旱地作物施肥过多而使土壤板结；明显提高化肥利用率，减少养分的流失；省工省时，减少施肥次数。此外，由于包膜材料为富有弹性的树脂，不会由于机械化施肥而使包膜破损，故适于机械化施肥。

80. 如何进行二氧化碳施肥？

二氧化碳施肥技术是目前蔬菜生产上公认的有效增产技术。在棚室中施用二氧化碳气肥的方法，约有 10 种之多。它们是增施有机肥法、二氧化碳颗粒剂法、燃烧沼气法、燃烧石油液化气或煤油炉法、利用工业废气法、加强通风换气法（当棚内二氧化碳浓度低于外界时用）、钢瓶二氧化碳发生器法、干冰法、燃烧木炭法和化学反应法等。

其中，原料来源容易、见效迅速和应用普遍的，是化学反应法。但也存在浓硫酸不易运输的问题。

（1）化学反应法的施肥原理 化学反应法，就是利用硫酸与碳酸氢铵发生化学反应，生成硫酸铵和水，同时放出二氧化碳。所产生的二氧化碳被蔬菜吸收,其副产品的主要成分硫酸铵,可在收集后作追肥使用。这种方法释放的二氧化碳纯度高,成本低廉,操作简便,肥料利用率高,没有废弃物,无污染,不易发生肥害,是一种理想的二氧化碳施肥方式。

(2)固体酸的开发　化学反应法的主要问题,是浓硫酸有很强的的腐蚀性,在使用、运输和保管上存在一定的危险,影响了二氧化碳施肥技术的推广。为此,北京市土肥工作站研制开发了固体酸,他们用植物纤维素、草炭等作吸附剂,通过物理化学工艺将浓硫酸固化,成为固体硫酸。使用时,适当加水即可还原成液态硫酸,使用起来安全可靠。目前,用植物纤维素作吸附剂的固体酸为黑色,硫酸含量为 $58\% \sim 60\%$,反应后的副产品是硫酸铵和有机物。商品固体酸,为1千克的塑料袋小包装。

(3)二氧化碳发生装置　即化学反应的容器。以前,菜农多用塑料桶、塑料盆、瓷盆和陶罐等作反应容器,甚至有的菜农在地上挖个坑,铺一层塑料薄膜作容器。将稀释后的硫酸加入容器,再加入碳酸氢铵。此法虽然成本低廉,但要在温室内分布20多个施肥点,工作量大,操作不便。

为此,北京市土肥工作站研制开发了价格低廉的二氧化碳发生器。该发生器由反应桶、酸桶和塑料输气管等部件组成。反应桶放在棚室中央,两条输气管分两边架在拱架上,每隔1米有两个平行的出气孔,酸桶吊在反应桶上方 $20 \sim 30$ 厘米处。

(4)操作方法　反应物的使用量可根据反应分子式进行精确计算,下面所用反应物量是按大多数蔬菜需要的二氧化碳浓度计算的。

① 使用固体酸:首先,将3千克固体酸〔按666.7平方米

（1亩）栽培面积计算〕放入反应桶内,然后将2.9千克碳酸氢铵也放入反应桶内,把盖子盖好。最后,在酸桶中放清水4.5升。清水缓缓流入反应桶内,桶内固体酸很快还原成硫酸并和碳酸氢铵发生化学反应,放出二氧化碳气。二氧化碳气体通过输气管均匀地释放到棚室空间中。反应后可生产硫酸铵2.4千克,二氧化碳1.6千克,可使二氧化碳浓度达到0.08％。使用固体酸,每天的施肥成本为3元。

②使用液体酸:工业硫酸浓度为92.5％左右(以北京市酸苯供应站产品为例)。使用前将浓硫酸稀释,浓硫酸与水的体积比为1：3,重量比为1：2。稀释可保证反应的安全和平稳。

在反应桶里放好3.6千克碳酸氢铵(按1亩地计算),盖上桶盖。在酸桶里加入稀释好的硫酸7.5千克(2.5千克浓硫酸加水5升),挂在反应桶上方。稀硫酸通过管道缓慢流入反应桶,与碳酸氢铵发生化学反应。此时,可听到输气管的放气孔发出的"嘶嘶"的气流声。约30分钟后,硫酸耗尽,反应结束。反应可生产硫酸铵3千克,二氧化碳2千克,可使二氧化碳浓度达到0.1％。使用液体酸,每天的成本为2元。

（5）二氧化碳施肥时间　在不同季节,施肥时间也不同。11月份至翌年2月份,在日出1.5小时后进行;3月上旬至4月中旬,在日出1小时后进行;4月下旬至5月份,在日出0.5小时后进行。每天施肥一次,操作完毕后闭棚1.5～2.0小时。

①育苗期:从3～5片真叶出现时开始,二氧化碳施肥浓度为0.05％。随着植株生成,其浓度加大到0.08％,到定植前5～7天停止施用二氧化碳肥。连续施肥15天,可取得明显效果。

②定植后:大棚定植后7～10天,温室定植后15～20

天后,开始施二氧化碳肥,连续施 30～35 天,能取得最大的增产效果。大棚施二氧化碳肥时,浓度要求达到 0.1%。温室二氧化碳浓度要求达到 0.08%～0.1%。

(6)注意事项　进行二氧化碳施肥的同时,要保证充足的水分供应,才能使之发挥出最大效益。进行二氧化碳施肥时,要密闭棚室。反应完成后,不要立即通风。稀释浓硫酸时,一定要将浓硫酸倒入水中,千万不可将水倒入浓硫酸中。反应后的残留物是硫酸铵。每天可将其收集起来,在确实没有酸性后方可作肥料用。阴天要降低施用二氧化碳肥的浓度,雨雪天不要施用二氧化碳肥。

81. 什么是二氧化碳颗粒 气肥? 如何使用?

二氧化碳颗粒气肥,是以优质碳酸氢铵为基料,与常量元素的载体配伍,经特殊工艺处理加工而成的颗粒状新型气肥。该肥料具有化学性质稳定,物理性状良好,操作简单,使用方便,一次投施肥效期长等特点。它能有效而稳定地提高棚室二氧化碳浓度,增强蔬菜光合效率,促进植株生长发育,增产并改善品质。

(1)用　量　一般用量为每 666.7 平方米(1 亩)40～60千克(约需 150 元)。一次性投施,释放二氧化碳期可持续 60天左右,最高浓度为 0.1%左右。

(2)密度和深度　施用时,将颗粒气肥均匀地埋施于蔬菜行间。密度一般为,茄果类蔬菜 4 棵 1 穴,叶菜类在距离根系15 厘米处开沟,深度以 1～2 厘米为宜。

(3)施肥时期　茄果类蔬菜以初花期施用为好,叶菜类蔬菜在株高 5～10 厘米时施用为好。

(4)注意事项 二氧化碳扩散速度快,施肥后应尽量减少通风次数,而且只能用顶部放风口通风,不能打开侧面的放风口。施肥时,要避免将颗粒撒在蔬菜的叶、花上,以免烧伤;施肥后,棚室土壤要始终保持湿润,以利于发挥肥效。

82. 为什么说绿芬威 3 号叶面肥防治番茄脐腐病有奇效?

番茄脐腐病,又称蒂腐病。其主要症状为:在幼果期,果实脐部出现水浸状斑,后逐渐扩大,果实顶部凹陷,严重时扩展到小半个果实,后期如遇高湿环境,病部着生腐生霉菌,出现黑色霉状物。

发病的主要原因是土壤中缺乏钙元素,果实不能及时得到钙的补充(果实含钙量如果低于 0.2%,即会引发此病),或者由于气温等原因,番茄不能从土壤中吸收足够的钙元素,使脐部细胞发生生理紊乱,失去控制水分的能力。

通常的防治方法是,在坐果后 1 个月内吸收钙的关键时期,喷 1% 过磷酸钙溶液,或 0.5% 氧化钙加 5 毫克/升的萘乙酸溶液,但防治效果不理想。经试验,使用绿芬威 3 号 1000倍液,防治番茄脐腐病效果很好。喷后 5 天,发病部位开始结痂,7 天后植株恢复正常生长。如果提前喷施,则整个生育期不会发生此病,菜农称之为防治脐腐病的"奇药"。

绿芬威 3 号由美国太平洋化学公司生产,内含 20% 的钙元素,不仅可以防治由缺钙引起的各种生理病害,而且能增加番茄甜度,促进果实发育,提早采收。

83. 温室栽培芹菜有哪些增产新方法?

能使温室栽培芹菜增产的新方法,主要如下:

(1)施用锌肥　据报道,以基肥的形式每666.7平方米(1亩)施硫酸锌4千克,可显著提高温室芹菜的产量,改善芹菜的品质。增产率达11.5%～12.1%,营养含量增加,植株锌含量和根的锰含量、叶的铁含量,均有不同程度的提高;维生素C含量提高12.6%～31.4%;叶柄部分总糖含量增加104%,根部糖分增加38%;纤维素含量下降8.9%～13.7%,食用时口感脆嫩。

(2)喷施赤霉素　赤霉素能加速芹菜生长。其施用方法是,在收获前半个月使用,过早易引起抽薹,过迟则效果不明显。施用浓度为10毫克/升。一般要选择晴天,在9点以前喷洒,不能在阴雨天使用。喷施赤霉素后,要多浇水,多施肥,肥水不足会出现茎叶变黄及植株早衰现象。如在赤霉素溶液中按1%的浓度加入蔗糖,或按0.1%加入磷酸二氢钾,效果更好。

施用赤霉素后,株高可增加7～10厘米,茎粗增加0.2～0.5厘米,叶片数不变,颜色变为深绿色,无病害发生,平均增产38.1%。

84. 如何防止棚室土壤盐渍化?

防止棚室土壤盐渍化,是棚室蔬菜种植中的一项重要任务。

(1)棚室土壤盐渍化的原因　棚室内是一个相对封闭的小环境,土壤湿度过大,致使大量的盐分积累在土壤表层;棚室内的温度较高,加上湿度大,施用人畜粪尿后,大量的氨分解挥发出来,使一些盐离子残存于土壤耕作层中;棚室内化肥施用量过大,长期积累,使土壤盐分含量增加,导致盐渍化;浇水频繁,导致土壤团粒结构被破坏,土壤大孔隙减少,通透性变差,形成板结层,盐分不但不能移动到土壤深层,反而随水上升到土壤表层,水分蒸发使盐分积累下来;有的棚室夏季进行覆盖栽培,雨水不能进入温室,土壤中的盐分不能随雨水流失或淋溶到深层土壤中去,而残留在耕作层土壤内。

(2)防治措施 深翻改土,采取深翻土地,同时施入适量的沙,以改善土壤结构,提高土壤的通透性,促进盐分下渗。改善土壤质地,增施有机肥。每666.7平方米(1亩)施用堆肥、厩肥4 000千克作底肥,以提高土壤的有机质含量,使土壤疏松,促使盐分下渗。不施新鲜人畜粪尿,因为未腐熟的人粪尿中含有氨态氮肥,挥发分解后,会使盐分积累于土壤表层,使棚室土壤盐渍化。换土消盐。铲除棚室表层3～5厘米厚的土壤,换成肥沃的田园土。浸泡洗盐。利用夏季棚室空闲时期,向棚室中灌水,使土壤表面积水3～5厘米深,浸泡5～7天后排干。晒干后即可栽培蔬菜。

85. 不良施肥方法与茄果类蔬菜病害的发生有什么关系?

蔬菜的许多病害,包括病理病害和生理病害,都是由于施肥时间、施肥种类和施肥数量不正确而造成的。中国农业科学院蔬菜花卉研究所专家刘宜生等,对番茄、茄子和辣椒等茄果类蔬菜的病因与不良施肥的关系,进行了较为详细的研究和总结,得出了这一发人深省的结论。

(1)番 茄

①畸形果:畸形果是在花芽分化过程中发生的,与花芽分化前的营养状况有关。生长点部分营养积蓄过多时,易使花器畸形。营养的积蓄是由于养分与水分吸收过多,同时环境温度过低,呼吸消耗少所致。因此,在蔬菜花芽分化期,应尽量避

免养分和水分过多,并避免低温。育苗期光线不足,吸收无机营养少,畸形果也少,但产量低。保护地早熟栽培、露地早熟栽培的第一至第三花序上,都易发生畸形果,而秋延后的抑制栽培中发生较少,就是这一道理。所以要注意光照、温度和养分间的平衡。

②空洞果:空洞果是胎座组织生长不充实,果皮部分和胎座种子胶囊部分隔离间隙过大,种子腔成为空洞的果实,空洞果重量轻,品质差。有时生长调节剂使用过多也易形成空洞果。一般当养分吸收过量,特别是生长调节剂过多,又遇低温(5℃)时,出现空洞果的几率较大。温度高于12℃时,即使施氮肥较多,也不易出现空洞果。

此外,胎座的膨大与充实,也与果内是否形成种子有关,因为种子在形成过程中,可以分泌激素,刺激果实膨大。使用生长调节剂后,果实内没有种子形成,也易助长空洞果的出现。因此,在栽培上为提高座果率而使用植物生长调节剂,也应同时进行振动授粉,使果实内部形成种子,减少空洞果的发生。保护地中光照不足,地温过低或根系受到损伤,使果实在发育过程中不能获得足够的营养,也易形成空洞果。

③脐腐病:主要是土壤中钙不足,或由于番茄体内生理性缺钙而引起的。过量吸收铁、钾和镁,易导致钙吸收不足。此外,浇水较少,空气干燥时,脐腐病易发生。在栽培上要防止氮肥过多和土壤干燥。在幼果期应喷洒 0.4%～0.7% 的氯化钙,连续阴雨,突然晴天后,应注意喷水和遮光,防止植株萎蔫。也可喷施绿芬威钙肥,效果很好。

④网纹果:果实接近着色期时,可以看到网状的维管束,这种现象多出现在春到初夏时期,尤其在施肥过多,地温较高而且水分多,土壤中肥料易于分解时发生最多。植株对养分吸

收急剧增加,果实迅速膨大,最易形成这种果实。因此,要注意基肥尤其氮肥不要施用过多,保护地内应加强通风换气,防止气温上升过多。

⑤主茎异常:在高温干燥、灌水过多、生长旺盛时,易发生生长点停止生长,茎部发生空洞,或生长点肥大带花等现象。其主要原因是茎部缺钙,氮肥施用过多。因此,浇水不要过多,或者采取地面覆盖稻草等措施,以降低地温,保证钙的供应,并且要减少氮肥的施用量。

⑥筋腐病:有白筋腐病和黑筋腐病两种。白筋腐病果主要是幼果期(直径2厘米)感染番茄花叶病毒所致。黑筋腐病果则是亚硝酸盐中毒和缺钾引起的。栽培上氮肥施用过量和光照不足时,易发生此病。因此,要提高保护地的光照强度,注意通风换气,避免过分施肥,并要提高地温。

(2)甜椒

①苗期病害:当苗床中施用腐熟不充分的有机肥,而且数量较多时,铵态氮转变成亚硝酸态氮,根系受到亚硝酸盐的损害,可能引起缺铁症状,中心叶发黄,幼苗根数少。铵态氮过多,也会引起幼苗嫩叶皱缩。

②叶片病害:肥料不足或过量,会出现各种叶部症状。施用过多的铵态氮肥料,会产生氨气中毒,危害近地面的老叶,使叶片褐变。施肥量过多,在土壤呈酸性的条件下,易发生亚硝酸气体中毒,使叶片畸形,或部分坏死,成熟叶片上产生褐色的斑点。

③脐腐果:在露地和温室栽培中,甜椒生长发育的后期常易发生脐腐果。它与番茄的脐腐果一样,多是由于缺钙引起的。高温、干燥、多肥和多钾等条件,都会使钙的吸收受阻,产生脐腐果。

(3)茄　子

①僵果：由于花未受精或受精不良产生单性结实,使果实内部激素含量不足,营养不能大量地供给果实,果实膨大受到限制,因而产生僵果。另外,环境条件不良,同化作用受阻,茎叶生长大量消耗光合产物,致使光合产物向果实运输受到抑制,也会引起果实发育不良,质硬而小。

②果实着色不良：茄子果实着色不良,缺乏光泽,称为着色不良果。水分供应不足,叶片生长过旺而相互遮光,果实得不到充足的光线照射时,容易形成这种果实。冬季温室栽培,光照弱,紫外线透过得少,也容易使果实着色不良。对此,可用紫色薄膜替换普通无滴膜,效果较好。此外,据研究,施用硫酸铵肥料可以防止着色不良现象的出现,喷洒糖液也可加深茄子的色泽。

③畸形果：畸形果是由于施肥过多,养分在花芽部分积聚过多,使细胞分裂过程中形成多心皮的果实所致。一般在低温、氮肥用量过多、浇水过量时,容易形成畸形果。

④营养缺乏与过剩症：棚室多年连作,容易造成土壤缺钾,前期叶片边缘和叶脉间产生失绿病斑,后期叶片脱落。在这些叶片中,钾的含量低于 4%,最低的仅为 0.6%。果实中钾的含量在 4% 以下。另一方面,土壤中镁的含量增高,茄子植株叶片中镁的含量可增加到 2.2%～3.7%,叶脉间黄化。镁与钾有显著的拮抗作用,镁的含量增高,钾的含量就降低。

86. 生产上使用效果良好的 新肥料有哪些?

在生产上使用效果良好的新肥料,主要有以下几种:

(1)皇嘉天然芸薹素　这是一种新型植物生长调节剂,由浙江省义乌市民营科技企业皇嘉生化有限公司开发生产,被列入"九五"国家科技成果重点推广项目。

皇嘉天然芸薹素以直接从植物体内提取的油菜素内酯为主要活性成分制成,具有天然、高效、广谱和无毒等特点。经过对上百种农作物的试验研究和推广应用,表明它能充分激发作物自身潜能和发挥其内在优势,促进作物均衡、苗壮生长,增强防病、抗旱、耐涝和解药害等抗逆能力,提高农作物产量,改善农作物品质。

(2)新型二氧化碳气肥　白色粉末状物质,无毒,无味,无腐蚀性和任何副作用,安全可靠。将其定量放入水中,即能定量、定时释放出二氧化碳气体,施用简便。一个面积为266.7 平方米(0.4 亩)的温室,每天用肥量为 250 克(1 袋),每个生长季节只需投资 100~150 元。

(3)增瓜灵　该产品由吉林师范学院生产,获国家科委"国家级新产品"证书和国家专利局的发明专利。它由几种植物生长调节剂和多种微量元素组成,无毒无害。使用后可使黄瓜在花芽分化和性型分化期发生作用,增加雌花数量,使黄瓜秧节节有瓜,一节多瓜。使用增瓜灵后,加强水肥管理,可使产量提高 30%~40%。

87. 生产中有哪些好的施肥新做法?

在蔬菜生产中,当前采用的施肥新做法,主要如下:

(1)叶面喷白糖　一些有经验的菜农,常将白糖作为一种叶面肥使用。据实验,用白糖溶液喷施果菜类蔬菜,可使其幼苗长势旺盛,开花结果提前,并可增产 10%~15%;叶菜类蔬菜喷施白糖液后,叶面积增大,叶片厚度增加,抗病能力提高,可增产 10%左右。蔬菜喷施白糖的方法是:按 1:500 的比例,将白糖倒入清水中,充分搅拌,使其完全溶解,形成稳定的溶液。而后用以喷雾,每7～10天一次,共喷3～5次。

(2)保护地蔬菜要注意施钙肥 蔬菜缺钙不仅产量低,而且病害严重。据调查,各类蔬菜缺钙的表现是:甘蓝,在包心前绿叶边缘逐渐变为褐色,包心后表现在叶片卷曲,球叶边缘出现水渍状,以后变成褐色;芹菜缺钙心叶卷折不伸展,呈褐色甚至腐烂;番茄缺钙根短,部分幼根膨大为深褐色,茎软下垂,顶芽枯死,上部叶片变黄,果实顶部或侧面产生黑色圆形病块,形成脐腐果。

发现缺钙症状后,可及时采用0.5%氯化钙溶液进行根部追肥。每隔3～5天一次,连喷3～4次,可收到一定的效果。如果采用石灰作钙肥,应结合耕作施在土层中,并注意与土壤充分混合。不要将钙肥与畜粪尿等肥料混合,以免造成氮素的挥发损失。同时,还应当注意不要将钙肥与过磷酸钙混合施用或混合保存,以免降低肥效。

(3)白菜喷醋 在大白菜的生长期至收获前10天,喷洒400倍食醋水溶液。喷洒时以晴天的下午3～4时为好。此时喷洒,植株吸收快,利用率高,效果好。喷醋可促进叶绿素合成,提高光能利用率和养分吸收能力,包心快,结球紧实,不易脱帮,能提高产量和白菜的耐贮性。

第六部分　关于蔬菜植保

88. 在寒冷季节，温室蔬菜遇到灾害性天气怎么办？

阴、雨、雪天，温室光照不足，温度偏低，空气相对湿度较高，导致蔬菜光合作用下降，出现落花、落蕾和化瓜等现象。同时，气温和地温较低，会抑制蔬菜根系生长和根对养分、水分的吸收。此外，还会引起蔬菜徒长，叶片变黄，抗逆能力下降。温度过低，会使蔬菜受冻。如果连续阴天后骤然放晴，会使蔬菜尤其是幼苗萎蔫甚至死亡。对于这些灾害性天气，可采取相应对策来避免或减轻其造成的危害。

（1）雨雪天对策　当温室内温度未低于蔬菜生长所要求的最低温度时，可不盖草苫，以免草苫被雨淋后降低保温效果和缩短使用寿命，并避免因草苫被淋湿、重量增加而压坏温室骨架。但若温度低于蔬菜所能忍受的温度时，就要覆盖草苫，并在草苫上面盖一层薄膜或牛皮纸防雨。如果是雪天，则要在雪停后及时清扫积雪，防止积雪在苫上融化，保证草苫干燥。

在大风雪天气到来前，应把塑料薄膜固定好，并在傍晚前把草苫压好。这样的天气，白天揭苫后室温会明显下降，因而可不揭草苫。但是，中午要短时拉开或随拉随放，让蔬菜短时见光。

（2）寒流天气对策　寒流到来时，温室内温度会很快降低，极易发生冻害。

对寒流天气的预防，应在建造温室时就开始着手。温室要严格按设计要求建造,不可偷工减料。例如,温室后屋面不能太薄,温室前屋面采光角应达到要求等。还可以在温室内地下建 1 米深的贮热池,把饱和盐水装入黑色水袋中,以便在白天盐水升温到 70℃左右时,将其所吸收的热能贮入地下贮热池中,夜间时再抽到地面放热。也可利用化学变相放热法增温。即用黑色薄膜制成柜箱,放入聚氯二醇。白天温度高于 15℃时,聚氯二醇吸热熔解,夜晚低于 15℃后便结晶放热。有条件的地方,可以在棚内建造沼气池,以便在低温时燃烧沼气加温。

在栽培技术上,可采取的预防措施是:育苗时,在苗床下面铺设地热线,或铺一层马粪、稻草等酿热物,或覆盖地膜,或在植株行间覆盖稻草,以保持地温。还有,在寒流到来之前,一些果菜要尽量多采果,以利于低温下的营养生长和防止果实受冻害。例如番茄,达到果实发白,即已经进入转色期,就应采收,采收后用乙烯利催熟。否则易在植株上受冻腐烂。浇水要尽量安排在寒流到来之前,即所谓"暖尾冷头"天气,以提高土壤贮热能力。

必要时还要采取加温措施,以确保最低气温在 5℃以上。例如,在温室内每隔 5 米放一块燃烧完全的蜂窝煤增温;采用热风炉、临时火道煤炉、火盆、点蜡烛和熏烟等方法,进行临时加温。

(3)连阴天对策 连阴天时,温度低,光照弱,对冬季温室蔬菜生产威胁极大。在这样的天气下,植株生长停滞,容易黄化,严重时会受冻死亡。

在不影响日光温室内作物对温度要求的情况下,揭盖草苫要尽量正常进行,让蔬菜利用阴天的散射光维持生命;不能连续几天不揭草苫。连阴天又遇寒流时,温室内温度会降至

5℃以下,这时应采取预防寒流时所用的增温措施,还要采取其他措施,例如在棚内北墙张挂反光幕来增加棚内光照,在温室内植株上方50厘米处挂几只灯泡(以生物效应灯、汞灯、日光灯为最好),可以取得增温增光的双重功效。还可采取增加草苫覆盖,室内架设小拱棚,在行间铺放细碎稻草和作物秸秆等措施,来提高温室内的温度。

在温度管理上,应使室内温度较晴天低2℃~3℃。因为阴天光照弱,光合产物少,如温度高,则作物呼吸消耗增加,导致营养不足,会产生各种生理障碍。在阴雨期间,应停止浇水,以免因降低地温而引发"沤根"和提高空气湿度。温室内幼苗在连阴天时发生萎蔫,多半是由于根系吸水能力降低而引起,不是土壤干旱所致。因此,应设法提高地温,提高蔬菜根系的吸收能力。

连续阴、雨、雪后,天气骤晴,切不可同时、全部揭开草苫;而应陆续、间隔揭启草苫。中午阳光强时可将草苫放下,菜农称这种操作为"回苫",下午阳光稍弱时再揭开。当温度提高后,于中午适当通风,以便在降温的同时,可释放出温室内积累的有害气体。在不良天气下,植株长期处于饥寒交迫的状态,久阴乍晴的第一个晴天,应进行叶面喷肥,补充营养,增强植株的抗寒能力和抗病能力。所喷叶肥,可选用0.6%三元复合肥、0.2%磷酸二氢钾、糖氨溶液(即0.5%的糖加0.4%的尿素)、0.5%白糖加0.2%磷酸二氢钾溶液、喷施宝和光合微肥植物动力2003等。叶菜类需氮素较多,可在喷施尿素、硫酸铵时适量加入赤霉素。如土壤水分不足,可在晴天中午前后浇一次透水,但不要大水漫灌,防止降低地温。

若连阴天造成蔬菜生长停滞或黄瓜的花打顶等现象,可在天气转晴、光照条件改善后,选择晴好天气,追施速效氮肥并浇水。追肥前一天,将植株上的一部分花果摘除,10天左右植株即可进入协调生长阶段。这种方法对于花打顶的黄瓜植株恢复正常生长发育很有效。

89. 如何在棚室中使用烟剂?

烟剂,又称烟雾剂,是防治棚室蔬菜病虫害的一种新技术。它是将防治蔬菜病害的杀菌剂与可燃性物质混合在一起,经燃烧,使农药气化后冷凝成烟雾粒,或直接把农药分散成烟雾粒的一种新型杀菌剂。目前,有单一型烟剂,如百菌清烟剂和速克灵烟剂,也有复合型烟剂,如百菌清和速克灵混合的复合烟剂。

烟剂能够防治棚室蔬菜多种病害,其效果一般可达到85%以上,比用同种可湿性杀菌剂喷雾防治效果提高10%以上,而且在使用时不用药械、水及辅助工具,只需用火柴引燃烟剂即可。在阴雨天或病害流行期间,使用烟剂防治效果更明显。烟剂在棚室中的使用方法如下:

(1)烟剂选择 在防治时应根据不同病害来选用适宜的烟剂。例如,在蔬菜定植前,可用百菌清烟剂进行前期预防;当棚室番茄、黄瓜发生叶霉病和灰霉病时,可选用速克灵烟剂防治;如同时发生多种病害,则用复合烟剂防治。

(2)剂型及燃放点的确定 温室、大棚的空间大,既可采用有效成分含量高的烟剂,也可选用有效成分含量低的烟剂。使用有效成分含量低(30%,20%,10%)的烟剂时,燃放点可少些,一般每666.7平方米(1亩)设置3~5个点即可。使用有效成分含量高的烟剂时,为防止燃放点附近因长时间高浓度烟雾熏蒸而造成药害,每亩燃放点可加设到5~7个。

因中棚、小棚较矮小,宜选用有效成分含量低(10%,

15%)的烟剂,燃放点也应适当增加,一般每亩7~10个,以保证用药安全。低于1.2米高的小棚,不宜使用烟剂,否则易造成药害。

(3)用药量的确定 根据棚室空间大小、烟剂有效成分含量和蔬菜的不同生育期,确定用药数量。棚室高,跨度大,用药量应多,反之用药量应少。烟剂有效成分含量高,用药量少,反之则应增加用药量。在蔬菜生长的前期,由于幼苗生长柔嫩,易造成药害,用药量应酌情减少。一般棚室使用30%的百菌清烟剂、10%速克灵烟剂、22%的敌敌畏烟剂时,一次用量为每立方米空间0.3~0.4克,折合成每亩棚地的用量为300~400克。每7~10天一次,连用2~3次。

(5)用药次数的确定 根据病害发生的轻重,确定用药次数。在发病初期,只需燃放烟剂一次即可达到防治效果。病害发生较重时,一般应连续防治2~3次,施药间隔时间为5~7天。如果在两次使用烟剂的中间,选用另外一种杀菌剂进行常规喷雾防治,则效果更佳。

(6)燃放方法 使用烟剂前,要检查棚室薄膜,补好漏洞。然后将棚室密闭,越严密越好。燃放时间,一般在傍晚覆盖草苫之后。阴天、雪天傍晚燃放效果最好,这是因为在日光照射下,植物表层温度与烟雾颗粒相同,烟雾不易沉积而减弱药效。

要将烟剂摆放均匀,按从里到外的顺序依次点燃。人员离开现场后,密闭棚室过夜。次日早晨通风后,人员方可进入温棚内操作。

90. 温室中会出现哪些气害？有何防治方法？

在冬春季节，气温偏低，温室内透气性差，湿度增大，蔬菜很容易遭受有害气体的危害，导致植株生长不良，甚至枯萎死亡。因此，必须加以有效的防治。

(1)有害气体的种类及其危害

① 氨气和亚硝酸气体：这两种气体主要来自施入土壤的氮素化肥和有机肥，尤其在施肥过量和土壤干旱的情况下，遇到棚内高温，一般会在施肥后 3～4 天产生大量氨气，当氨气的浓度超过 5 毫克/升时，一些敏感的蔬菜，如黄瓜、番茄等，就会受到伤害。最初叶片像被水烫过一样，干燥后变成褐色，氨气的浓度达到 4% 时，蔬菜幼苗即会在 24 小时内死亡。

空气中亚硝酸气体的含量达 2～3 毫克/升时，茄子、番茄和辣椒等敏感蔬菜就会受害。受害症状多出现在施肥后的 10～15 天，靠近地面的叶片，最初呈水烫状，而后由于亚硝酸的酸化作用，叶脉间逐渐变白，严重时只留下叶脉。新叶很少受害。

②一氧化碳和二氧化硫气体：用煤火升温时，有时煤燃烧不完全，或烟道不畅通，会产生大量的一氧化碳和二氧化硫气体。这两种气体的危害可以分为 3 种类型：一是隐性中毒，蔬菜无明显症状，只是同化机能降低，品质变差；二是慢性中毒，气体从叶片背面的气孔侵入，在气孔及其周围出现褐色斑点，叶片表面黄化；三是急性中毒，产生与亚硝酸气体危害相似的白化症状。

③塑料薄膜本身散发的有毒气体：有些塑料膜在使用过程中，会产生一些挥发性物质，如乙烯、氯气、邻苯二甲酸-2-

异丁酯等,并能通过叶片 的气孔或水孔,侵入植物体内部,破坏细胞组织,使光合作用明显减弱,严重影响蔬菜的产量和品质。有资料表明,邻苯二甲酸-2-异丁酯溶解在棚膜水滴中,其量达到 $10 \sim 20$ 毫克/升时,水滴经雾化或通过根、叶面被蔬菜吸收后,会产生严重的毒害作用。空气中氯的浓度达到 0.1 毫克/升,只需要 4 小时就能使大多数蔬菜受害。最初在叶脉间出现白色或浅褐色的不规则的点状或块状伤斑,严重时整个叶片变白,甚至脱落。保护地内乙烯气体的浓度达到 1 毫克/升以上时,可使蔬菜叶缘和叶脉之间发黄,最后变白,直到枯死。

另外,在大棚内燃放烟雾剂过量时,也会对蔬菜造成危害。如燃放百菌清烟剂过量,会使蔬菜叶顶及边缘组织萎蔫死亡,尤其在高温、高湿条件下受害更严重。

(2)防治对策

①科学施用氮肥,及时通风换气,防止氨害:尽量控制氮肥用量,及时浇水,肥料深施并覆土。另外,利用中午气温较高时,打开通风口,使空气流通。即使在阴天或雪天,也要进行短时间的通风换气,不能因为温度低而连续几天不通风。

②合理施肥:施肥应以优质土杂肥为主,适当增施磷、钾肥,尽量少施氮肥,不施生的菜籽饼肥、棉籽饼肥,不施未经腐熟的人粪尿、鸡粪等,也不可在温室内沤肥。坚持"底肥为主,追肥为辅"的施肥原则。其具体方法,可从 10 月上旬起,在温室覆盖薄膜前,一次性施用土杂肥,将各种肥料充分混匀后,均匀地撒在地面,深翻入土,施足基肥。以后追肥要少量多次,防止过量。追尿素时,以每 10 平方米不超过 0.6 千克为宜。追肥时要开沟深施,施后覆土,及时浇水,将肥释稀。

③ 减少毒气源:温室采用煤火加温时,要尽量燃烧充

分,烟道不可有烟气泄漏。为预防寒流进行临时加温时,要在火炉上安装烟囱,将有害气体排出。

④燃放沼气:于温室附近建造沼气池,在低温季节用燃烧沼气的方法取代煤火加温,可以避免产生一氧化碳,既能增温,又能为蔬菜生长补充二氧化碳气肥。

⑤选用无毒塑料薄膜:不使用掺入较多增白剂的塑料薄膜,避免产生某些有毒物质。可选用聚氯乙烯无滴膜代替聚乙烯膜。

⑥补救措施:发现蔬菜遭受二氧化硫危害时,应及时喷洒碳酸钡、石灰水、石硫合剂或 0.5%合成洗涤剂溶液。黄瓜遭受氨气危害,可向叶片背面喷10%的食醋进行治疗。

91. 如何使用温室大棚专用农药烟弹?

农药烟弹由中国人民解放军防化研究院研制,由药柱、药剂和弹壳等部分构成。烟弹药柱为高压压制成的中间有一定孔径的圆柱体,内装药剂,外面装有耐高温材料做成的弹壳。这一产品被认为是保护地农用烟剂的有效替代品。

(1)种 类 目前,已经推广使用的第一批系列产品有六种:对防治黄瓜霜霉病、炭疽病和番茄晚疫病有特效的克露烟弹和克霜灵烟弹,对防治灰霉病、菌核病和芹菜斑枯病有特效的利得烟弹,对防治瓜类白粉病有特效的白粉清烟弹,对蚜虫灭杀作用强的蚜虫净烟弹,以及广谱、高效的百菌清烟弹。

(2)发烟特点与使用方法 烟弹中的烟剂易引燃,发烟过程不断燃,烟量大,发烟迅速,农药扩散均匀。对目前危害保护地蔬菜的主要病虫害能防能治。使用安全、方便,在正常运输、保存、使用过程中绝对不会发生自燃现象,防潮性能好。使用时不需另配引信,只需将点燃的香头从弹壳上方(不许揭开盖)小孔伸入,轻轻接触药柱上方,即可发烟。使用烟弹,用药量低,仅为喷雾法用药量的几分之一,污染小,为生产合格的绿色食品提供了有利的条件。

92. 有哪些防治菜园蚜虫的新方法?

防治菜园蚜虫,当前采用以下新方法:

(1)喷 药 此法最常用,可选用内吸性或触杀性化学杀虫剂喷雾。常用的药剂有:有机磷类药剂,如40%乐果乳油1 000~2 500倍液;菊酯类药剂,如2.5%溴氰菊酯乳油3 000倍液;氨基甲酸酯类药剂,如50%抗蚜威可湿性粉剂2 000~3 000倍液;混配药剂,如21%灭杀毙乳油6 000倍液,或25%乐氰乳油1 500倍液。在蚜虫初发生时进行防治,每666.7平方米(1亩)每次喷洒药液50~75千克,每隔7~10天喷1次,连喷2~3次。进行喷药防治时,要注意往叶背和心叶处喷药及轮换用药。同时,还要注意,抗蚜威对瓜蚜无效。

(2)燃放烟剂 适合在保护地内防蚜。每亩用10%杀瓜蚜烟剂0.5千克,或用22%敌敌畏烟剂0.3千克,或用10%氰戊菊酯烟剂0.5千克。把烟剂均分成4~5堆,摆放在田埂上,傍晚覆盖草苫后用暗火点燃烟剂,人退出棚外,关好棚门,次日早晨通风。

(3)喷粉尘剂 适合在保护地内防蚜。傍晚密闭棚室,每亩用灭蚜粉尘剂1千克,用手摇喷粉器喷施。在大棚内,施药者站在中间走道的一端,退行喷粉;在温室内,施药者站在靠近后墙处,面朝南,侧行喷粉。每分钟转动喷粉器手柄30圈,把喷粉管对准蔬菜作物上空,左右匀速摆动喷粉,不可对准蔬菜,也不需进入行间。人退出门外,药应喷完。若有剩余,可在棚外不同位置,把喷管伸入棚内,喷入剩余药粉。

（4）避　蚜　利用银灰颜色对蚜虫的驱避作用,防止蚜虫迁飞到菜地内。其使用方法如下:

①地面覆盖:银灰色对蚜虫有较强的驱避性,可用银灰地膜覆盖蔬菜。先按栽培要求,整好菜地,用银灰色薄膜(银膜)代替普通地膜覆盖,然后再定植或播种。

②挂　条:防治秋白菜蚜虫,可在白菜播后立即搭0.5米高的拱棚,每隔0.3米纵横各拉一条银灰色塑料薄膜,覆盖18天左右,当幼苗出现6～7片真叶时撤除银灰色膜。悬挂银灰色塑料薄膜,避蚜效果达80％以上,可减少用药1～2次。也可在蔬菜定植搭架后,在菜田上方拉2条10厘米宽的银膜(与菜畦平行),并随着蔬菜的生长,逐渐向上移动银膜条。也可在棚室周围的棚架上拉1～2条与地面平行的银膜。

③扣小拱棚:用银膜建造小拱棚。

④覆盖遮阳网:用银灰色遮阳网覆盖菜田。

（5）黄板诱蚜　有翅成蚜对黄色、橙黄色有较强的趋性。利用蚜虫的这一特性,制造黄板诱杀蚜虫。取一块长方形的硬纸板或纤维板,板的大小一般为15厘米×20厘米,先涂一层黄色广告色,待干后,再涂一层有粘性的黄色机油(机油内加入少许黄油)或10号机油。把此板插入田间或挂在植株行间,使其高于蔬菜0.5米左右,利用机油粘杀蚜虫。以后,要经常检查并涂抹机油。黄板诱满蚜虫后,要及时予以更换。此法还可测报蚜虫发生趋势。目前,市场上已经有黄板出售。

（6）利用天敌　蚜虫的天敌有七星瓢虫、异色瓢虫、龟纹瓢虫、草蛉、食蚜蝇、食虫蝽、蚜茧蜂及蚜霉菌等。在种植蔬菜时,应选用高效低毒的杀虫剂,并尽量减少农药的使用次数,保护这些天敌,以天敌来控制蚜虫数量,使蚜虫的种群控制在不足为害的数量之内。也可人工饲养或捕捉天敌,在菜田内释放,控制蚜虫。

（7）**消灭虫源** 木槿、石榴及菜田附近的枯草、蔬菜收获后的残株病叶等,都是蚜虫的主要越冬寄主。因此,在冬前、冬季及春季,要彻底清理田间,清除菜田附近杂草,或在早春对木槿、石榴等寄主进行喷药防治。

（8）**科学栽培** 合理安排蔬菜作物的茬口,可减少蚜虫危害。如秋大白菜应避免与十字花科蔬菜连茬或邻作,而与大葱、香菜等间作,则可减少大白菜上的蚜虫。也可在菜田周围种植一些高秆作物,截留蚜虫,减少迁飞到菜田内的蚜虫数量。

（9）**洗衣粉灭蚜** 洗衣粉的主要成分是十二烷基苯磺酸钠,对蚜虫等有较强的触杀作用。因此,可用洗衣粉400～500倍液灭蚜,每亩用液60～80千克,喷2～3次,可收到较好的防治效果。

（10）**植物灭蚜** 将烟草磨成细粉,加少量石灰粉后撒施;用辣椒或野蒿加水浸泡一昼夜,滤后喷洒;把蓖麻叶粉碎后撒施,或与水按1∶2混合,煮10分钟后过滤喷洒;以桃叶浸于水中一昼夜,加少量石灰,过滤后喷洒。

（11）**植物驱蚜** 韭菜挥发的气味对蚜虫有驱避作用,可将其与蔬菜搭配种植,能降低蚜虫的密度,减轻蚜虫对蔬菜的危害。

93. 如何预防夏季黄瓜死藤？

在高温多雨的夏季,露地栽培的黄瓜易发生疫病,菜农称之为"死藤"。这种毁灭性的病害会大大降低产量,甚至造成绝收。因此,必须对它进行有效的预防。

（1）**症　状** 此病在黄瓜植株的各部位均可发生。近地面茎基部发病时,茎上出现暗绿色水渍状病斑,而后茎萎缩变细,病部以上叶片萎蔫,最后全株枯死。真叶发病,产生暗绿色水渍状病斑,后扩散成近圆形的大病斑。湿度大时,病情发展很快,造成全叶片腐烂。湿度小时,病斑边缘为暗绿色,中部呈淡褐色,干枯,易脆裂。茎尖发病,病斑呈水渍状暗绿色,腐烂,病部干后明显缢缩,发病部位以上茎叶枯死。瓜条发病,多发生在瓜蒂部位,出现暗绿色水渍状近圆形凹陷斑,湿度大发病快,发病部位后期表面会出现稀疏的灰白色霉层,瓜条表面缢缩、腐烂。

(2)**发病原因**　疫病病原菌可随风、雨或流水传播蔓延,进行重复侵染。只要环境条件适宜,该病流行速度极快。发病的关键因素是湿度,与湿度相配合的条件是温度,发病适温为28℃~33℃,气温降低不利于发病。在适宜的温度范围内,湿度越大,发病越重。夏季雨后暴晴时,病势发展迅猛,稍有不慎即会危害全田。盛夏高温干旱,如浇水过多过勤,此病发生也较严重。疫病病菌的潜育期很短,在适宜条件下只有 2~3 天,所以发病和蔓延速度很快。

(3)**防治方法**　实行垄作,或高畦栽培,增加土壤通气性;覆盖地膜,降低湿度;早上或傍晚浇水,小水勤浇,避免大水漫灌;防止积水,尤其是连续阴雨天,应做到"雨过地干",保持地面干爽;进行种子消毒;发现病株,立即拔除,防止病菌扩散。发病初期可采用药剂防治,用 75% 百菌清 500 倍液,防治效果在 70% 左右,从苗期开始喷药,可控制其危害,同时也可防治其他病害。也可用 25% 瑞毒霉 500 倍液,或 64% 杀毒矾 500 倍液,或 50% 克菌丹 500 倍液喷雾防治。

药剂混合使用,效果更好。如用 25% 瑞毒霉和 65% 代森锌的 1:2 混合剂 600 倍液喷雾,或用 25% 瑞毒霉和 40% 福美双的 1：1 混合剂 500 倍液灌根，每株 200 毫克，效果都比较好。

94. 防治菜青虫的特效药剂配方是什么？

菜青虫啃食蔬菜叶片，初龄可钻入叶片组织中取食叶肉，残留表皮，形成透明斑，称"开天窗"。三龄后造成孔洞和缺刻。发生严重时可将叶片吃成网状，严重影响蔬菜的产量和品质。苗期，菜青虫集中在菜心为害，妨碍白菜、甘蓝等蔬菜包心。该虫在华北地区一年发生 4～6 代，多者可达 10 多代。在一般年份，有两个发生危害严重阶段，即 3～6 月份和 8～11 月份，秋季比春季严重。

随着农药的多年、大量使用，菜青虫的抗药性越来越强，药剂防治越来越困难。进行人工捕捉效果虽好，但需投入大量人力，而且大面积栽培时人工捕捉也不现实。在实践中，人们探索出如下一些复配药剂的配方，效果很好。

(1)配方一 25％灭幼脲 3 号 ＋50％巴丹可湿性粉剂＋水，比例为 1.7：0.7：1000；

(2)配方二 25％灭幼脲 3 号 ＋25％杀虫双水剂＋水，比例为 1.7：5：1000；

(3)配方三 25％杀虫双水剂＋50％辛硫磷乳油＋水，比例为 4：1.5：1000；

(4)配方四 50％巴丹可湿性粉剂＋10％氯菊酯＋水，比例为 0.5：1：1000；

(5)配方五 B.t.乳剂＋25％杀虫双水剂＋水，比例为 4：5：1000；

(6)配方六 B.t.乳剂＋50％巴丹可湿性粉剂＋水，比

例为 4 : 1.5 : 1 000

此外,还可选用专治菜青虫的环保型生物病毒农药——环业 2 号。其具体使用方法,参见本书新农药部分中的有关内容。

95. 如何区别和防治棚室黄瓜细菌性角斑病与霜霉病?

黄瓜的细菌性角斑病为细菌性病害,而黄瓜的霜霉病为真菌性病害,其防治方法迥然相异,但两种病害的症状十分相似,很难区分,菜农往往由于误诊而延误防治,造成损失。

(1)两种病害的区别

①病斑形状与面积:两种病的病斑形状相似,但大小不同。细菌性角斑病与霜霉病的病斑均由于受叶脉的限制而成多角形,细菌性角斑病的病斑较小,而霜霉病的病斑较大,扩散蔓延快,后期病斑会连成一片。

②病斑颜色和穿孔差异:细菌性角斑病病斑颜色较浅,呈灰白色,后期易开裂形成穿孔;霜霉病的病斑颜色较深,呈黄褐色,不开裂,不穿孔。

③叶背病斑特征:将叶片采回,用保温法培养病菌,24小时后观察。病斑为水渍状,产生乳白色菌脓者,为细菌性角斑病;病斑不呈水渍状,长出紫灰色或黑色霉层者,为霜霉病。在有些湿度大的棚室,于清晨观察叶片,就能区别出来。

④病叶对光的透视度:有透光感觉的是细菌性角斑病;无透光感觉的是霜霉病。

⑤发病部位:细菌性角斑病,在叶片和果实上均发病,而霜霉病主要侵害叶片。如果果实受害,初期病斑水渍状,表面有白色菌脓,病斑向果肉扩展、变色,可确诊为细菌性角斑病。

（2）两种病害的防治

①细菌性角斑病的防治：选用优良抗病品种，如津春 4 号。津春 4 号是天津市黄瓜研究所培育的继津研系列和津杂之后的第三代优良黄瓜品种，具有较强的抗病能力，产量高，品质优。发病期间可用药剂防治。可选用的药剂有 DT 杀菌剂、农用链霉素和 10%铜粉尘剂等。

②霜霉病的防治：可选用的药剂有瑞毒锰锌、瑞毒霉和杀毒矾。由于这 3 种药剂已经使用多年，病菌已对其产生了不同程度的抗性。因此可使用新药剂进行防治，如 10%百菌清烟雾剂、40%达科宁悬浮剂，以及具有良好内吸作用的 72%普力克、30%霜霉净、72%克露和 69%安克锰锌等。将上述药剂交替使用，效果较好。

96. 如何正确进行韭菜田化学除草？

在大面积的韭菜生产中，拔除韭菜田中的杂草相当费工费时。依靠人工除草，往往因为除草不及时，造成草荒，严重影响韭菜生长。北京市顺义区赵全营乡的菜农，经过几年的试验和筛选，掌握了大面积韭菜田的化学除草技术，在生产中收到了良好的效果。他们的做法如下：

（1）播种前或播种后苗前除草技术　韭菜籽的种皮厚，不易吸水，出苗慢，春季播种，一般需要 15～20 天才能出苗。而一般杂草则发芽快，生长迅速。根据这一特点，对于播种地块，整地后播种前或播种后，使用速效触杀性除草剂 20%百草枯水剂，除草效果显著，一般每 666.7 平方米（1 亩）每次用药 150～250 克，加水 50～75 升，均匀喷洒于地面。在杂草小苗期，即草高 15 厘米以下，生长幼嫩时，用药量可适当低些，每亩用药 150～200 克；在杂草成株期，用药量可适当提高，每亩用药以 200～250 克为宜。

百草枯是灭生性除草剂,对单、双子叶的各种杂草都有效,其中对一、二年生杂草防除效果特别好。但百草枯一经与土壤接触即被完全吸附而钝化,不会损害植物根部,因此它对多年生杂草,只能杀死地上的绿色部分,不能毒杀地下根茎。需要注意的是,此药没有选择性,因此一定要在韭菜出苗前使用,以免造成药害。此药无残效,对韭菜出苗没有影响。韭菜播种后出苗前,也可用 50%扑草净可湿性粉剂,每亩 100 克,或 50%利谷隆每亩 60～70 克,全面处理土壤。

(2)苗期除草技术 韭菜出苗后,大约在第一次施药后20 天,需进行第二次用药。可使用 33%除草通乳油,每亩用药150 克,加水不少于 50 升,均匀喷洒于畦面。除草通是一种广谱性除草剂,对一年生单、双子叶杂草均有杀灭作用。主要是抑制杂草幼苗根、茎分生组织,故对已长出的杂草无效,应在杂草出土前使用。除草通是目前韭菜田理想的除草剂,对韭菜安全,药效好,残效期长达 40～60 天。此药在规定药量下可以放心使用。

在韭菜苗期,也可使用 48%氟乐灵乳油,每亩用药 150～200 克。因氟乐灵喷洒到地面后易挥发和光解失效,故施药后应中耕 1～3 厘米。

(3)移栽或根茬韭菜除草技术 移栽韭菜,可在移栽前后使用氟乐灵或除草通除草,以移栽后使用为好。每亩用 48%氟乐灵乳油 150～200 克,33%除草通乳油 175 克。老根韭菜每茬收割后,清除田间大草,待伤口愈合后,先浇一次水,然后喷药,直到末茬,用药量同移栽韭菜。每次施药后中耕 3～4厘米深,除草通施后可不中耕。

对于韭菜田中的单子叶杂草,也可选用 20%拿扑净乳油,每次每亩用药 150 克。根据田间杂草情况,一般全年可用药两次。此药适用于第一次除草药量不足、除草效果不好或漏喷的地块。对于双子叶杂草,可选用 25% 农思它(恶草灵)乳油,每次每亩用药 200 克,全年用药 2～3 次。此药为触杀型,在杂草真叶展开时使用防效最好。

(4)田边除草技术 大面积韭菜地,其田边、沟路渠旁往往在夏秋多雨季节杂草丛生,不仅影响田间通风透光,也是杂草种子的集中产区,决不能忽视对这部分杂草的防除。由于沟路渠边一般不种植作物,可选用 10% 草甘膦水剂,每次每亩用药 400～500 克,对水 50 升,喷布于草上。草甘膦是一种灭生性除草剂,在植物体内抗分解,并有很强的传导能力,可摧毁整个植株的茎、叶、根和地下茎。它可灭除一、二年生和多年生杂草。该药持效期长,一般可达 3～5 个月,全年用药两次即可将草除净。最好在杂草生长的中期施药。这时杂草对药物敏感,且草籽基本发芽出土,有利于一次杀死较多的杂草。

综上所述,在规模化韭菜生产中,根据韭菜的不同生长时期,采用相应的化学除草剂,科学用药,完全可以代替人工除草。这样做,节省了大量人工,节约了资金,能显著提高经济效益。

97. 怎样用综合方法防治美洲斑潜蝇?

美洲斑潜蝇,是食性杂、危害大、分布广、传播快和防治难的检疫性害虫。1994 年由国外传入海南省,现已蔓延全国 28 个省市。

美洲斑潜蝇最喜欢吃菜豆、芸豆、黄瓜、丝瓜、番茄、茄子、红菜薹和白菜等蔬菜。在湖北省,此虫一年约发生 9～11 代。发生期为 4～11 月份,盛期为 5 月中旬至 6 月份和 9 月份至

10月中旬。成虫是2.0～2.5毫米的蝇子，腹鲜黄色，背黑色，两翅中间有1个小黄点。幼虫是无头蛆，乳白至鸭黄色，长3～4毫米，粗1.0～1.5毫米。蛹橙黄至金黄色，椭圆形，长2.5～3.5毫米，粗1.5～2.0毫米，主要集中在田边植株的中下部叶片为害。成虫吸食叶片汁液，造成近圆形刻点状凹陷。幼虫潜入叶内，取食叶肉，吃成白色蛇形隧道，使之过早落叶，最后全株死亡。虫伤有利于病菌侵入。此外，斑潜蝇为害时还传播多种病毒。

对于美洲斑潜蝇，要通过综合方法来防治：

（1）种子处理 严禁从有虫地区购进蔬菜和菜苗。播种前，每千克种子用50％保苗种衣剂2～3毫升，加适量清水，充分搅拌，包裹种子，晾干后播种。

（2）倒　茬 将害虫爱吃的菜豆、黄瓜、丝瓜、番茄、茄子和白菜，与厌吃的辣椒、苦瓜、大蒜、洋葱、甘蓝、菜花和萝卜等，进行轮作倒茬。

（3）间作套种 在害虫爱吃的蔬菜田四周或田中，栽种或间作套种苦瓜、大蒜、洋葱、芫荽、苋菜、甘蓝和萝卜等异味蔬菜，驱逐成虫，减轻受害。

（4）消灭虫源 早春和秋季，蔬菜种植前，彻底清除菜田内外杂草、残株和败叶，并集中烧毁，以减少虫源；种植前，深翻菜地，活埋地面上的蛹；最好每666.7平方米（1亩）再施3％米尔乐颗粒剂1.5～2.0千克，毒杀蛹；发生盛期，锄地松土灭蝇。

（5）田间管理 少施氮肥，多施磷肥，重施钾肥，以免蔬菜长得嫩绿，招引成虫，加重虫害；改善田间通风、透光条件，如适当稀植，改"人"字形支架为篱架；及时摘除有虫叶片，并集中沤肥或烧毁；对受害严重地块，应提前拉秧或毁种。

（6）**药剂防治**　防治幼虫,要抓住瓜类和豆类子叶期和第一片真叶期,以及幼虫食叶初期、叶上虫体长约1毫米时打药。防治成虫,宜在早上或傍晚成虫大量出现时喷药。重点喷田边植株和中下部叶片。可选用的农药有：8%虫螨光3000倍液、1.8%虫螨克2500倍液、1.8%爱福本丁2000～3000倍液、40%绿菜宝或98%巴丹原粉1000～1500倍液、35%苦皮素1000倍液,防效都在90%以上。每隔7天喷一次,共喷2～4次,要轮换交替用药,以免害虫产生抗药性。

在蔬菜生长期间,喷洒48%乐斯本乳油1000倍液,毒杀老熟幼虫和蛹;成虫大量出现时,在田间每亩放置15张诱蝇纸(即用杀虫剂浸泡过的纸),每隔2～4天换纸一次,进行诱杀。

（7）**黄板诱杀**　在菜田中插立或在植株顶部悬挂黄色诱虫板,进行诱杀。诱虫板用黄色纸箱板截成40厘米×25厘米大小,正反两面涂上废柴油即成,绑在小棍上插立,或穿在铁丝上悬挂,高度与蔬菜顶端持平,随着蔬菜生长而不断调整高度。依照黄板诱杀原理,北京林茂商贸有限责任公司与中国农业科学院蔬菜花卉研究所,联合研制开发了"环保捕虫板",现已上市销售,可买来诱杀美洲斑潜蝇。

98. 有哪些防治蔬菜病毒病的新药剂？

在蔬菜生产中,当前有如下防治蔬菜病毒病的新药剂：

（1）**弱毒疫苗 N_{14}**　此疫苗由中国科学院微生物研究所通过化学诱变的方法研制而成。将 N_{14} 接种到番茄、甜(辣)椒体内,使其产生免疫作用,可防治由烟草花叶病毒感染而引起的番茄、甜(辣)椒病毒病,使病情大大减轻。同时,前期增产效果明显。其使用方法：每666.7平方米(1亩)用 N_{14} 制剂1毫升,在番茄1～2片真叶分苗时,洗净番茄苗根部泥土,将根浸入 N_{14} 的100倍液中,30分钟后栽植;也可将 N_{14} 用无毒水稀释50倍,在番茄、甜(辣)椒2～3片真叶时喷雾接种。还可以在 N_{14} 的100倍液中加入0.5克400～600筛目的金钢砂,摇匀后用高压喷枪喷射接种。此外,也可用摩擦法和针剂法接种。

（2）**卫星核糖核酸(卫星病毒)S_{52}**　可用于防治黄瓜花叶病毒(CMV)侵染而引起的病毒病,使用方法与 N14 相同。如果将 S_{52} 与 N_{14} 的等量混合使用,防治效果更佳。

（3）**植物病毒钝化剂－912**　由河北省农林科学院研制开发。主要用于甜(辣)椒、西瓜花叶病,番茄蕨叶病,菜豆和西葫芦病毒病。使用方法:每亩用1袋(75克)药粉加入少量温水调成糊状,加入1升开水,浸泡12小时,充分搅匀,凉凉后加15升清水,分别于定植后、初果期和盛果期的早、晚各喷施一次。

（4）**高脂膜**　系中国农业大学植保系研制成功的一种无公害保护类药剂。它能在植株表面形成一层薄膜,有效地防止病毒的侵入,对番茄、甜(辣)椒病毒病的防效达80%以上。使用方法:发病前叶面喷施200～300倍液,每隔7～10天喷一次,连续喷3～4次。

（5）**83增抗剂**　系中国农业大学研制成功的我国第一例植物抗病毒诱导剂。它是根据植物诱导性原理,采用人工免疫的方法,提高植株抗病力,防止病毒侵染,降低病毒在植株体内增殖扩散速度的一种增抗剂,具有明显的防病增产作用。使用方法:每亩用原液0.5千克,加水5升,分别在幼苗2～3叶期、定植前7天、定植缓苗后7天时,各喷一次,防效在85%以上,可增产20%～30%。

（6）**植病灵乳剂**　是山东大学研制成功的一种新型植物病毒防治剂。它对小麦、蔬菜及烟草的花叶病、蕨叶病与矮化病有特效，对部分菌类危害也有一定防治作用，并且有促进作物生长和增产的作用。实践证明，它对番茄花叶病、蕨叶病防治效果达 85％ 以上，可增产 15％～20％。使用方法：每亩用药 83～125 克，稀释 800～1 200 倍，在定植前 7 天喷施一次，定植后每隔 7～10 天喷施一次，连续喷 2～3 次，可有效地防治番茄、甜（辣）椒的花叶病、蕨叶病和条斑病；用 800～1 200 倍液于白菜生长期，每隔 7～10 天喷施一次，连续喷 2～3 次，可防治白菜软腐病。

（7）**毒克星**（**病毒 A**）　由齐齐哈尔市北方化工研究所生产。该制剂通过抑制病毒体内核酸和脂蛋白的合成而起到防治作用。它对番茄等蔬菜的花叶型、蕨叶型病毒有较好的防治效果。使用方法：发病初期，每亩用粉剂 100～200 克，加水稀释成 400～500 倍液喷雾，每隔 7 天喷施一次，连续喷施 2～4 次。如在发病前喷施，则效果更佳。

（8）**抗毒剂 1 号**　由北京农林科学院植保所研制。它能有效地抑制烟草花叶病毒的侵染，对番茄、甜（辣）椒和白菜等蔬菜的病毒病，有比较好的防治效果。使用方法：用 300～400 倍液，从苗期开始，每隔 7～10 天喷一次，连喷 4～5 次；对番茄，还可在分苗时用 300～400 倍液，浸根 30～40 分钟后栽植，也可每株灌药液 100～200 毫升，每隔 10～15 天灌根一次，共灌 2～3 次。

（9）**抗病毒可溶性粉剂**　由齐齐哈尔江岸化工研究所生产，能抑制和杀灭病毒，避免其繁殖，是一种广谱性抗病毒制剂。使用方法：每亩用药 100～130 克，发病初期稀释 400～600 倍，每隔 7～10 天喷一次，连续喷施 2～3 次，可防治番茄、甜(辣)椒病毒病。用 700～800 倍液，每隔 7～10 天一次，连喷 2～3 次，可防治白菜病毒病。

(10)病毒净　由石家庄市曙光制药厂生产。为低毒速溶剂，对黄瓜花叶病，番茄、甜(辣)椒和白菜等蔬菜的病毒病，有较好的防治效果，防治率可达 85％以上。使用方法：每亩用药 100～140 克，稀释 400～500 倍，每隔 7～10 天喷施一次，连喷 2～3 次。

(11)病毒灵　在蔬菜苗期或发病初期，用病毒灵 500 倍液喷施，每 7～10 天喷一次，连喷 2～3 次，对蔬菜病毒病有较好的防治效果。

99. 辣椒为什么会落叶落花落果？如何防治？

辣椒的落叶、落花和落果现象，通常称为"三落"。无论是露地栽培，还是保护地栽培，其危害都比较严重。它的发生原因，是温度、水肥和光照等环境条件不适宜，或因某些病害，或因管理不当，致使生理失调而造成的。根据近几年对不同地区、不同栽培形式的观察，其发生的具体原因和防治方法如下：

(1)落叶的主要原因

①苗期落叶：主要原因是根系发育不良，而根系发育不良多是由于苗床温度过低，床土过干，使根系吸水受阻，或分苗时伤根造成的，根系不能满足叶片对无机养分和水的需要，而导致落叶。此外，播种过密相互拥挤，营养面积小，光照不足，连阴天，覆盖物遮光，也会造成落叶。床土中肥料的比例小，秧苗后期营养供给不足，也会导致幼苗后期落叶。

②生长过程中落叶：多是因管理不当及环境不良而引起

的落叶。例如,植株拥挤,相互遮荫,或保护地栽培光照不足,连阴天,均可导致植株不能正常进行光合作用,使叶片黄化脱落。管理不及时,杂草丛生,植株分枝过多,相互争夺养分,造成通风透光不良,也会导致下部叶片黄化而脱落。

此外,高温炎热或保护地栽培通风不良,尤其是夜间高温的情况下,造成吸收与代谢的失调;在大暴雨或大水漫灌之后排泄不及时,土壤含水量急剧增加形成危害;在高温季节,土壤氧化还原电位下降,产生还原性物质如氧化亚铁等侵入根部;在冬季保护地内根系呼吸作用下降,致使过氧化物酶的作用减退,导致沤根;在开花结果盛期,生殖生长旺盛,养分需求量增加,植株养分供应不足等,均会造成急性落叶。

病虫危害也会造成落叶。根据多年的调查发现,对叶功能影响最大、导致落叶最严重的病害,为坏死性病毒病和白粉病。坏死性病毒病秃尖病毒可以使生长点坏死,叶片沿叶脉大面积坏死而脱落;保护地面湿度过大,温度高,通风不良,易发生白粉病。这种病在叶的背面逐渐形成一层白粉(分生孢子梗和分生孢子),叶的表面形成黄色或褐色坏死斑,严重时可导致叶片脱落。其次,疫病、疮痂病以及螨类和蚜虫的危害,也能造成落叶。

(2)落花落果的主要原因

在开花结果前后,由于管理不当,不良的环境条件影响以及病虫危害,均可导致植株生理活动的失调,进而影响花芽的正常分化,造成落花落果。这些原因,归纳起来,无非内因和外因两个方面。

①内部因素:多是由于花的器官发育不全或有生理缺陷,以及受精不完全所造成的。在花芽分化过程中发育不良形成了短花柱多柱头,花粉败育或雌雄发育不协调,散粉过早或

过迟,配子或卵细胞是自交不亲和型等,均不能正常开花和结果。

② 外部因素:环境不良极易引发落花落果。例如,苗龄过大或带蕾定植,缓苗阶段由于根系还没有恢复正常,或因地温较低,根系恢复缓慢,无机养分供应不足,都会导致落花。在露地或保护地里,为提前上市而早定植,由于气温较低,影响花粉的萌发和柱头的生长发育,不能正常进行授粉受精而落花。保护地光照弱,肥水过多,营养生长过盛,生殖生长受抑制而落花落果。在结果较多时,如果下部果实不及时采收,形成坠秧,会促使上部的花果脱落。管理不及时,下部侧枝较多,与主枝争夺养分,导致植株上部的落花落果。保护地通风不良,夜间温度过高,呼吸强度加大,消耗养分过多,会促使落花落果。结果期正值高温炎热多雨的季节,使植株生长和发育受到抑制,即所谓的"休伏",容易引起落花落果。大雨过后或大水漫灌之后,土壤湿度过大,透气性降低,根系呼吸受到抑制,也会落花落果。此外,病毒病、茶黄螨的危害,也可引起落花落果。

(3)落叶、落花、落果现象的防治 针对以上分析,在栽培管理中,要做好温度、湿度和光照的调控工作,及时准确地供应水肥,做好防病工作,就能较好地预防"三落"现象的发生。

100. 为什么摘除残留花瓣可防治番茄灰霉病?

灰霉病是保护地番茄的主要病害之一。该病可以危害叶、茎、花和果实,以青果受害最重。残留的花瓣或柱头先染病,然后逐渐扩展到果柄和果面,致使果实腐烂。番茄发生这种病,在一般的年份可损失 20%,严重年份可达 50%,对保护地番茄生产构成极大的威胁。

温室人工接种表明,用灰霉病孢子悬浮液涂抹青果的残留花瓣,发病果率为 80%,而接种青果的其他部位,发病率均较低,说明病菌极易从青果残留花瓣处侵染。因此,在番茄坐果后摘除残留花瓣,可以有效地预防灰霉病的发生。

辽宁省抚顺市顺城区在 1994 年的试验表明,采用摘除残留花瓣的方法,番茄灰霉病的防治效果为 75.01%。辽宁省普兰店市在 1995 年的试验表明,防治效果为 72.41%。目前,这种方法已在辽宁省推广,并辐射到周边地区。

101. 花椰菜为什么会出现花球异常?如何防治?

花椰菜,俗称菜花,对栽培技术要求较高,对环境条件要求严格。生产中常因环境条件不适宜和管理不当,出现不结花球、先期现球、花球质量差等生理病害,严重影响经济效益。现对其发生原因进行分析,并提出相应的防治对策。

(1)不结花球

①症状与原因:花椰菜只长茎、叶,不结花球,导致绝产或大幅度减产。此现象发生的原因是:秋播品种播种过早,气温高,花椰菜幼苗因未经受低温环境而未通过春化阶段,故长期生长茎叶而不结花球。春播品种较耐寒,冬性强,通过春化阶段要求的温度条件低,如用于秋播,则难以通过春化阶段,而导致不结花球。营养生长期供应氮肥过多,没有蹲苗,造成茎叶徒长,大量的营养用于茎叶生长,致使花球不能形成,或过早解体。

②防治方法:解决花椰菜不结球问题的措施是正确选用品种,适期播种,创造通过春化阶段的条件,适当追肥,进行蹲

苗等。

（2）小花球

①症状与原因：在收获时花球很小，达不到商品要求，或达不到品种特性所要求的大小。其产生的原因是：春播地内混有少量的秋播品种种子，则地内会出现少量小花球；如果春播地内完全利用秋播品种，则会出现大量小花球。这是由于秋播品种多为早中熟种，它们的冬性弱，通过春化阶段要求的温度较高，时间较短，故春播时迅速通过春化阶段而开始结花球。此时叶片、株体尚未长大，营养不足，故形成的花球较小。

秋播时使用的中晚熟品种中，如混有少量早熟品种种子，这些早熟品种较早地通过春化阶段开始结球，株体也较小。而晚熟种株体较大，茎叶茂盛。这样一来，早熟植株被压抑、遮荫，往往形成小花球。

秋播早熟种，如播种过迟，叶丛未及充分成长，即遇到适宜花球形成的温度条件，于是很快形成花球。由于营养体小，其花球也小。

陈种和弱种，播种后生长势弱，茎叶不旺盛，过早通过春化阶段后，营养不良，也会形成小花球。

生育期中，肥水不足，土壤盐碱化，病虫危害等，均会形成小花球。

②防治方法：防止形成小花球的措施，是选用纯正适宜的种子，播种期适当，加强田间管理等。

（3）先期现球

①症状与原因：花椰菜在小苗期，茎叶尚未长足即出现花球，这种花球僵小。其发生原因是：秋播品种冬性弱，通过春化阶段容易，如错用于春播，则会过早出现花球。春季栽培播种过早，苗期长期低温，或缺少水肥，株体受伤等，影响营养生

长的正常进行,诱发提前形成花芽,早期现球。秋播过晚,温度渐低,通过春化阶段过快,也会先期现球。

②防治方法:防止先期现球现象的措施与防止小花球相同。

(4)毛 花

①症状与原因:花器的花柱或花丝非顺序性伸长,使花球表面呈毛线状,不光洁,降低了商品价值。毛花多在花球临近成熟时骤然降温、升温或重雾天时发生。这是由于温度变化剧烈,在温度条件不适宜的情况下,花丝的发育超过花球而造成的。一般秋播栽培时播种过早,入秋气温降低之前花球已基本形成,如收获不及时,气温下降便易发生毛花。早熟品种更易发生毛花现象。

②防治方法:防止毛花的措施是适时播种,适期收获。

(5)青 花

①症状与原因:花球表面花枝上的绿色包片或萼片突出生长,使花球表面不光洁,呈绿色。青花现象多是在花球形成期连续的高温天气而造成的。

②防治方法:防止青花的措施是适期播种,躲过高温季节。

(6)紫 花

①症状与原因:花球表面变为紫色、紫黄色等不正常的颜色,降低了商品价值。紫花是在花球临近成熟时,突然降温,花球内的糖苷转化为花青素,使花球变为紫色。幼苗胚轴为紫色的品种易产生。在秋季栽培,收获太晚时也易发生。

②防治方法:防止紫花的措施是适期播种,适期收获。

(7)散 花

①症状与原因:花球表面高低不平,松散不紧实。其产生

的原因是:收获过晚,花球老熟;水肥不足,花球生长受抑制;蹲苗过度,花球老化;温度过高,不适宜花球生长;病虫危害等。

②防治方法:针对散花出现的原因,改进栽培管理。如适期收获,施足水肥,适度蹲苗,合理控制温度,及时防治病虫害等。

102. 如何通过长相判断黄瓜健康状况?

黄瓜是日光温室中栽培最多的蔬菜之一,通过观察黄瓜植株的长相,判断黄瓜健康状况,对栽培措施进行相应的、及时的调整,避免造成更大损失,是一个有经验的菜农必备的素质。以下所列的判断方法是生产实际和科学实验的总结,具有很高的实用价值。

(1)看叶相

①金边叶:植株中、上部叶片边缘呈整齐的镶金边状,组织一般不坏死,上部叶片骤然变小,部分呈降落伞状,生长点紧缩。多是由于施肥过多,土液浓度过大造成的生理障碍。这种植株的根一般呈锈色,根尖齐钝。

②瓢形叶:定植后不久,黄瓜上部叶片皱缩呈瓢形,叶片向上竖起,叶片细胞生长受到抑制。这是由于喷药浓度偏高或浓度虽然合适但用药量大,叶片细胞的正常生长受到了抑制所致。也可能是叶面喷肥超过规定量,造成生长抑制现象,严重时,叶缘呈浅绿色,萎缩,进而干枯坏死。可用浇水、提高温度、喷施适量生长调节素(如赤霉素)等方法,促使植株恢复正常。

③氨害叶:中部叶片边缘或叶脉间的叶肉黄化,叶脉保持绿色,病部逐渐干枯,且病部与健壮部界限清楚。受害较重

时,叶片首先呈不明原因的急速萎蔫,随之凋萎干枯,呈烧灼状,只有新叶保持绿色。这是温室中氨气积累所致,氨气多来源于施肥不当。如向地面撒施饼肥,鸡禽粪、尿素、碳氨、粪稀之后未及时通风,有时也未随水施肥,一般3天之内即会发生氨害。另外,在温室内进行畜禽粪、饼肥发酵未用塑料薄膜密封,也易发生氨害。

④枯　叶:表现为枯叶症,与氨害叶类似。从下部叶片到中部叶片,叶脉间失绿,而后全部叶脉包括小叶脉间的叶肉失绿。这是由于在低温下,多次连作,或施用牛粪、鸡粪量大,使钾和钙在土壤中积累过多,造成叶片吸镁少,吸钾钙多而造成的。

⑤水烫叶:清晨叶片边缘似水烫过一样,或在叶面上出现多角形或圆点状水浸斑,太阳出来后不久即可恢复正常,常被误诊为霜霉病或细菌性角斑病,实际上是生理性充水。这是由于地温高,气温低,或温室密闭多湿,叶片蒸腾受阻,细胞内水分流入细胞间所致。

⑥心叶烂边:生长点附近的新叶烂边,进而干枯。多是由地温低、土壤湿度大导致沤根,或主根受肥烧引起的。

⑦"半边枯":植株一侧部分叶片干枯,菜农称之为"半边枯"。这是由于植株的地下相应部分根系受肥烧或受到机械损伤所造成的。

⑧ 日灼叶:叶片上卷呈褐色,或叶缘呈白色,个别全叶呈白色。多是由于干旱、室温过高所引起的灼伤现象。称为"日灼叶"或"日烧叶"。

⑨叶脉黄化:叶片上出现网状脉的坏死斑,坏斑逐渐扩大,叶脉变为淡黄色,逐渐枯死,绒毛变为黑色。可能是由于过量施肥引起根过量吸收锰,或大量多次使用含锰农药如代

森锰锌所致,属锰过剩症。

⑩徒长植株:茎叶生长繁茂,节间长,顶端开花节位下降,正在开花的节位与生长点距离大于 50 厘米,下部化瓜严重。这可能与夜间高温,高地温,行距小,株间相互遮挡,光照不良,氮肥或水分过多等原因,所形成的徒长株形有关。育苗期温度高,雌花分化或形成晚而数量少,而按正常苗管理时也会出现这类现象。

(2)看花相

① 高节位开花:植株上正处于开花状态的节位较高,与顶端的距离小于 50 厘米,甚至形成"花打顶"现象。可能是由于地温低,夜间气温过低,干旱或水分过多,肥过多或肥过少,或结瓜过多而未能及时采收等一个或几个因素,所造成的结瓜疲劳或植株老化现象。

②雌花异常:如果雌花鲜黄,比较长而大,生育旺盛,向下开放,表明植株长势旺盛。反之,有的植株雌花淡黄,短小弯曲,横向开放,甚至向上开,说明这些植株长势衰弱。

③"花打顶"现象:黄瓜在苗期,生长点消失,在顶部积聚大量雌花,称为"花打顶"现象。对此,要将其摘心,促进侧枝萌发,培育新的生长点。

实践中,要注意将"花打顶"现象与栽培中的一些正常现象区别开。在黄瓜刚定植时,顶部节间很短,各节聚集在一起,很类似"花打顶"现象,但仔细观察可以看到微小的生长点,浇缓苗水之后,随着节间伸长会逐渐转为正常。一些农户将其误认为是"花打顶",错误地将顶芽打掉,促侧枝萌发,结果造成早期产量降低,结瓜推迟。

(3)看瓜相

①不坐瓜:茎叶繁茂,瓜胎多而稠,雄花簇生,雌花竞相

开放,但迟迟不见坐瓜,是因为水肥早而充足,引起营养生长过旺,而生殖生长受抑制所致。

②品种不适:瓜码稠,但瓜胎小而上举,下部幼瓜也相继化掉,叶片多偏小且呈花叶皱缩之状。多因品种不适造成。此外,瓜秧生长正常,有少量正常瓜,但多数瓜先端细而弯曲,结瓜数量不多,是因该品种不适应温室的高温高湿条件所致。

③弯曲瓜:茎叶过密,行距窄,植株郁闭,通风不良,肥料不足,温度过高,干旱缺水,引起植株生长衰弱,营养不良,均易产生弯曲瓜。也有一些瓜是因为卷须缠绕,或架材与茎蔓遮挡等机械原因造成的。

④大肚瓜:虽然已经授粉,但受精不完全时,可能形成大肚瓜。此外,低温季节温室栽培时,不经受精而通过单性结实形成的大肚瓜,多是由于植株生长势衰弱,营养不良,干物质积累少,特别是缺钾等原因所造成的。同一条瓜在膨大过程中,前期与后期缺水,而中期水分充足时,也易形成大肚瓜。

⑤尖嘴瓜:温室里黄瓜在单性结实的情况下,因连续的高温与干旱,植株长势衰弱,营养不良,盐类浓度障碍,造成养分、水分吸收受阻,使瓜条从中部到顶部膨大伸长受到限制,果实长度也小得多,由此形成尖嘴瓜。

⑥蜂腰瓜:瓜条中部细如蜂腰,将其纵切开来,可以看到变细部分果肉已龟裂,而在心髓部产生空洞,整个果实发脆。这主要是由于高温干旱,生长势衰弱所造成,也可能是因为缺钾所造成的。

⑦瘦肩瓜:果梗变得过短,而肩部瘦而长,一般认为是由于夜温低,营养过盛,使植株处于过分偏向于生殖生长的一种生理状态。此类生理状态,在摘心后更容易发生。

⑧苦味瓜:黄瓜植株内含苦瓜素,当它在瓜中含量多时

即表现苦味。氮肥过多,水分不足,低温,光照不足,肥料不足或植株衰弱时,也易产生苦味瓜。所以,在冬茬、冬春茬黄瓜栽培前期苦味瓜较多。有时在生长中期,也发现大量苦味瓜,这是由于栽培密度过大,夜温过高或氮肥过多所致。

⑨结瓜部位异常:正常情况下,正开放的雌花距离株顶50厘米,达到可采收大小的瓜,距株顶70厘米,此瓜以上具有展开叶6～7片。如果可采收的瓜距植株顶部太远,则说明植株徒长,一般多是由于日照不良,夜温高,氮肥多所造成的。如果采瓜部位距顶端近,则为老化型。这是由于养分、水分供应不足,或虽然有养分、水分供应,但不能吸收而造成结瓜疲劳现象,有时也由于过湿、过干或低温等因素所造成。

(4)看卷须相

第三至第五片展开叶片附近卷须粗大,呈 45°角伸展,长而软,色淡绿,用拇指和中指夹住,用食指弹时感到有弹性。用三个指头掐折时,感到无抵抗,用嘴咀嚼时有甜味,与黄瓜味相同,是正常状态。如果出现以下状态,则属不正常现象。

①卷须下垂:卷须下垂呈弧形或打卷,折时稍有抵抗感,表明不缺肥而缺水。此外,在主枝摘心后,畦面呈半干燥状态,或因轻度的浓度障碍,使根受伤,也有类似现象。此时应浇水,并喷施含氨基酸或微量元素的叶面肥,只需连喷 2～3次,即可恢复。

② 卷须直立:卷须直立,与茎的夹角小于 45°,表明浇水频繁,水量大,土壤含水量高,水分过多。

③ 卷须细小:卷须细而短,有的卷须先端卷起,表明植株营养不良,甚至植株已老化,应及时补充水肥,尽量延长结瓜期。

④ 卷须先端变黄:卷须细、短、硬,无弹力,先端呈卷曲

状,用手不易折断,嘴嚼时有苦味,先端呈黄色,表明植株即将发病。因为一般卷须先端细胞浓度高,黄化时表明细胞浓度降低,说明植株衰弱,抗病能力下降。对此,应及时进行病害防治工作。

103. 发生了蔬菜连作障碍怎么办?

温室、塑料大棚等设施,一般是一次建造,多年甚至永久性使用,复种指数高,蔬菜倒茬困难,长期连作必然导致土壤连作障碍。其一,表现在蔬菜重茬栽培引起的土壤传染性病害,如番茄黄腐病,辣椒青枯病,黄瓜霜霉病,以及线虫等病害病菌的积累与传播,使病害的发生与危害加剧。其二,蔬菜重茬栽培,同一作物从土壤中吸取的某些养分过多,导致营养平衡失调。其三,棚室内浇水频繁,容易造成湿害,致使土壤结构变坏,水、肥、气、热不能协调,且不能满足蔬菜作物生长发育的要求。其四,易出现土壤盐渍化。其五,研究表明,蔬菜重茬栽培时,作物的根可能产生一种毒素,对同一种作物的根产生的毒害,导致蔬菜产量下降,品质变劣。可见,如何克服蔬菜连作障碍,是生产中的一个重要问题。目前,生产上常用的克服蔬菜连作障碍的技术有以下几种:

(1)土壤消毒

①氯化苦消毒法:此法一般适合于在地温较高时(地温高于7℃)应用。通过处理,可有效地杀灭土壤中的线虫、真菌和细菌。但对病毒基本无效。氯化苦消毒可分为育苗床的床土消毒和保护地土壤消毒两种。

床土消毒时,先将土堆成30厘米厚,200厘米宽,长度依据床土数量自定的土堆。然后在床土上每隔30厘米打一个深为10～15厘米的孔,每孔用注射器注入氯化苦5毫升,随即将孔堵住。第一层打孔放药后，再在其上堆同样厚的床土一层，打孔放药，共2～3层。然后盖上塑料薄膜，熏蒸7～10天。然后揭膜，再晾7～8天，即可使用。氯化苦对植物组织和人体有毒害作用，使用时务必注意安全，不可吸入过多的氯化苦气体。

保护地土壤消毒时，每隔30厘米挖一个深10～15厘米的小洞，小洞呈三角形排列，遍布全部地块，每洞注入5毫升氯化苦溶液，用塑料薄膜严密覆盖。一般冬季封7～10天，夏季封3天，而后揭除薄膜，翻地，使有毒气体挥发后再进行定植。

②溴甲烷消毒法：此法一般在地温较低的季节使用。通过消毒可杀灭土壤中的病毒病、细菌、真菌和线虫等。同用氯化苦消毒一样，也可分为苗床消毒和保护地土壤消毒。

由于溴甲烷有剧毒，并且是强致癌物质，因而必须严格遵守操作规程，并且要向其中加入2%的氯化苦或催泪瓦斯，以检验是否泄漏到周围环境中。

加入溴甲烷的方法有两种。其一是将床土堆起，用塑料管将药剂喷注到床土上并混匀，每立方米基质用药100～150克。随即用塑料薄膜盖严，5～7天后揭膜，再晒7～10天，即可使用。其二是将床土堆成30厘米厚，200厘米宽，长度自定的土堆，在土堆上设支架，上放一空脸盆，脸盆与土壤保持10～15厘米的距离，装上溴甲烷，盖上盖子。应设置自动开口器，然后用薄膜密封，使开口器自动打开消毒。

保护地土壤消毒时，在地面上搭塑料小拱棚，每平方米注入40～50克溴甲烷，一般封闭7～10天，而后揭除薄膜，翻地，过3～4天，待有毒气体充分挥发后，方可播种。

③太阳能消毒法：这是近年来在温室栽培中应用比较普

遍的一种最廉价、最安全和最简单实用的土壤消毒方法。消毒时间，一般选择在阳光充足和气温最高的 7～8 月份，此时棚室多处于休闲阶段。

在消毒的同时，结合施底肥。栽培蔬菜一般以有机肥为底肥，为减少有机肥带菌，加速其分解，可在消毒前一次性施入。一般 666.7 平方米（1 亩）施有机肥 5 000 千克以上，小麦秸秆 600 千克，尿素 30 千克。为提高灭菌效果，还可施入 100 千克石灰。各种肥料均匀撒在土壤表面，继而翻耕土地，将肥料与土壤混匀。然后，做宽 50～70 厘米，高 20～30 厘米的弓背形高垄，提高土壤对太阳热能的利用率。温室周边部位的土壤地温低，应尽量将其移至温室中部。而后普遍浇一遍大水。

覆盖材料以 0.05 毫米厚的聚乙烯薄膜为宜，旧膜使用前要清洗。将薄膜覆盖在土壤表面，整个棚室内的土壤表面都要覆盖，薄膜相接处用土壤封严。而后将棚室薄膜密闭，升高温度，此时的土壤温度有时会达到 65℃以上，消毒效果良好。

消毒期间，土壤含水量要保持在田间最大持水量的 60% 以上。土壤干燥时，消毒过程中还要浇水。在密闭条件下，经 20 天，即可完成消毒，同时，土壤的肥力也提高了。

（2）选用抗病良种 要针对当地发生最普遍、发生概率最高的病害，选用抗病品种。所种番茄、茄子等蔬菜，可选抗根结线虫、茄子黄萎病和病毒病的品种。黄瓜可选用耐低温，且抗霜霉病、灰霉病和疫病的品种。辣椒主要选用抗青枯病和疫病的品种。

（3）嫁　接 利用砧木的抗性，可抵御土传病害，同时提高蔬菜的抗逆性。目前，此项技术已在番茄、黄瓜、茄子、西葫芦和西瓜等蔬菜上推广，可供选用的砧木数量也在不断增加。例如，利用黑籽南瓜嫁接黄瓜，可防治黄瓜枯萎病，并提高黄瓜的产量。此技术已经相当成熟。

番茄的嫁接技术也已经应用于生产。下面详细介绍一种新的番茄嫁接方法——针接法的操作过程：

砧木最好选用根系发达、高抗青枯病和根腐病的番茄品种。将接穗和砧木同时播种，砧木最好点播在营养钵中，接穗可采用平畦稀播。在接穗和砧木真叶长出 2 片，下胚轴直径达 2 毫米时嫁接。嫁接应在砧木子叶的下方进行，这样容易操作且成活率高。嫁接时，选砧木和接穗粗细一致的幼苗，先用刀在砧木子叶下方 1.0～1.5 厘米处，将苗斜向割断，其切线与轴心线呈 45°角，切面要平滑。然后使用针接笔（类似自动铅笔，可装 50～100 根经过消毒的接针），在接针台上向下轻压出一根接针，在砧木切面的中心，沿轴线将接针插入其总长的 1/2，余下的 1/2 插接穗。用同样的方法在接穗子叶的下方，把接穗呈 45°角斜向割断，然后把接穗插在砧木上露出的接针上。要求砧木和接穗的切面紧密对齐，以利于伤口愈合。

嫁接过程中，一定要注意切面卫生，以防感染病菌降低成活率。苗子接好以后，把它摆放在塑料棚中，浇足水（注意水不要溅到伤口处），将温度控制在 25℃～28℃，并适当遮光。经过 5～6 天，待伤口愈合后即按常规管理。整个育苗时间约55～60 天。当番茄出现 7～8 片叶后即可定植。针接法嫁接成活率高，而且能有效地抑制苗徒长，还可省去摘除砧木芽的麻烦（因嫁接位置在子叶下方）。这种嫁接法，也适用于茄子和黄瓜等作物的嫁接。

（4）无土栽培 无土栽培是解决土壤连作障碍的最彻底的方法，但因一次性投资大，设备运转费用高，不易被普通菜农所接受。为此，中国农业科学院蔬菜花卉研究所，研制开发了有机生态型无土栽培技术。其具体内容，参见本书有机生态型无土栽培部分的内容。这种技术,取材方便,投资小,运转费用低,适宜个体菜农使用。该所长年进行技术培训,并负责技术咨询,提供有机肥料。

104. 西瓜遭受雹灾后如何补救?

西瓜遭受雹灾后,只要少数植株留有残叶断蔓,大多数植株剩有 2 厘米左右的根茬,一般就不要拔秧改种,可及时采取补救措施,搞好田间管理,使其继续生长,以便最大限度地降低损失,保证收获。其补救的具体方法如下:

(1)**修剪残蔓** 凡被冰雹砸伤的瓜蔓,应逐条进行修剪,在伤口后 0.5 厘米处剪断,促其萌发新蔓。对已经打秃的瓜蔓,在距离地面 2 厘米处剪去伤口。

(2)**培土围根** 由于冰雹袭击,常使西瓜根部裸露。应结合剪蔓,进行培土,把潮湿的细土围在植株基部,并把被冰雹砸破的地膜全部用土封严压实,以利于增温保墒和减少杂草。

(3)**及时追肥** 灾后要及时追肥。这对西瓜恢复生长具有明显促进作用。土壤追肥,每 666.7 平方米(1 亩)用硝酸铵 5～7 千克或尿素 2～4 千克(如用复合肥更好),开穴施于距根部 5 厘米处,深度为 8 厘米左右。用 0.2%～0.3%磷酸二氢钾溶液,或 1.4%的丰收素 6 000 倍液,或 1.8%爱多收(复硝酸一钠)5 000 倍液,进行叶面喷肥,均有良好效果。

(4)**中耕松土** 雹灾过后,容易造成地面板结,地温下降。因此,必须及时在行间浅锄松土,以增温通气,促进根系发育。但是,要避免中耕过深,防止断根。

(5)**防治病虫害** 结合修剪残蔓,及时用托布津 800～1 000 倍液每隔 5～7 天喷一次,连喷 2～3 次,以控制病害蔓延。发现蚜虫为害,应及时用 40%乐果乳油 1 500 倍液等药剂喷杀。

105. 棚室甜椒为什么会
"空秧"？有何对策？

大棚及温室栽培的甜椒，在某一特定的阶段管理不当，就会出现植株生长旺盛，但不结果实或结果很少的现象。菜农称之为"空秧"。这种现象会给种植者造成极大损失。

(1)出现"空秧"的原因

① 缓苗期过长：棚室甜椒定植后的缓苗期，一般为6～7天。此期内棚室应密不通风，气温维持在30℃～35℃，夜间加盖草苫保温防冻，以加速缓苗进程。但是，如果这种人为控制的密闭棚室，保持高温高湿的时间过长，例如超过6～7天，则容易引起植株徒长，致使营养生长过旺，消耗很多养分，而生殖生长受到抑制，不能坐果或坐果很少。

② 通风不及时：缓苗后要及时通风，使棚温降至28℃～30℃。以后，每当棚温高于30℃时则应放风。否则，由于棚室温度高，水分蒸发快，第一个果(门椒)坐不住，养分不能集中供应果实，而是流向枝条和叶片，使植株不能及时地由以营养生长为主转变为以生殖生长为主，导致营养生长过旺，形成"空秧"。

(2)防止"空秧"的对策

① 缩短缓苗期：定植后密闭棚室，保证缓苗的适宜温度，以促进缓苗。6～7天后，即应通风降温，结束缓苗。如没有经验，为保险起见，可将缓苗期缩短为5～6天。

② 加强通风：缓苗后加强通风，降低温度。最初保持28℃～30℃，以后逐渐降温，到开花坐果期保持20℃～25℃。当外界最低温度不低于15℃时，昼夜都通风，在适宜的温度

和较大的昼夜温差下,植株生长健壮,节间短,叶片平展,坐果多。

③加强肥水管理:定植时少浇水,缓苗后到门椒坐住前一般不浇水,否则易落花落果。当门椒如核桃大小时,才浇水并追肥。以后随着坐果数量的增加和果实的陆续采收,应增加浇水和施肥量,尤其注意要多施有机肥和磷钾肥。

④ 保证光照:低温季节光照弱,植株易徒长,要在可能的条件下尽量提高棚室的光照强度。例如,覆盖无滴膜,每年更换新膜。由于覆盖草苫,薄膜易被草屑或尘埃污染,因此要经常擦拭。要适当稀植,降低栽培密度,防止植株相互遮光。稀植虽然会降低土地利用率,但可通过在早期采取行间套种甘蓝、生菜等低矮蔬菜的方法来弥补。

106. 棚室黄瓜发生了药害怎么办? 如何预防?

由于多年连作,棚室病原菌的抗性不断提高,黄瓜病害日趋严重,一些菜农治病心切,频繁进行高浓度喷药,因而经常发生黄瓜药害。药害发生机理,是药剂微粒直接堵塞叶表气孔、水孔或进入组织里堵塞细胞间隙,使植物的蒸腾、呼吸和光合作用受阻,或是药剂进入植物细胞或组织后,与一些内含物发生化学反应,产生有毒物质,使正常的生理功能和新陈代谢受到干扰,从而表现出一系列生理病变和组织病变,以至外部形态上出现特异性反常症状。

发生药害时,叶片受害最重,一般表现为叶片枯萎,颜色褪减,逐渐变为黄白色,并伴有各色枯斑,边缘枯焦,组织穿孔,皱缩卷曲,增厚僵硬,提早脱落。药害发生轻者生长延缓,影响产量,重者绝产绝收。

（1）**发生药害后的对策**　发现喷错农药，应及时用清水冲洗 2～3 次。对于已经表现出药害症状的黄瓜，要及时采取补救措施。种苗、幼芽受害较轻时，应及时中耕松土，增施氮肥，促进幼苗生长。受害较重时，要及时浇水，追施氮肥，同时增施磷钾肥，中耕松土，促进根系发育，增强恢复能力。喷施叶面肥，如喷施植物生命源（保定市南市区新兴化工厂）、喷施宝、植物动力 2003、高美施、丰收灵、叶面宝、BR-120、芸薹素、绿丰素、爱多收和赤霉素等 1～2 次，也可起到一定缓解作用。

（2）**药害的预防**　掌握以预防为主的原则。要严格按农药说明书或当地试验结果的浓度和剂量配药。药剂混用要科学合理，混用的药剂种类一般不超过三种，不能随意将多种药剂混合喷洒。硬水地区配药要用凉开水或河水、池塘水，不要用井水，防止水中的钙离子与农药中的某些成分发生化学反应，降低农药的有效性。喷药时要细致、均匀、周到，避免局部用药过多。对于来路不明或是一些小化工厂的产品，要先进行小面积试验，确认它无问题后再施用。

黄瓜植株在苗期、开花期耐药力弱，用药时要慎重。在高温干旱的中午，因阳光充足，喷在黄瓜叶片上的药液中的水分迅速蒸发，使局部药液浓度增大，此时黄瓜的耐药力较弱，容易造成药害，所以喷药时间最好选在下午 3～4 时。

107. 如何防治韭菜"干尖病"？

韭菜叶片尖端干枯变黄，是栽培过程中经常出现的现象，菜农称之为"干尖病"。实际上，韭菜"干尖病"并不只是一种病害，不能仅仅通过喷洒杀菌剂来防治。引发韭菜干尖的原因很多，要针对不同情况加以防治。

（1）**发病原因**　韭菜"干尖病"的引发原因，主要有以下几个方面：

①土壤酸化：韭菜生长发育要求 pH 值为 7 左右的中性土壤，如长期大量向土壤中施入粪稀、饼肥或硫酸铵等酸性肥料，就会引起土壤酸化，发生酸害，导致韭菜叶片生长缓慢，幼苗和外叶枯黄变干。

②氨　害：若扣棚前大量施入碳酸氢铵或扣棚后追施碳酸氢铵，或地面撒施尿素、棉籽饼等，都可造成氨气积累过量而危害韭菜。受到氨害的韭菜，先表现为叶尖褪色、萎蔫，然后变成土黄色至黄白色，并由叶尖逐渐向下蔓延。受害的部位如不被病菌感染，不会腐烂，潮湿时有弹性，柔软且平展，干时扭曲。受害植株生长缓慢，叶片出现锈色，看上去如遍地韭菜叶上部挑着一面小旗子。发生氨害棚室内，可以闻到氨的气味。

如果用 pH 试纸蘸棚室薄膜内侧的水滴，试纸变为蓝色，放到空气中，颜色加深，说明空气中氨的浓度较高。如果空气的 pH 值在 8 左右，即开始发生氨害；如 pH 值在 8.5 以上，便会造成严重危害。

③高温危害：韭菜生长的温度范围是 5℃～35℃。如果棚室内温度达 30℃以上不及时通风，或连阴天后突然天晴，出现高温，就会造成叶枯。受害植株外侧叶片的叶尖先开始变为褐色，随后叶片逐渐枯死。

④微量元素缺乏或过剩：缺钙时心叶黄化，部分叶尖枯死；缺镁时引起外叶黄化枯死；缺硼时引起中心叶黄化，生长受阻。如若硼过剩，一般从叶尖开始枯死；锰过剩，嫩叶轻微黄化，外部叶片黄化枯死。

⑤"闪　苗"：刮风天放风不当，或放底风时，由于突然有冷风吹入，温度剧烈变化，植株细胞脱水，会导致叶片萎蔫干枯，叶尖枯黄。菜农称这种现象为"闪苗"。

⑥发生灰霉病：感染灰霉病后，初期叶面出现水渍状小圆点，后变为白色或浅灰色斑点，由叶尖向下发展。严重时病斑相连，形成大斑，叶片上部或全叶枯萎。温度湿度过高，昼夜温差过大，均可发生灰霉病。

(2)防治方法 根据症状判断发病原因，再根据不同的原因，确定防治的方法。

① 撒石灰：土壤酸性引起的干尖，可用石灰调节土壤的酸碱度。但是，在棚室内不能用，以免引起氨害。

②合理施肥：棚室覆盖薄膜后，可追施硝酸铵和尿素。硝酸铵要随水施用，尿素不可在土壤表面撒施。严禁使用碳酸氢铵、饼肥和粪稀。可使用腐熟有机肥补充各种微量元素，特别要注意每次追施化肥量要少，掌握"少量多次"的原则，施肥后及时浇水。鸡粪要充分腐熟，避免发生氨害。

③正确通风：当棚室内的温度达到 20℃～25℃时，应开始放小风。随着温度的升高，应加大放风量，通风速度要慢，不可让冷空气突然大量进入。棚室内，白天气温不应高于 30℃，夜间不低于 8℃，要尽量减小昼夜温差。原则上不通底风，只开中、上部放风口。这样既有利于降温，又容易将湿气和有害气体排除。

④防治灰霉病：发病初期，可用 50%多菌灵 500 倍液、70%甲基硫菌灵 500 倍液、50%速克灵 1 000 倍液、50%扑海因 1 000 倍液喷雾，尤其在每茬韭菜收割后均应喷药。

⑤正确选用农药：避免过量使用含锰的农药，如代森锰锌等，可防止锰过剩引起的韭菜干尖。

108. 栽培无公害蔬菜应如何施肥和使用农药？

随着人民生活水平的提高，生产无公害蔬菜成为蔬菜发展的一个新趋势。所生产的蔬菜,一经检验确定为无公害蔬菜后,可申请"绿色食品"标志,其价格远高于同类的普通蔬菜。

所谓无公害蔬菜,目前较广泛的含义是指上市蔬菜中所含有害物质的残留量,低于国家规定的允许含量的蔬菜。蔬菜中的有害物质,主要来源于肥料和农药。要生产无公害蔬菜,就必须在这两个方面堵塞有害物质污染蔬菜的途径。

(1)无公害蔬菜的施肥技术 正确选择和使用农药,虽然可生产出无公害蔬菜,但其产品往往只能达到国家绿色食品中心颁布的"A"级绿色食品标准,不能达到"AA"级标准,原因就是由于使用化肥,使蔬菜中硝酸盐的含量超标。在栽培上如何既达到施肥的目的,又降低蔬菜中硝酸盐的含量,是无公害蔬菜生产的关键。因此,要生产无公害蔬菜,就必须把住施肥关。

① 重施有机肥:有机肥不会导致蔬菜的硝酸盐污染,生产出的蔬菜耐贮存,品质好。但有机肥应在充分腐熟后使用。沼液是无害化优质肥料,经常施用病虫少,可减少农药用量,提高蔬菜产量,能生产出最佳的无公害蔬菜。此外,也可使用一些大型养鸡场以烘干鸡粪为主要原料的商品有机肥料。

②不施用硝态氮肥:施用硝酸铵、硝酸钙和硝酸钾等硝酸肥,容易使蔬菜积累硝酸盐。可施用碳酸铵、硫酸铵和尿素等氮肥,但亦要控制用量,尽量少施。施用时,要深施并盖土,这样才可减少蔬菜的硝酸盐积累。

③因季节施肥:夏、秋季气温高,不利于积累硝酸盐,可适量地施氮肥。冬春季气温低,光照弱,硝酸盐还原酶活性下降,因而容易积累硝酸盐,应不施或少施氮肥。

④因地施肥:肥力高,富含有机腐殖质的土壤,蔬菜易积累硝酸盐,应禁施氮肥。低肥菜地,蔬菜积累的硝酸盐较轻,可

施氮肥和有机肥,以培肥地力。

⑤早施肥:苗期施氮肥较好,有利于蔬菜早发快长,降低硝酸盐含量。

(2)无公害蔬菜的用药技术　生产无公害蔬菜,要把住农药使用关,这是勿庸置疑的。但是目前,蔬菜生产中应用农药几乎是不可避免的,生产无公害蔬菜也并不是不允许使用化学农药。实际上,只要正确选择农药种类,注意使用方法,完全可以使蔬菜中的有害物质低于允许水平。

① 选用高效、低毒、低残留的化学农药:化学防治仍是无公害蔬菜生产中病虫害防治的重要手段之一,是蔬菜病虫害大发生时必不可少的应急措施。在使用化学农药时,严禁选用剧毒、高毒、高残留的农药,如呋喃丹、1605、1059、3911 等。应选用高效、低毒、低残留和对天敌杀伤力小的农药,如波尔多液、敌敌畏、敌杀死、硫磺粉、DT、多菌灵、百菌清和瑞毒锰锌等。并搞好预测预报,掌握防治适期。温室、大棚内可采用烟剂熏蒸,以提高药效。

② 掌握使用农药的间隔期:农药喷到蔬菜上以后,不管其稳定性有多强,都会在自然条件下及在植物体内,经过一系列的物理、化学和生化作用后,发生复杂的化学和生化变化,最终失去毒性。最后一次施用农药至收获的天数,就是保证上述变化过程得以完成的时间,称为农药安全施用的间隔期。间隔期的长短,因农药种类不同而异。蔬菜田用的杀虫剂中,安全间隔期为 2 天的有二氯苯醚菊酯;5 天的有敌敌畏、辛硫磷、速灭杀丁和马拉硫磷;7 天的有乐果、敌百虫和乙酸甲胺磷;15 天的有奎硫磷。

杀菌剂的安全间隔期一般比杀虫剂长。3 天的有乙胺磷;5 天的有托布津;7 天的有百菌清、甲霜灵和粉锈宁;15 天的有代森锌、代森锰锌和多菌灵。在农药中,目前认为波尔多液没有安全间隔期。

③正确确定农药的剂量:有的菜农不注意剂量,有时使用浓度过高或用药过多,造成药害;有时又用药不足,防治效果不明显。用药量过多包含两方面的含义,即农药的使用次数过多和每次使用的浓度过高。例如,我国农药安全使用标准中规定:乙酸甲胺磷用40%乳剂稀释1 000倍,最多使用2次;10%二氯草苯醚菊酯乳剂的常用浓度为1 000倍液,最多使用3次;80%敌敌畏乳剂的常用浓度为1 000~2 000倍液,最多使用5次;40%乐果乳剂常用浓度为2 000倍液,最多使用6次。超过规定的次数和浓度,就不能保证生产出无公害蔬菜。

④尽量选用无公害新型生物农药:随着科学发展和人们环保意识的增强,有越来越多的新型无公害生物农药问世。这些农药对人畜无毒,可保证生产出绿色无公害蔬菜。蔬菜上常用的微生物农药主要有:苏芸金杆菌制剂,如B.t.乳剂、青虫晶、杀螟杆菌、HD-1等,主要用于防治菜青虫、棉铃虫等蔬菜害虫。这些药剂的药效并不比有机磷类化学农药差,例如福建省蒲城华鼎农药有限公司生产的B.t.生物杀虫剂,对菜青虫、蚜虫有特效,防治效果可达到96%,喷药后1~2天内害虫死亡,药效期长达10天。

抗菌素类制品,如农抗120、井冈霉素和浏阳霉素等,主要用于防治黄瓜白粉病、茄果类蔬菜的青枯病、猝倒病、白绢病、炭疽病和螨类害虫;弱毒系制品,如N_{14}弱毒疫苗和S_{52}卫星病毒等,主要用于防治番茄病毒病和青椒病毒病。

⑤利用生物天敌:利用生物天敌主要用于防治蔬菜害虫。如用丽蚜小蜂防治温室白粉虱,用烟蚜茧蜂防治黄瓜蚜虫

等。

⑥ 控制氮肥用量：蔬菜中硝酸盐的积累随着施氮量的增加而提高。因此，每 666.7 平方米（1 亩）施氮量应控制在纯氮 15 千克内，并且以 2/3 作基肥，1/3 作追肥于苗期深施。

⑦ 叶菜不施尿素：叶面喷施尿素，氮肥直接与空气接触，铵离子易转变成硝酸根离子被叶子吸收，使硝酸盐积累增加。因此，叶菜不宜喷施尿素。

⑧不使用工业废水：工业废水和生活污水，含大量重金属离子、毒物、病菌和虫卵等，会直接污染蔬菜，应避免使用。

109. 如何自制植物杀虫剂？

实践表明，植物杀虫剂的生物毒性和杀虫效果，并不亚于化学杀虫剂。其优点是无残毒，不污染环境，产品对人体无害；具有杀虫、抗虫、驱虫等多种功效；来源广泛，制作方法简单，成本低廉，适宜农村使用。可用以制造植物杀虫剂的常见植物如下：

（1）韭　菜　取新鲜韭菜 1 千克，捣烂成糊状后加水 400～500 毫升浸泡，过滤，用该汁液喷雾，具有较好的杀灭蚜虫效果。

（2）南瓜叶　将南瓜叶加少量水捣烂，榨取原液。以 2 份原液加 3 份水的比例稀释，再加少量皂液，搅匀后作喷雾用，防治蚜虫效果在 90% 以上。

（3）丝　瓜　将鲜丝瓜捣烂，加 20 倍水搅拌，取其滤液喷雾，用来防治菜青虫、红蜘蛛、蚜虫及菜螟等害虫，效果均在 95% 以上。

（4）辣　椒　取新鲜辣椒 50 克，加水 30～35 倍，加热煮半小时，取滤液喷洒，可以有效地防治蚜虫、土蚕和红蜘蛛等害虫。

（5）**大　葱**　取新鲜大葱2～3千克捣烂成泥,加15～17升水浸泡,取溶液喷洒,具有防治蚜虫和软体害虫的作用。

（6）**洋　葱**　取20克洋葱捣烂后加水1.0～1.5升,浸泡一昼夜后过滤,将所得滤液喷洒于植株上,对蚜虫和红蜘蛛有较好防效。

（7）**大　蒜**　把20～30克大蒜瓣捣成泥状,然后加5升水搅拌,取其滤液,用来喷雾防治蚜虫、红蜘蛛和甲壳虫,效果很好。

（8）**番茄叶**　取新鲜番茄叶捣成浆,加清水2～3倍并浸泡5～6小时,取其上清液喷雾,可以防治红蜘蛛,还能够驱赶蚊蝇。

（9）**黄瓜蔓**　将新鲜瓜蔓1千克,加少许水捣烂,滤去残渣,用滤出的汁液加3～5倍水喷洒,防治菜青虫和菜螟的效果达90%以上。

（10）**苦瓜叶**　摘取新鲜多汁的苦瓜叶片,加少量的清水捣烂,榨取原液,然后每千克原液中加入1千克石灰水,调和均匀后再用于植株幼苗根部的浇灌,对防治地老虎有特效。

（11）**牛　蒡**　取牛蒡的鲜嫩植株,加入为其重量2～3倍的水,浸泡3昼夜,用水浸液喷雾,可防治菜粉蝶和蛾类幼虫。

（12）**马铃薯花蕾**　取1千克鲜花蕾,加水8升,浸泡1昼夜,用水浸液喷雾,可防治叶螨和蚜虫等。

（13）**番茄花蕾**　取1千克番茄花蕾,加水10升,浸泡1昼夜,用水浸液喷雾,可防治蚜虫、菜粉蝶和菜螟虫。

（14）**烟　草**　取1千克干烟草粉碎,加25升水浸泡,用水浸液喷雾,可防治蚜虫、螨、小菜蛾和叶蜂幼虫。

（15）**酸　模**　取1千克酸模鲜嫩植株,加10升水,浸泡

1昼夜,用水浸液喷雾,可防治螨和蚜虫。

(16)艾　蒿　取1千克干株,加10升水,浸泡1昼夜,用水浸液喷雾,可防治螨和蚜虫。

110. 如何配制肥料杀虫剂?

据贵州省独山县牧草科学研究所报道,某些化肥具有消灭或驱避害虫的作用,即可"以肥治虫",这一新技术既可节省农药,避免药害,又具施肥作用,而且不伤害天敌,不污染环境。可以配制的肥料杀虫剂,有以下几种:

(1)尿洗合剂　每666.7平方米(1亩)用尿素250～500克与洗衣粉100克混合,加水50升,搅匀后喷施,可防治菜园中的红蜘蛛和蚜虫等害虫,防治红蜘蛛的效果可达90%以上。此法无公害,并有追肥作用。

(2)肥药混合剂　肥料和农药混合施用,治虫效果更好。如用1%的尿素液,加0.1%浓度的50%的敌敌畏乳油或40%亚硫磷乳油,混合后进行喷雾,可杀灭棉花、花卉上的红蜘蛛,防治效果可达92%～96%;对蚜虫的防治效果可达98%以上,且可兼治其他害虫。

(3)草木灰浸出液　用10千克草木灰加水50升,浸泡1昼夜,用过滤液喷施,可有效地防治蚜虫,且能起到增施钾肥的作用,增强植株抗倒伏能力。

(4)硅钙肥　硅钙肥是一种新型肥料。当农作物施肥时,可选用或拌入硅钙肥施用,蔬菜吸收后,硅元素便会积聚在表皮细胞中,形成非常坚硬的表皮层,使害虫很难侵入,从而增强抗虫能力。例如,每亩施硅钙肥30～40千克,可大大减轻蚜虫对菜豆的危害。

(5)氮　肥　尿素、碳酸氢铵和氨水这三种氮素化肥,具有一定的挥发性,对害虫具有一定的刺激、腐蚀和熏蒸作用,尤其对红蜘蛛、叶螨和蚜虫等一些体形小、耐药力弱的害虫,效果尤佳。在害虫发生时,用0.2%的尿素溶液,或1%的碳酸氢铵溶液,或0.5%的氨水溶液喷雾,7天左右喷一次,连喷2～3次,效果显著。

111. 有哪些可以用于蔬菜栽培的新农药?

当前,可以用于蔬菜栽培的新农药,主要有以下10多种:

(1)2,4-DⅡ 是2,4-D的复配剂型,其最大的特点是不易产生药害。在低温季节果菜类蔬菜栽培中,2,4-D是较好的保花保果剂,但在使用过程中,最易造成裂果、乳状突起、尖头果以及枝叶的病毒病状药害。这是因为2,4-D的使用浓度小且严格,如果调配浓度正负误差达5毫克/升以上,就会发生药害或无效。在15℃～35℃的环境温度范围内,每升高1℃,应相应降低2,4-D浓度1毫克/升,这样,菜农在无精确量具和生产厂家的含量指标不稳定,以及外界温度变化不定的情况下,就很难按理论上的要求浓度使用这种药剂,发生药害在所难免。尽管使用番茄灵等药剂可使畸形果的比例有所降低,但效果却比精确使用2,4-D差。

为解决2,4-D的药害问题,陕西省汉中市汉台区蔬菜技术推广站设计出了彻底解决畸形果问题的最佳配方:2,4-D(23毫克/升)+ 三叶草汁液(71 000毫克/升)+ 三碘苯甲酸(10毫克/升),并将该配方暂称为2,4-DⅡ。

在使用过程中,2,4-DⅡ表现出了良好的效果。首先,由于2,4-DⅡ的温度适应范围较大,所以任何季节的使用浓度都相同,无需依照温度变化调整浓度,使用方便。其次,由于

2,4-D Ⅱ以 23 毫克/升的较高的浓度参加配方,所以使用后果实生长快,可提早上市 5 天左右。另外,由于加入了几种生长平衡剂,所以不论涂抹或喷花,都不会使畸形果的数量超过5%(即使在不使用 2,4-D 等保花保果剂的情况下,自然产生的畸形果也在 5%以下),基本杜绝了 2,4-D 的药害。

(2)**万灵粉**　万灵粉是由美国杜邦公司生产的氨基酸类杀虫剂,已在我国办理农药登记,该药能有效防治多种蔬菜害虫。

万灵粉可用于防治危害蔬菜的蓟马、蚜虫、甜菜夜蛾、斜纹夜蛾和跳甲等害虫。其特点是:见效迅速,在喷药后 1 小时见效,1~2 天内达到药效高峰;有很强的杀卵作用,能迅速渗入卵内,在孵化之前将害虫卵杀死;渗透性强,能进入植物体内,并随植物汁液移动,杀死吸食害虫;延缓害虫抗药性的产生;低毒安全间隔期一般少于 7 天。该药特别适合"无公害蔬菜"生产和出口蔬菜的生产,对生态环境无不良影响。

(3)**克菌灵烟雾剂**　克菌灵烟雾剂是西安市东方石油化工厂研究所研制的一种新型复合型烟剂。它克服了速克灵和百菌清烟雾剂的剂型单一的缺点,防治范围更加广泛,具有高效、广谱、低毒、低残留和内吸性等特点。

克菌灵对黄瓜的灰霉病、菌核病和炭疽病,番茄的早疫病和晚疫病,芹菜的斑点病,菜豆的叶斑病和锈病,均有较好的防治效果。克菌灵烟雾剂的有效成烟量大于 80%,每 666.7平方米(1 亩)一次用药 200 克(10 片左右),7~15 天用药一次,亦可根据病情增减用药次数和调整用药时间。使用时将复合型烟雾剂点燃,如燃起火苗则要迅速吹灭,待有稳定的烟雾放出时,再放到棚室的干爽地面上,亦可在下面放一块干爽的砖块,闭棚两个小时以后再通风。

（4）40％施佳乐悬浮剂　系防治蔬菜灰霉病的新型药剂。实验表明，该药剂与目前灰霉病杀菌剂无交互抗性。

该药是一种新型苯胺嘧啶类杀菌剂，作用机理独特。它通过抑制病菌侵染酶的产生，来阻止病菌的侵染并杀死病菌。该药能迅速被植物吸收。因为它的作用机理与其他杀菌剂不同，所以与其他杀菌剂无交互抗性，可有效防治那些对非苯胺嘧啶类杀菌剂已产生抗药性的灰霉病菌。

该药杀菌范围广，除特别适于防治保护地蔬菜灰霉病外，对黑星病和早疫病的防治效果，均可达到85％以上。用药浓度为800～1 200倍液，在发病前或发病初期，每7～10天用药一次。

（5）环业2号　系专治菜青虫等蔬菜害虫的环保型生物病毒农药。由河北省环业生物农药厂研制，经农业部和国家石化工业局批准，已正式投产。该药避免了大量使用有机磷农药或菊酯类化学农药所造成的害虫抗药性增强和环境污染的问题，具有良好的环保效应。喷药后，菜青虫一经食用，病毒便会在其体内大量复制和繁殖，使害虫因生理失调而死亡。防治效果可达92％以上。而且，因药理作用与普通农药不同，不会使害虫产生抗药性，也不会伤害天敌，因而对人、畜及水生物无害。这种农药的活性可达3年，使用后，死亡的害虫又形成新的感染源，感染其他菜青虫，从而降低防治费用。

（6）TS可湿性粉剂　该药是一种可湿性、活性强、无残毒、无公害和无污染的新型多功能杀病毒农药。它既能防治植物病毒病，又能促进植物生长发育。使用时，将TS可湿性粉剂稀释600～800倍，而后用于喷洒、灌根或拌种均可。需要注意的是，该药剂不可在阳光下暴晒，避免同生物农药混用，喷后6小时内遇雨要重喷。

（7）**苦皮藤乳油**　系陕西省杨陵农业高科技产业示范区的西北农业大学教授吴文君等人，利用天然植物"苦藤"所研制出的新型天然杀虫剂。在蔬菜上的实验表明，其防治效果可达到90%。这一成果目前已获国家专利。该药的杀虫机理十分独特，它不是像其他农药那样作用于害虫的神经系统（少数作用于呼吸系统），而是直接破坏昆虫的消化系统，引起肠穿孔，使昆虫上吐下泻而死亡。

（8）**50%灭霉威可湿性粉剂**　系北京市农林科学院植保所的"八五"科技攻关成果。它有效地解决了灰霉病对进口50%速克灵的抗药性问题，是替代速克灵的新一代杀菌剂。该药不易产生抗药性，防治灰霉病效果好。用600倍液防治番茄灰霉病，防效可达85%以上，而速克灵的防效目前仅为50%。

（9）**50%得益可湿性粉剂**　由北京市农林科学院植保所研制而成，用于防治黄瓜、番茄灰霉病。使用600倍液，防治效果达85%，超过了50%速克灵可湿性粉剂和65%甲霜灵可湿性粉剂等药剂的防治效果。其价格比50%速克灵可湿性粉剂降低60%左右，比65%甲霜灵可湿性粉剂降低15%左右。如果和沾花灵配合使用（沾花灵施后7天喷50%得益可湿性粉剂，7天1次，连喷3～4次），效果更好，防效可达90%以上。

（10）**40%抑霉威可湿性粉剂**　由北京市农林科学院植保所研制而成，用其400倍液防治番茄叶霉病，防效达85%以上，超过进口的47%加瑞农可湿性粉剂和国产的50%多菌灵粉剂。还可兼治黑星病。

（11）**70%乙锰可湿性粉剂**　由北京市农林科学院植保所研制而成，用于防治黄瓜霜霉病，效果超过进口的百菌清和瑞毒霉，而价格却降低30%左右。

（12）69％安克锰锌　由美国氰胺公司生产,用于防治黄瓜霜霉病等病害。该药通过抑制病菌细胞壁的形成来抑制病菌繁殖,与其他杀菌剂无交互抗性,可与各种农药混用。具有较好的渗透性,能在短时间内渗入植物组织,受雨水影响小。药效持续期为7～10天。用药量为每亩100克,加水60升,混匀后用以喷雾。发病严重时,可每亩用药133克,加水80升。每个生长季节用药不宜超过4次。

（13）50％地蛆灵　由山东省德州市农药厂研制生产。具有高效、快速和低残毒的特点和强烈的触杀与胃毒作用,主要用于防治韭蛆、葱蛆和蒜蛆。防治韭蛆时,每亩用药500克,收割后用1 500倍液灌根;防治大葱蛆,每亩用药500克,用1 800倍液灌根;防治蒜蛆,每亩用药500克,用1 800～2 000倍液灌根。地蛆灵不可与碱性物质混用。在收割前7天不能喷药,以避免中毒。

112. 生产上有哪些防治蔬菜 病虫害的成功经验?

生产上防治蔬菜病虫害的行之有效的经验很多,概括起来主要有以下几个方面:

（1）混种大葱韭菜可防病　大棚、温室多年种植蔬菜后,病虫害严重。如在棚室内混种大葱和韭菜,可起到较好的防病作用。具体方法是,在蔬菜植株旁边4～6厘米处,栽3～4株韭菜,也可在蔬菜行间栽培韭菜。在种植越冬菜前先种一茬大葱,利用大葱的残根也可起到防病作用。

（2）预防茄子黄萎病的经验　茄子黄萎病受害叶片变为黄褐色,病状从下向上发展,多数植株半边发病,因此俗称"半边疯",连作重茬地块发病严重。在茄子生长的前、中、后期,叶面喷施磷酸二氢钾或尿素,可提高抗病力。发病时用多菌灵 600 倍液灌根,每株 250 毫升,效果良好。

(3)铺聚酯纤维布防治番茄青枯病 番茄青枯病是细菌引起的病害,较难防治。该病多因长期连作而引起。目前对它的防治方法,多为用药剂进行土壤消毒,用抗性砧木嫁接等,但在安全性、效果和用工等方面都存有不足之处。黑龙江齐齐哈尔市园艺研究所根据此病病原菌的生态特点,采用地下铺聚酯纤维布的方法,取得了较好的防治效果。他们的具体做法如下:

铺设聚酯纤维布一般在高温季节(7~8 月份)进行。铺设时先从温室的一端开始,将 25 厘米深的土壤挖出,铺上聚酯纤维布,再将土壤回填。如此挖土、铺设、回填,交替操作,直至将整个温室栽培地面全部铺完。而后在土壤表面覆盖塑料薄膜。覆盖要严密,密闭棚室 15 天,以提高土壤温度,进行太阳能消毒灭菌。这样,可将土壤中的病菌,尤其是聚酯纤维布以上土壤中的病菌基本杀灭。去掉薄膜后,即可定植蔬菜,栽培方法与常规方法相同。由于有聚酯纤维布阻隔,蔬菜根系不会深入到下层土壤,从而避免土传病害。

(4)叶面喷尿素后不宜立即喷药 叶面喷肥的特点是用量少,肥效快,还可避免养分被土壤固定,是一种经济有效的施肥方法。如尿素、磷酸二氢钾、硫酸钾和硝酸钾等肥料,均可供叶面喷施。但在蔬菜苗期喷施尿素后,如果立即喷药,将会使大量农药混在尿素溶液中滞留在叶面上,易导致药害。因此,在叶面喷施尿素溶液后,不宜马上喷洒农药。

(5)巧防大白菜软腐病 软腐病为大白菜栽培中的常见病害,由细菌侵染而引起。发病初期,外叶萎蔫,以后叶片基部和根茎处腐烂,有腥臭味。除普通的防治方法外,北京市永乐店农场在实践中采用了一种低成本的新方法防治,可控制软腐病侵染,效果显著。其做法是:在 15 升清水中加 100 克火碱(背负式喷雾器一桶),混合均匀后喷雾,重点喷施在大白菜茎基部和拔除发病株后的坑穴。

(6)辣椒间作黄瓜可防病　据报道,塑料大棚栽培的辣椒与黄瓜间作,能有效地抑制辣椒炭疽病和黄瓜霜霉病的发生。辣椒选用早熟、抗病、耐寒的优良品种,如湘研 1 号等。黄瓜选用主蔓结瓜、分枝少、早熟和抗病的品种,如津研 4 号等。栽培时,做 1.1 米宽、10 厘米高的高畦,畦间距 40 厘米,每畦定植两行辣椒,株距为 35 厘米,两行辣椒中间种一行黄瓜,株距为 30 厘米,每 666.7 平方米(1 亩)定植辣椒 2 300～2 500 株,黄瓜 1 450 株。

(7)蔬菜敏感农药的使用方法　某些蔬菜对特定的农药很敏感,容易产生药害,应尽量用其他农药替代或按照科学的方法来使用。如萝卜、油菜和甘蓝等十字花科蔬菜,对杀螟松敏感,不可使用。瓜类蔬菜对西维因(又称氨甲萘、胺甲萘)敏感,容易发生药害,应避免使用。黄瓜、菜豆对辛硫磷敏感,用 50％辛硫磷乳剂 500 倍液喷雾有药害,稀释至 1 000 倍液仍有轻微药害,也要尽量避免使用。白菜、甘蓝等十字花科蔬菜幼苗,在夏季高温下,对杀虫双(双钠盐)敏感,易发生药害,因此,夏季要避免使用该药。

(8)用死虫杀活虫　用死虫杀活虫,是菜农在实践中发明的一种防虫方法。捕捉 10 克菜青虫,捣碎后让其腐烂,加水 20 毫升,浸泡 24 小时后过滤,再在滤液中加水 50 升,加洗衣粉 50 克,然后对菜青虫为害严重的蔬菜田喷雾,可收到良好的杀虫效果。这是因为菜青虫身上都带有病菌、病毒等病原体,死虫的体液喷到活虫身上,病原体传播,使活虫感染致死。

(9)硫磺熏蒸器防病效果好　硫磺熏蒸器,是中国农业科学院蔬菜花卉研究所研制开发的无公害园艺作物病虫防治产品。圆柱形,金属外壳,内装硫磺,用电作能源。接通电源后,硫磺升华,弥漫在温室中起到防治病虫害的作用。使用过程中,能有效地抑制各种害虫,对白粉病、黑斑病和霜霉病等真菌性病害还有特效。每100平方米栽培面积需1个硫磺熏蒸器,可保证在蔬菜生长过程中不用喷洒其他农药,因而大大降低了栽培成本。

第七部分　关于新特菜

113. 菜用黄麻有何特性？如何栽培？

菜用黄麻的基本性状与栽培方法如下：

（1）概　况　　菜用黄麻是一种新型特菜，被称为补钙蔬菜。为椴树科黄麻属一年生植物，原产于阿拉伯半岛、埃及、苏丹、利比亚和叙利亚等地，是非洲人喜爱的营养成分极高的蔬菜。其食用部分为嫩茎叶，每 100 克鲜叶含胡萝卜素高达 10 826 毫克；含钙 498 毫克，比一般蔬菜高 10 倍；另外，还含有丰富的维生素，其中维生素 C 16.8 毫克，维生素 E 14.1 毫克，均比其他蔬菜高。食用方法较多，可将嫩茎叶作汤料，也可炒食，或拌成面糊油炸，还可干燥后研磨成粉末食用。

（2）特征与特性　　菜用黄麻，茎为圆筒形，高度可达 2～3 米，后期变为浅紫色。分枝较多，约 25～30 个，叶为披针形，互生，长 10～13 厘米。花着生在主茎和分枝上，花瓣黄色，雄蕊 40 个，花药为黄色，雌蕊 1 个。蒴果圆筒状，茶褐色，有 8～10 棱，内含种子 200～250 粒。种子细小，千粒重只有 1.8 克左右。植株抗旱性强，耐湿性较差。喜土质疏松、排水良好的砂质壤土，不宜在多湿、易涝地块栽种。

（3）栽培技术　　3～4 月份进行阳畦育苗，播种后覆土 1 厘米，保护地栽培，幼苗 3～4 片叶时定植，露地栽培应在幼苗具有 5～6 片叶，5 月上中旬气温稳定在 15℃ 以上方可定植。

栽培田 666.7 平方米（1 亩）施优质有机肥 2 000～3 000 千克，与土壤混匀。按行距 60 厘米开沟，按株距 30 厘米定植，每亩3 700株。7～8月份追肥,亩施尿素15～20千克,磷酸二铵5～10千克。株高30～50厘米时,可采收嫩茎叶鲜食。每次采收后应浇水施肥,以促进侧芽的形成和生长。每亩可采收嫩茎叶5 000千克。10月上中旬,蒴果呈茶褐色时可采收种子,种子有毒,不可食用。

危害菜叶的害虫,主要有蚜虫、棉铃虫等,可根据虫情及时防治。

114. 京水菜有何特性? 如何栽培?

京水菜的特性与栽培方法如下:

(1)概　况　京水菜,又称白茎千筋京水菜或水晶菜,是我国近年从日本引进的一种外形新颖、含无机盐营养丰富、含钾量高的新特菜。为十字花科芸薹属一二年生草本植物。每百克嫩茎叶中,含维生素C 53.9毫克、钙185毫克、钾262.50毫克、钠25.58毫克、镁40毫克、磷28.90毫克、铜0.13毫克、铁2.51毫克、锌0.52毫克和锰0.32毫克。风味类似不结球小白菜,是上好的火锅菜。作馅时有淡淡的野菜香味,也可炒食。

(2)特征与特性　京水菜根系浅,主根圆锥形,须根发达,再生力强。苗期生长缓慢,适宜育苗移栽。茎在营养生长时期为短缩茎,叶簇丛生于短缩茎上,植株分枝能力强。每个叶片的叶腋里均可发生侧枝,侧枝再萌发新芽,将整个植株扩大。如任其生长,单株重可达3～4千克。叶片有锯齿状缺刻,深裂呈羽状。叶柄为白色或浅绿色,圆形有浅沟。复总状花序,完全花,长角果。种子圆形,千粒重1.7克。

(3)品种类型

① 早生种:株丛直立,叶片开裂稍宽,叶柄奶白色。适应

性较强,可在夏季栽培。品质柔嫩,香味浓厚,口感好。

②中生种:叶柄白色有光泽,分枝力强,单株重可达到 3 千克。不易抽薹,耐寒力强,适宜冬春季节保护地栽培。

③晚生种:植株开展度大,叶片浓绿色,叶柄白色,耐寒力强,低温下生长良好。分枝力强,产量高,适宜早春栽培,多供腌制用。

(4)栽培技术　3 个品种均可在春秋季节栽培或保护地栽培,夏季可用早生种直播。每平方米播种 15 克,2~3 片真叶时分苗。也可稀播,在 6~8 片叶时直接定植。定植株行距均为 20 厘米,1 平方米地的苗可定植 333 平方米(0.5 亩)地。生长过程中要保证充足的水肥供应,保持土壤湿润,夏季在早晚浇水,采收 2~3 次叶片后追肥。

可采收小苗上市,也可在定植后 20 天,株高 15 厘米以上已长成株丛后收割。因其分枝力强,可分多次采摘叶片,从株丛外围连叶柄一起将叶片剥下。冬季保护地栽培,可延续采收 60 天,666.7 平方米(1 亩)产量为 3 000~4 000 千克。

可自行留种。冬季保护地栽培中,要除去杂株,留下具有本品种特性的植株,注意与十字花科蔬菜隔离。春季开花,就地采种。早生种,采用小株采种法,于 2 月上旬在保护地育苗或直播,出苗后去除杂株,5 月下旬收获种子,每亩可产种 185 千克。

115. 飞碟瓜的性状如何?

飞碟瓜,1995 年由我国留学人员从俄罗斯引进,为葫芦科南瓜属美洲南瓜的变种,形状奇特,具有较高的观赏价值,被称为"瓜中极品"。

飞碟瓜为一年生草本蔬菜,植株矮生或蔓生,叶片硕大,绿色,掌状浅裂或深裂,有的叶面有白斑,有的无白斑,叶柄直立,中空,有刺毛。花大,黄色,钟状,雌雄异花同株,子房下位。果实为瓠果,状如飞碟,故而得名。其直径为6厘米左右,厚1～2厘米,果面有棱,果实分黄色、白色和绿色三种。栽培技术参照西葫芦的种植技术。

116. 大叶芹有何特点? 如何栽培?

大叶芹的特点及栽培方法如下:

(1)概　况　大叶芹是一种山野菜,伞形科,清鲜爽口,风味独特,具有很高的营养和食用价值,深受国内外消费者欢迎。为开发利用这一品种,辽宁省铁岭市柴河灌区园艺场从1992年开始进行人工栽培试验,已获得成功,并从中选育出了优质高产、适应性强的新品种。

(2)特征与特性　大叶芹株丛直立紧凑,生长旺盛,一般株高40～50厘米,最高可达80厘米。叶片肥大浓绿,表面有较多茸毛,抗病性强,生长期一般无病害发生,无需喷洒农药。抗旱耐涝,可在多种土壤中栽培。一般666.7平方米(1亩)产量为1500千克,最高可达2000千克。在辽宁北部4月上中旬萌动,5月份采收,成株6月中旬以后开始抽薹开花,9月中旬种子成熟,10月上旬开始休眠。

(3)栽培技术　大叶芹属多年生宿根植物,一次播种可收获多年,除适宜露地栽培外,也可在果园树下或保护地栽培。

为经济利用种子,可采取育苗移栽的方法。4月中旬播种,出苗前灌水1～2次,出苗后及时间苗、除草、追肥,以培育壮苗。移栽可在春秋两季进行,以秋栽为好。结合整地,每亩施土杂肥2000～3000千克。畦栽株行距为10厘米×20厘米。垄栽每垄两行,株距5~8厘米。栽后应及时灌水。两年以后,每年秋季要彻底清除残叶,灌足封冻水;春季要及时松土除草,特别要注意及时采收,以免纤维化后失去食用价值。每次采收后浇水,亩施尿素10千克,也可叶面喷施0.5%尿素溶液1~2次。

第八部分　关于蔬菜贮藏保鲜

117. 秋末青椒采收后如何贮藏保鲜?

　　青椒贮藏保鲜,延期销售,可提高经济效益。贮藏用青椒,宜用耐贮品种,在霜降前2～3天采收,选择基本长足,不老不嫩,质地坚硬,无机械损伤,无病虫害,色泽暗绿,富有光泽的青椒贮藏。多数贮藏方式要求环境温度保持在3℃～8℃,空气湿度为90%左右,以防冻害、腐烂或干瘪。具体贮藏方法如下:

　　(1)袋　贮　事先用0.04～0.06毫米厚的聚乙烯薄膜,焊接或粘合成袋,袋的大小以能装进10千克青椒为宜。将选好的青椒,用0.2%的甲基托布津药液浸泡3～5分钟,取出放在通风处晾干。装袋前将果柄剪去一半,并在剪口处蘸上生石灰,称重装袋,扎好袋口。用直径0.12毫米的缝衣针在膜表面戳25～35个孔,或将0.4～0.5千克生石灰用布袋装好放进贮藏袋中。然后将贮藏袋平放于阴凉处,每隔4～6天检查一次。

　　(2)铺草贮藏　在约10厘米厚的稻草上,码放一层厚33厘米左右的青椒,堆成长方形,上面和四周盖上厚约13厘米的稻草。每10天翻动检查1次,不宜贮藏的青椒要及时剔除。

　　(3)沟　贮　挖宽、深各1米的沟,沟底放6.6～10.0厘米的干沙或高粱秆,上面堆放青椒20～33厘米厚,其上再盖10～13厘米厚的沙或高粱秆。

　　(4)架　藏　用竹片板分层搭成长2.5米、宽1米、高

1.5 米的货架。每块板可堆放 15 千克青椒,每架可堆放 450 千克左右。在架四周用经过 300 倍福尔马林液消毒的湿布遮盖。

(5)灰 藏 选择无虫蛀、无腐烂的鲜青椒,在室内阴凉墙角处用砖砌一池,一层煤渣灰或草木灰一层青椒地码放。最上面一层灰要厚一些。存放期间,可以不定期地喷洒清水,使灰经常处于湿润状态。

(6)冷 藏 先将青椒装入塑料袋内(每袋 1～2 千克),然后装入筐或箱中,放入冷库。库温要掌握在 5℃～8℃,相对湿度保持在 85%～95%。

(7)窖 贮 先挖一个深、宽各 2 米,长度视贮量而定的窖。把窖底晒几天,然后盖棚。每隔 2 米留一个通风孔,用直径 15 厘米、高 1 米的塑料管或瓦管作通气管道。窖底铺一层细沙和高粱秸,在高粱秸上再垫一层纸,将青椒放在纸上,平铺厚度不要超过 1.2 米。入窖后 3～5 天倒一次堆,以后每隔 7～10 天倒堆并检查一次。

(8)缸藏坛藏 缸底铺 10 厘米厚的草木灰,在距草木灰 6 厘米的地方放一个秫秸帘子,将青椒柄朝下,一层一层地摆在帘子上,一直摆到离缸口 5～7 厘米处,缸口用结实的纸糊上。开始,1 周或半个月倒缸 1 次。坛藏与缸藏相似,坛底可用一盅酒代替草木灰,帘子放在酒盅上面,再在帘子上摆青椒。

(9)沙 藏 沙藏的方法较多。其一,在箱或筐底铺约 3 厘米厚的沙,将选好的青椒消毒处理,晾干后装入木箱(筐)内。一层青椒一层沙,装至离箱(筐)口 5～7 厘米处,用细沙密封即可。木箱一般重 10 千克左右,采用"骑马形"叠堆,以 4～5 层为宜。

其二,在室内地面上用空心砖或木栅栏,围成长 2～3 米、宽1米、高0.6～0.9米的空间,按上法逐层堆码青椒,在最高层覆盖3厘米厚的细沙密封。每堆250千克,在堆内设置若干通气筒,以利于通风。

其三,用水洗去细沙中的泥土,采用阳光暴晒或烘干的方法杀灭病菌,再用以50％多菌灵配制成的1500倍液,将干燥细沙调至手握成团,指缝见水而不滴水,落地即散的湿度。有条件者,可再加入0.5％JBB-1保水剂(北京市刘娘府产),青椒也用1％的保水剂浸蘸。在室内靠墙处用砖垒长3米,宽、高各1.5米的池,底部铺10厘米厚的细沙,然后排放一层辣椒,再铺2～3厘米厚的细沙,再铺一层辣椒,如此,一层辣椒一层沙地铺放。最后一层覆盖细沙20厘米厚。此法效果很好,在菜农中应用广泛,辣椒贮存4个月后,保鲜效果仍可达到97％以上。

118. 有哪些简易的芹菜贮藏保鲜方法?

秋季露地芹菜采收后,通过简易贮存,可供应深秋和冬季市场,其成本远远低于棚室栽培的芹菜。许多露地芹菜生产基地,都具有与生产配套的芹菜简易贮藏保鲜技术。其具体方法如下:

(1)气调贮藏法 将带短根芹菜摘去老叶,装入长1米、宽75厘米、厚0.08毫米的聚乙烯塑料薄膜袋中,每袋装10千克左右,扎紧袋口后放到温度适宜的库或窖中。注意应使袋内含氧量保持在5％左右,隔几天松开袋口换一次气,也可将袋口松扎,留一定空隙,让其自行调节。

(2)地沟贮藏法 挖宽0.7～0.8米,深度视芹菜高度而定,长度视芹菜数量而定的地沟。一般要求芹菜顶部在当地冻土层以下。待温度降到0℃以下时,把芹菜贴沟壁竖放进沟内,沟上横放直径为 8～10 厘米的木棒作支撑物,木棒上覆盖草苫,然后埋 5 厘米厚的土。随着温度的降低逐渐加土,并定期向上泼水。大约每隔半月泼一次水,泼水时间和泼水多少,视所埋土的干湿情况而定。这样,贮藏的芹菜不但青鲜脆嫩,而且重量还会有所增加。

（3）**假植贮藏法** 挖宽约 0.7～1.5 米、深约 0.7～1.3 米、长度不限的假植沟。将芹菜带土坨铲下,单株(株、行距为 3～4 厘米)或多株(株、行距按 5 厘米左右)或成捆摆放在沟内,然后灌水淹没根部,以后视土壤情况可再次灌水。每隔 1 米左右在芹菜间横架一束高粱秸,以防止倒伏,便于通气。在窖的两侧,每隔一定距离顺窖壁垂直挖通风道,通过通风使窖内热量散发出来。窖顶盖草苫。天冷时可再加盖一层草苫,并覆盖细土,同时堵严通风道。

119. 有哪些简易的黄瓜贮藏保鲜方法?

进行黄瓜的贮藏保鲜,可以采用如下简易方法:

（1）**沙藏法** 在强寒流到来的前一天,给秋黄瓜浇水,让其充分吸水。采摘时,用剪刀将其从瓜柄处剪下,轻拿轻放,随采随藏。先把细沙放在锅里炒干,杀死沙子中可能存在的病菌,凉凉后,往细沙上喷清水,以抓在手里成团但不滴水为宜。先在缸中铺一层湿沙,然后放一层黄瓜铺一层沙,共铺 7～8 层黄瓜。将缸置于室内,只要温度适宜,可贮存 30 天左右,色泽、鲜味基本不变。

（2）**缸藏法** 黄瓜采收同上。事先刷净缸,盛上 10～20 厘米深的清水,在离水面 7～10 厘米处放一"井"字形木架,架上再放圆形芦苇帘,在帘上平放黄瓜,瓜把向内,沿缸壁转圈摆放,离缸口 10～12 厘米时停放,将缸口用牛皮纸封严。把缸放在室内,天气变冷后采取保温措施,避免低于 10℃。

(3)低温气调贮藏法 将黄瓜摘下,装入规格为 40 厘米×50 厘米、厚 0.08 毫米的塑料袋中,每袋装 2～3 千克,然后把袋装入筐中垛起来,放在 3℃ 的恒温库中,气体指标控制为:氧 3%～5%,二氧化碳 8%～10%。采用这种方法,可将黄瓜贮藏 1 个月以上而无腐烂和脱水现象发生。

120. 如何进行西瓜带叶沙藏?

6～7 月份,西瓜大量成熟,集中上市。为避免因供大于求,价格走低,降低收益,可采用一种简单实用的西瓜贮藏新方法——带叶沙藏法贮藏西瓜。此法烂瓜率低,瓜鲜瓤甜,贮存期一般在 1 个半月以上。具体做法如下:

(1)采 摘 在晴天的早、晚或阴天采收,选择七八成熟、无机械损伤和瓜皮完好的西瓜贮藏。注意摘瓜时,必须在瓜蒂附近留 2 片绿叶,随即用泥状的草木灰(必须选择洁净的草木灰加水制成)糊住截断处,及时运到贮藏地。运时要注意避免剧烈振动和将瓜碰伤。

(2)贮 存 选择通风、凉爽、明亮和干净的房屋作贮藏室。用于贮藏西瓜的沙最好是流动的清澈河水中的干净细沙。先在贮藏室中铺 7～10 厘米厚的细沙,盖住西瓜的大部分和部分瓜蒂,让绿叶露出沙面。然后,每 100 个西瓜喷 50 克 0.1% 的磷酸二氢钾(小瓜酌减),以后每隔 7 天左右喷一次即可。

121. 如何进行胡萝卜原地越冬贮藏?

这是河北省泊头市菜农发明的一种胡萝卜简易贮藏方法。胡萝卜采收后立即上市,糖分转化量少,口味差,同时由于供应集中,售价较低。一般农户采用窖藏、坑藏的方法,但由于温、湿度条件难于控制,极易出现糠心、腐烂现象,效果不理想。

本法使胡萝卜露地越冬,早春刨收,无需建窖,避免腐烂损失,增值效果明显。其做法是:霜降后,将长在地里的胡萝卜缨带顶割除,然后每 666.7 平方米(1 亩)用腐熟厩肥 3 000～4 000 千克与土混合后覆盖地面,厚度为 10～15 厘米。土壤封冻前浇冻水。气温过低时覆盖麦秸、玉米秸等作物秸秆保温,翌年早春化冻后,随刨随卖,新鲜如初。

需要注意的是,要根据气温变化,及时增减地上覆盖物,防止胡萝卜伤热或受冻,同时,要防治地下害虫和田鼠。

附录:中国蔬菜及相关行业部分单位名录

1. 中国农业科学院蔬菜花卉研究所设施园艺研究开发中心

   地　址:北京市白石桥路 30 号中国农业科学院蔬菜花卉研究所

   电　话:010—68918797,68919507　传　真:010—62274608

   邮　编:100081

   经营项目:温室大棚骨架,育苗设备,遮阳网,滴灌设备,硫磺
   熏蒸器,特菜种子,有机生态型无土栽培专用肥

2. 北京市双翼环能公司

   地　址:北京市农展馆南里 11 号农业部大楼 902 室农业部规
   划设计院

   电　话:010—64191788,64192992(兼传真)　邮　编:100026

   经营项目:双翼薄壁软管微灌设备,包括双上孔微灌带、文丘
   里施肥器、多孔微灌带及配套设备

3. 北京绿金蓝种苗有限责任公司

   地　址:北京市海淀区清河四街南口 1 号

   电　话:010—62923435　邮　编:100085

   经营项目:特菜种子,包括西芹、樱桃萝卜、乌塌菜、球茎茴香、
   黄秋葵、大叶茼蒿等

4. 北京市特种蔬菜种苗公司

   地　址:北京市德外北三环中路 19 号(北京市农业局院内)

   电　话:010—62359204,62383933,62049839

   邮　编:100029

经营项目:专营特菜种子,包括结球生菜、油麦菜、樱桃番茄、黄秋葵、绿菜花、芥蓝、球茎茴香、苋菜等

5. 北京市施摩特科贸有限责任公司

地　　址:北京安外惠新里 217 楼 302

电　话:010—64947663(兼传真)　　邮　编:100101

经营项目:二氧化碳施肥装置,滴灌系列及配套产品,育苗盘,塑料薄膜胶水,棚室建造用材等

6. 北京市北农西甜瓜育种中心

地　　址:北京市朝阳区惠新里高原街 4 号

电　话:010—64928460　　邮　编:100101

经营项目:特菜种子,包括金银茄、羽衣甘蓝、彩色大辣椒、五彩珍珠椒、朝天椒、球茎茴香等

7. 北京华耐种子有限公司

地　　址:北京市海淀区白石桥 30 号(中国农业科学院院内)

电　话:010—68919575　　邮　编:100081

经营项目:国内外蔬菜种子(包括特菜种子)

8. 哈尔滨北方农村科技有限公司(哈尔滨北方保鲜研究所)

地　　址:哈尔滨市太平区一机路 142 号

电　话:0451—7682199,7602483　　邮　编:150056

经营项目:自行研制开发的果蔬气调保鲜袋,果蔬冷藏机等。

9. 北京林茂商贸有限责任公司

地　　址:北京市海淀区阜成路 111 号 309 室

电　话:010—88112777,88118881 转 5609,5610

邮　编:100036

经营项目:环保捕虫板等。

10. 金泰园艺设施有限公司

地　　址:北京市朝阳区东三环北路16号农展二招南

电　　话:010—64191756,65060417(兼传真)

邮　　编:100026

经营项目:复合保温被,电动卷帘机,手动卷膜器,施肥器,滴
　　　　　灌系统,穴盘等

11. 胖龙温室工程有限公司(美国独资)

地　　址:河北省邯郸市联纺西路15号

电　　话:0310—4059002,4057328;800—8033018(免费电话)

邮　　编:056002

经营项目:温室加温设备,遮阳设备,灌溉施肥设备,种子苗
　　　　　木,育苗设备,基质,肥料等

12. 天津市蔬菜研究所科技开发中心

地　　址:天津市南开区红旗航天道荣迁东里22号楼

电　　话:022—23369519,23665699　邮　　编:300192

经营项目:蔬菜种子

13. 北京市农业机械研究所温室工程公司

地　　址:北京市德胜门外西三旗

电　　话:010—82918347,82918394　邮　　编:100096

经营项目:灌溉系统,卷帘卷膜机构,保温被,各种温室

**金盾版图书,科学实用,
通俗易懂,物美价廉,欢迎选购**

粮食实用加工技术	12.00元	食用菌保鲜加工员培训	
植物油脂加工实用技术	15.00元	教材	8.00元
橄榄油及油橄榄栽培技		食用菌周年生产技术(修	
术	7.00元	订版)	10.00元
甘薯综合加工新技术	5.50元	食用菌制种技术	8.00元
发酵食品加工技术	6.50元	高温食用菌栽培技术	8.00元
农家小曲酒酿造实用技		食用菌实用加工技术	6.50元
术	8.00元	食用菌栽培与加工(第	
蔬菜加工实用技术	10.00元	二版)	9.00元
蔬菜加工技术问答	4.00元	食用菌丰产增收疑难问	
蔬菜热风与冷冻脱水技		题解答	13.00元
术	6.00元	食用菌设施生产技术	
环保型商品蔬菜生产技		100题	8.00元
术	16.00元	食用菌周年生产致富	
水产品实用加工技术	8.00元	——河北唐县	7.00元
果品加工技术问答	4.50元	怎样提高蘑菇种植效益	9.00元
果品实用加工技术	5.80元	蘑菇标准化生产技术	10.00元
禽肉蛋实用加工技术	4.50元	怎样提高香菇种植效益	12.00元
乳蛋制品加工技术	8.50元	灵芝与猴头菇高产栽培	
豆腐优质生产新技术	9.00元	技术	5.00元
蜂胶蜂花粉加工技术	7.50元	金针菇高产栽培技术	5.00元
城郊农村如何发展食用		平菇标准化生产技术	7.00元
菌业	9.00元	平菇高产栽培技术(修	
食用菌园艺工培训教材	9.00元	订版)	7.50元
食用菌制种工培训教材	9.00元	草菇高产栽培技术	3.00元

根菜类蔬菜周年生产技术 8.00元

绿叶菜类蔬菜制种技术 5.50元

蔬菜高产良种 4.80元

根菜类蔬菜良种引种指导 13.00元

新编蔬菜优质高产良种 19.00元

名特优瓜菜新品种及栽培 22.00元

蔬菜育苗技术 4.00元

豆类蔬菜园艺工培训教材 10.00元

瓜类豆类蔬菜良种 7.00元

瓜类豆类蔬菜施肥技术 6.50元

瓜类蔬菜保护地嫁接栽培配套技术120题 6.50元

瓜类蔬菜园艺工培训教材(北方本) 10.00元

瓜类蔬菜园艺工培训教材(南方本) 7.00元

菜用豆类栽培 3.80元

食用豆类种植技术 19.00元

豆类蔬菜良种引种指导 11.00元

豆类蔬菜栽培技术 9.50元

豆类蔬菜周年生产技术 14.00元

豆类蔬菜病虫害诊断与防治原色图谱 24.00元

日光温室蔬菜根结线虫防治技术 4.00元

豆类蔬菜园艺工培训教材(南方本) 9.00元

南方豆类蔬菜反季节栽培 7.00元

四棱豆栽培及利用技术 12.00元

菜豆豇豆荷兰豆保护地栽培 5.00元

菜豆标准化生产技术 8.00元

图说温室菜豆高效栽培关键技术 9.50元

黄花菜扁豆栽培技术 6.50元

日光温室蔬菜栽培 8.50元

温室种菜难题解答(修订版) 14.00元

温室种菜技术正误100题 13.00元

蔬菜地膜覆盖栽培技术(第二次修订版) 6.00元

塑料棚温室种菜新技术(修订版) 29.00元

塑料大棚高产早熟种菜技术 4.50元

大棚日光温室稀特菜栽培技术 10.00元

日常温室蔬菜生理病害防治200题 9.50元

新编棚室蔬菜病虫害防治 21.00元

南方早春大棚蔬菜高效栽培实用技术 10.00元

稀特菜制种技术 5.50元

稀特菜保护地栽培	6.00元	题破解100法	8.00元
稀特菜周年生产技术	12.00元	保护地害虫天敌的生产	
名优蔬菜反季节栽培(修		与应用	9.50元
订版)	22.00元	保护地西葫芦南瓜种植	
名优蔬菜四季高效栽培		难题破解100法	8.00元
技术	11.00元	保护地辣椒种植难题破	
塑料棚温室蔬菜病虫害		解100法	8.00元
防治(第二版)	6.00元	保护地苦瓜丝瓜种植难	
棚室蔬菜病虫害防治	4.50元	题破解100法	10.00元
北方日光温室建造及配		蔬菜害虫生物防治	12.00元
套设施	8.00元	蔬菜病虫害诊断与防治	
南方蔬菜反季节栽培设		图解口诀	14.00元
施与建造	6.00元	新编蔬菜病虫害防治手	
保护地设施类型与建造	9.00元	册(第二版)	11.00元
园艺设施建造与环境调		蔬菜植保员培训教材	
控	15.00元	(北方本)	10.00元
两膜一苫拱棚种菜新技		蔬菜植保员培训教材	
术	9.50元	(南方本)	10.00元
保护地蔬菜病虫害防治	11.50元	蔬菜植保员手册	76.00元
保护地蔬菜生产经营	16.00元	蔬菜优质高产栽培技术	
保护地蔬菜高效栽培模		120问	6.00元
式	9.00元	商品蔬菜高效生产巧安	
保护地甜瓜种植难题破		排	4.00元
解100法	8.00元	果蔬贮藏保鲜技术	4.50元
保护地冬瓜瓠瓜种植难		萝卜标准化生产技术	7.00元

以上图书由全国各地新华书店经销。凡向本社邮购图书或音像制品,可通过邮局汇款,在汇单"附言"栏填写所购书目,邮购图书均可享受9折优惠。购书30元(按打折后实款计算)以上的免收邮挂费,购书不足30元的按邮局资费标准收取3元挂号费,邮寄费由我社承担。邮购地址:北京市丰台区晓月中路29号,邮政编码:100072,联系人:金友,电话:(010)83210681、83210682、83219215、83219217(传真)。